U0099029

跨裝置網頁設計 |第5版|
HTML5、CSS3、JavaScript
Bootstrap5、jQuery
jQuery Mobile

關於本書

隨著無線通訊的蓬勃發展，行動上網的比例大幅超越 PC 上網，網站推出「行動版」已經成為時勢所趨，但問題來了，市面上有數種不同的行動平台，例如 Android、iOS、Windows 等，即便同樣是 Android 平台，也有許多不同品牌、不同尺寸的裝置，總不能針對各個裝置推出專屬的網站吧？！

顯然網頁設計人員需要一個跨平台、跨裝置、跨瀏覽器的解決方案，讓網站可以在不同的裝置上顯示，而且一個現代化的網站應該導入「行動優先」(mobile first) 的概念，也就是以優化行動裝置體驗為主要考量，其它裝置次之，但這並不是說要從行動網站開始設計，而是在設計網站的過程中，優先考量網頁在行動裝置上的操作性與可讀性，不能將傳統的 PC 網頁直接移植到行動裝置，畢竟 PC 和行動裝置的特點不同。

本書所要介紹的就是一個能夠達成前述目標的解決方案，主要內容如下：

✅ Part1 — HTML5：HTML5 可以用來定義網頁的內容，開發各種網頁應用程式。本篇是以 HTML5.2 的規格為主，由於 HTML5.2 是 HTML5 的更新版本，而且 W3C 未來也會繼續推出更新版本，因此，我們還是統稱為 HTML5，不特別強調子版本。

✅ Part2 — CSS3：CSS3 可以用來定義網頁的外觀，包括編排、顯示、格式化及特殊效果。本篇會介紹 CSS3 常用的屬性，例如色彩、字型、文字、清單、Box Model、定位方式、背景、漸層、表格、變形處理、轉場效果、媒體查詢等，尤其是在行動裝置上網蔚為風潮後，網頁設計人員更需要透過媒體查詢功能以根據 PC 或行動裝置的特徵設計網頁。

✅ Part3 — JavaScript：JavaScript 可以用來定義網頁的行為，本篇除了介紹 JavaScript 的核心語法，包括型別、變數、常數、運算子、流程控制、函式、陣列等，還會介紹 JavaScript 在瀏覽器端的應用，也就是如何利用 JavaScript 讓靜態網頁具有動態效果，包括 DOM、window 物件、document 物件、element 物件、事件處理等。至於 jQuery 則是目前使用最廣泛的 JavaScript 函式庫，學會它將讓網頁設計更快速便利。

✅ Part4 － Bootstrap5：響應式網頁設計（RWD，Responsive Web Design）指的是一種網頁設計方式，目的是根據使用者的瀏覽器環境（例如寬度或行動裝置的方向等），自動調整網頁的版面配置以提供最佳的顯示結果，換句話說，只要設計單一版本的網頁，就能完整顯示在 PC、平板電腦、智慧型手機等裝置，達到 One Web One URL 的目標。

本篇會介紹如何使用 Bootstrap 快速開發響應式網頁，這是目前最受歡迎的 HTML、CSS 與 JavaScript 框架之一，使用者無須撰寫 CSS 或 JavaScript 程式碼，就可以設計出行動優先的響應式網頁。

✅ Part5 － jQuery Mobile：雖然使用 HTML、CSS、JavaScript 等技術就可以開發行動網頁，但使用者得自行研究不同裝置之間的差異，而本篇所要介紹的 jQuery Mobile 則可以用來克服跨平台、跨裝置、跨瀏覽器所面臨的相容性問題，幫助使用者快速打造行動網頁介面。

排版慣例

本書在條列 HTML 元素、CSS 屬性與 JavaScript 語法時，遵循下列排版慣例：

✅ HTML 不會區分英文字母大小寫，本書將統一採取小寫英文字母，至於 CSS 與 JavaScript 則會區分英文字母大小寫。

✅ 斜體字表示網頁設計人員輸入的屬性值、敘述或名稱，例如 src="*url*" 的 *url* 表示自行輸入的網址。

✅ 中括號 [] 表示可以省略不寫，例如 function *function_name*([*parameterlist*]) 的 [*parameterlist*] 表示函式的參數可以有，也可以沒有。

✅ 垂直線 | 用來隔開替代選項，例如 return;|return *value*; 表示 return 關鍵字後面可以不加上傳回值，也可以加上傳回值。

連絡方式

如果您有建議或授課老師需要 PowerPoint 教學投影片與學習評量，歡迎與我們洽詢：碁峰資訊網站 https://www.gotop.com.tw/；國內學校業務處電話—台北 (02)2788-2408、台中 (04)2452-7051、高雄 (07)384-7699。

目 錄

③ 資料編輯與格式化

④ 圖片與表格

5 影音多媒體

6 表單

7 CSS 基本語法

8 色彩、字型、文字與清單

9 Box Model 與定位方式

⑩ 背景、漸層與表格

⑪ 變形、轉場與媒體查詢

PART 3 | JavaScript

⑫ JavaScript 基本語法

⑬ 物件、DOM 與事件處理

14 jQuery

PART 4 | Bootstrap5

15 Bootstrap 網格系統

⑯ Bootstrap 樣式

⑰ Bootstrap 元件

㉑ jQuery Mobile API 與事件（PDF 電子書）

版權聲明

線上下載

01

網頁設計簡介

jQuery Mobile　　　JavaScript

ootstrap 5　　　　CSS3

HTML 5　　　　jQuery

1.1 網站建置流程

網站建置流程大致上可以分成如下圖的四個階段,以下就為您做說明。

1.1.1 階段一:蒐集資料與規劃網站架構

階段一的工作是蒐集資料與規劃網站架構,除了釐清網站所要傳達的內容,更重要的是確立網站的目的、功能與目標族群,然後規劃出組成網站的網頁(裡面可能包括文字、圖形、聲音與視訊),並根據目的、功能與目標族群決定網頁的呈現方式。

下面幾個問題值得您深思:

- ✅ 網站的目的是為了銷售產品或服務?塑造並宣傳企業形象?還是方便業務聯繫或客戶服務?抑或技術交流或資訊分享?若網站本身具有商業用途,那麼您還需要進一步瞭解其行業背景,包括產品類型、企業文化、品牌理念、競爭對手等。

- ✅ 網站的建置與經營需要投入多少時間、預算與資源?您打算如何行銷網站?有哪些管道及相關的費用?

- ✅ 網站將提供哪些資訊或服務給哪些對象?若是個人的話,那麼其統計資料為何?包括年齡層分佈、男性與女性的比例、教育程度、職業、婚姻狀況、居住地區、上網的頻率與時數、使用哪些裝置上網等;若是公司的話,那麼其統計資料為何?包括公司的規模、營業項目與預算。

  關於這些對象,他們有哪些共同的特徵或需求呢?舉例來說,彩妝網站的使用者可能鎖定為時尚愛美的女性,所以首頁往往呈現出豔麗的視覺效果,而購物網站的使用者比較廣泛,所以首頁通常展示出琳瑯滿目的商品。

彩妝網站的首頁往往呈現出豔麗的視覺效果

購物網站的首頁通常展示出琳瑯滿目的商品

✓ 網站的獲利模式為何？例如銷售產品或服務、廣告贊助、手續費或其它。

✓ 網路上是否已經有相同類型的網站？如何讓自己的網站比這些網站更吸引目標族群？因為人們往往只記得第一名的網站，卻分不清楚第二名之後的網站，所以定位清楚且內容專業將是網站勝出的關鍵，光是一味的模仿，只會讓網站流於平庸化。

1.1.2　階段二：網頁製作與測試

階段二的工作是製作並測試階段一所規劃的網頁，包括：

❶　網站視覺設計、版面配置與版型設計

首先，由視覺設計師（Visual Designer）設計網站的視覺風格；接著，針對 PC、平板或手機等目標裝置設計網頁的版面配置；最後，設計首頁與內頁版型，試著將圖文資料編排到首頁與內頁版型，如有問題，就進行修正。

❷　前端程式設計

由前端工程師（Front-End Engineer）根據視覺設計師所設計的版型進行「切版與組版」，舉例來說，版型可能是使用 Photoshop 所設計的 PSD 設計檔，而前端工程師必須使用 HTML、CSS 或 JavaScript 重新切割與組裝，將圖文資料編排成網頁。

切版與組版需要專業的知識才能兼顧網頁的外觀與效能，例如哪些動畫、陰影或框線可以使用 CSS 來取代？哪些素材可以使用輪播、超大螢幕、標籤頁等效果來呈現？響應式網頁的斷點設定在多少像素？圖文資料編排成網頁以後的內容是否正確等。

此外，前端工程師還要負責將後端工程師所撰寫的功能整合到網站，例如資料庫存取功能、後端管理系統等，確保網站能夠順利運作。

❸　後端程式設計

相較於前端工程師負責處理與使用者接觸的部分，例如網站的架構、外觀、瀏覽動線等，後端工程師（Back-End Engineer）則是負責撰寫網站在伺服器端運作的資料處理、商業邏輯等功能，然後提供給前端工程師使用。

❹　網頁品質測試

由品質保證工程師（Quality Assurance Engineer）檢查前端工程師所整合出來的網站，包含使用正確的開發方法與流程，校對網站的內容，測試網站的功能等，確保軟體的品質，如有問題，就讓相關的工程師進行修正。

1.1.3 階段三：網站上傳與推廣

階段三的工作是將網站上傳並加以推廣，包括：

❶ 申請網站空間

透過下面幾種方式取得用來放置網頁的網站空間：

- ✅ 自行架設 Web 伺服器：向 HiNet 租用專線，將電腦架設成 Web 伺服器，維持 24 小時運作。除了要花費數萬元到數十萬元購買軟硬體與防火牆，還要花費數千元到數萬元的專線月租費，甚至聘請專業人員管理伺服器。

- ✅ 租用虛擬主機：向 HiNet、Seednet、智邦生活館、WordPress.com、GitHub Pages、Byet Host、My.DropPages、WIX.com、Weebly、Freehostia 等業者租用虛擬主機，也就是所謂的「主機代管」，只要花費數百元到數千元的月租費，就可以省去購買軟硬體的費用與專線月租費，同時有專業人員管理伺服器。

WordPress 是相當多人使用的部落格軟體和內容管理系統

- ✅ 申請免費網站空間：向 WordPress.com、GitHub Pages、Byet Host、My.DropPages、WIX.com、Weebly、Freehostia 等業者申請免費網站空間，或者像 HiNet 等 ISP 也有提供用戶免費網站空間。

原則上，若您的網站具有商業用途，請盡量不要使用免費網站空間，因為可能會有空間不足、功能比較陽春、連線品質不穩定、被強迫放上廣告、無法客製化網頁、無法自訂網址、服務突然被取消、沒有電子郵件服務等問題。

此外，自行架設 Web 伺服器乍看之下成本很高，但若您需要比較大的網站空間或同時建置數個網站，這種方式的成本就會相對便宜，管理上也比較有彈性，不用擔心虛擬主機的連線品質或網路頻寬是否會影響到網站的連線速度。

❷ 申請網址

向「台灣網路資訊中心」(TWNIC) 或 HiNet、Seednet、PChome 等網址服務廠商申請如下類型的網址，每年的管理費約數百元：

- 屬性型英文網域名稱 (com.tw、net.tw、org.tw、game.tw、club.tw、ebiz.tw、idv.tw)
- 泛用型中文網域名稱（中文 .tw）
- 屬性型中文網域名稱（商業 .tw、組織 .tw、網路 .tw）
- 屬性型頂級中文網域名稱（商業 . 台灣、組織 . 台灣、網路 . 台灣）
- 泛用型英文網域名稱 (ascii.tw)
- 頂級中文網域名稱（中文 . 台灣）

❸ 上傳網站

透過網址服務廠商提供的平台將申請到的網域名稱對應到 Web 伺服器的 IP 位址，此動作稱為「指向」，等候幾個小時就會生效，同時將網站上傳到網站空間，等指向生效後，就可以透過該網址連線到網站，完成上線的動作。

❹ 行銷網站

在網站上線後，就要設法提高流量，常見的做法是進行網路行銷，例如刊登網路廣告、搜尋引擎優化、關鍵字行銷、社群行銷等，也可以利用 Google Search Console 提升網站在 Google 搜尋中的成效。

TWNIC 網域名稱註冊系統 (https://rs.twnic.net.tw/)

Google Search Console (https://search.google.com/search-console/about)

1.1.4 階段四：網站更新與維護

您的工作可不是將網站上線就結束了，既然建置了這個網站，就必須負起更新與維護的責任。您可以利用本書所教授的技巧，定期更新網頁的內容，然後透過網頁空間提供者所提供的介面或 FTP 軟體，上傳更新後的網頁並檢查網站的運作是否正常。

1.2 開發適用於不同裝置的網頁

隨著無線網路與行動通訊的蓬勃發展，行動上網的比例已經大幅超越 PC 上網，這意味著傳統以 PC 為主要考量的網頁設計思維必須要改變，因為行動瀏覽器雖然能夠顯示大部分的 PC 網頁，卻經常會遇到下面幾種情況：

- ✅ 行動裝置的螢幕較小，使用者往往得透過頻繁的拉近、拉遠、捲動，才能閱讀網頁的資訊，相當不方便。

- ✅ 行動裝置的執行速度較慢、上網頻寬較小，若網頁包含太大的圖片或影片，可能耗時過久無法順利顯示。

- ✅ 行動裝置的操作方式是以觸控為主，不再是傳統的滑鼠或鍵盤，因此，PC 網頁到了行動裝置可能會變得不好操作，例如網頁尺寸較大，超連結層次較多，按鈕太小不易觸控或沒有觸控回饋效果，以致於使用者重複點按。

- ✅ 行動裝置不支援 Flash 動畫，但相對的，行動瀏覽器對於 HTML5 與 CSS3 的支援程度則比 PC 瀏覽器更好。

為此，愈來愈多人希望開發適用於不同裝置的網頁，常見的做法有兩種，分別是「針對不同裝置開發不同網站」和「響應式網頁設計」。

1.2.1 針對不同裝置開發不同網站

為了因應行動上網的趨勢，有些網站會針對 PC 開發一種版本的網站，稱為「PC 網站」，同時亦針對行動裝置開發另一種版本的網站，稱為「行動網站」，兩者的網址不同，網頁內容也不盡相同，當使用者連線到網站時，會根據上網裝置自動轉址到 PC 網站或行動網站。

舉例來說，左下圖是 Yahoo! 奇摩的 PC 網站 (https://tw.yahoo.com/)，而右下圖是 Yahoo! 奇摩的行動網站 (https://tw.mobi.yahoo.com/)，對於 Yahoo! 奇摩這種資訊瀏覽類型的網站來說，其行動網站除了著重執行效能，資訊的分類與動線的設計更是重要，才能帶給行動裝置的使用者直覺流暢的操作經驗。

❶ Yahoo! 奇摩的 PC 網站　　❷ Yahoo! 奇摩的行動網站

這種做法最主要的優點是可以針對不同裝置量身訂做最適合的網站，不必因為要適用於不同裝置而有所妥協，例如可以保留 PC 網頁所使用的一些動畫或功能，可以發揮行動裝置的特點，同時網頁的程式碼比較簡潔。

雖然有著前述優點，而且也不乏大型的商業網站採取這種做法，不過，這會面臨下列問題：

✅ 開發與維護成本隨著網站規模遞增

當網站規模愈來愈大時，光是針對 PC、平板電腦、智慧型手機等不同裝置開發專屬的網站就是日益沉重的工作，一旦資料需要更新，還得一一更新個別的網站，不僅耗費時間與人力，經年累月下來也容易導致資料不同步。

✅ 不同裝置的網站有各自的網址

以前面舉的 Yahoo! 奇摩為例，其 PC 網站的網址為 https://tw.yahoo.com/，而其行動網站的網址為 https://tw.mobi.yahoo.com/，多個網址可能不利於搜尋引擎為網站建立索引，影響自然排序名次；或者，當自動轉址程式無法正確判斷使用者的上網裝置時，可能會開啟不適合該裝置的網站。

1.2.2 響應式網頁設計

響應式網頁設計 (RWD，Responsive Web Design) 指的是一種網頁設計方式，目的是根據使用者的瀏覽器環境（例如寬度或行動裝置的方向等），自動調整網頁的版面配置，以提供最佳的顯示結果，換句話說，只要設計單一版本的網頁，就能完整顯示在 PC、平板電腦、智慧型手機等裝置。

以 Bootstrap 網站 (https://getbootstrap.com/) 為例，它會隨著瀏覽器的寬度自動調整版面配置，當寬度夠大時，會顯示如下圖❶，隨著寬度縮小，就會按比例縮小，如下圖❷，最後變成單欄版面，如下圖❸，這就是響應式網頁設計的基本精神，不僅網頁的內容只有一種，網頁的網址也只有一個。

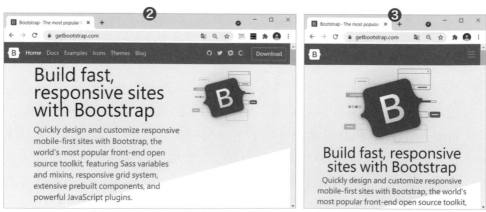

響應式網頁設計的優點

✓ 網頁內容只有一種

由於響應式網頁是同一份 HTML 文件透過 CSS 的技巧，以根據瀏覽器的寬度自動調整版面配置，因此，一旦資料需要更新，只要更新同一份 HTML 文件即可，這樣就不用擔心費時費力和資料不同步的問題。

✓ 網址只有一個

由於響應式網頁的網址只有一個，所以不會影響網站被搜尋引擎找到的自然排序名次，也不會發生自動轉址程式誤判上網裝置的情況，達到 One Web One URL（單一網站單一網址）的目標。

✓ 技術門檻較低

響應式網頁只要透過 HTML 和 CSS 就能夠達成，不像自動轉址程式必須使用 JavaScript 或 PHP 來撰寫。

響應式網頁設計的缺點

✓ 舊版的瀏覽器不支援

響應式網頁需要使用 HTML5 的部分功能與 CSS3 的媒體查詢功能，舊版的瀏覽器可能不支援。

✓ 開發時間較長

由於響應式網頁要同時兼顧不同裝置，所以需要花費較多時間在不同裝置進行模擬操作與測試。

✓ 無法充分發揮裝置的特點

為了要適用於不同裝置，響應式網頁的功能必須有所妥協，例如一些在 PC 廣泛使用的動畫或功能可能無法在行動裝置執行，而必須放棄不用；無法針對行動裝置的觸控、螢幕可旋轉、照相功能等特點開發專屬的操作介面。

響應式網頁設計的主要技術

響應式網頁設計主要會使用到下面三種技術:

✅ 媒體查詢 (media query)

透過 CSS3 新增的媒體查詢功能以針對媒體類型量身訂做樣式表,例如根據瀏覽器的寬度自動調整版面配置。

✅ 流動圖片 (fluid image)

流動圖片指的是在設定圖片或物件等元素的大小時,根據其容器的大小比例做縮放,而不要設定絕對大小,如此一來,當螢幕的大小改變時,元素的大小也會自動按比例縮放,以同時適用於 PC 和行動裝置。

✅ 流動網格 (fluid grid)

流動網格包含網格設計 (grid design) 與液態版面 (liquid layout),前者指的是利用固定的格子分割版面來設計布局,將內容排列整齊,而後者指的是根據瀏覽器的寬度自由縮放網頁上的元素。

隨著響應式網頁設計逐漸成為主流,許多網站開始導入「多欄式版面」,行動網頁通常採取如圖❶的單欄式,而 PC 網頁因為寬度較大,可以採取如圖❷的兩欄式或如圖❸的三欄式。

❶	❷	❸
頁首	頁首	頁首
導覽列	導覽列	導覽列 / 主要內容 / 次要內容
主要內容	主要內容 / 次要內容	
次要內容		
頁尾	頁尾	頁尾

行動優先

行動優先 (mobile first) 指的是在設計網站時應以優化行動裝置體驗為主要考量，其它裝置次之，但這並不是說要從行動網站開始設計，而是在設計網站的過程中優先考量網頁在行動裝置上的操作性與可讀性，不能將傳統的 PC 網頁直接移植到行動裝置，畢竟 PC 和行動裝置的特點不同。

事實上，在開發響應式網頁時，優先考量如何設計行動網頁是比較有效率的做法，畢竟手機的限制比較多，先想好要在行動網頁放置哪些必要的內容，再來想 PC 網頁可以加上哪些選擇性的內容並逐步加強功能。

目前已經有不少網站導入行動優先的概念，以下圖的微軟網站 (https://www.microsoft.com/zh-tw) 為例，無論是 PC、平板電腦或手機的使用者都可以透過單一網址瀏覽網站，網頁會根據瀏覽器的寬度自動調整欄位的數目與順序。

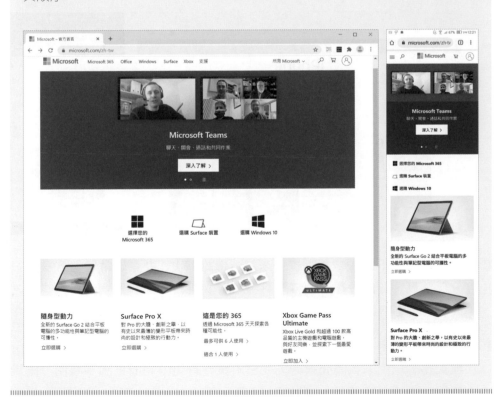

1.3 響應式網頁設計原則

雖然響應式網頁和傳統的 PC 網頁所使用的技術差不多，不外乎是 HTML、CSS、JavaScript 或 PHP、ASP.NET 等伺服器端 Script。不過，誠如我們在前面所提到的，行動裝置具有螢幕較小、執行速度較慢、上網頻寬較小、以觸控操作為主、不支援 Flash 動畫等特點，因此，在設計響應式網頁時請注意下面幾個事項：

✅ 確認網站的主題、品牌或產品的形象，使用者介面以簡明扼要為原則，簡單明確的內容比強大齊全的功能更重要。以下圖的蘋果電腦網站為例，它維持了蘋果電腦一貫的極簡風格，只使用文字與圖片來構成畫面，沒有多餘的裝飾，凸顯出產品的設計美學與獨特性，而且網頁上只放置基本內容與功能，讓使用者一眼就能看出主題。

✅ 網站的架構不要太多層，舉例來說，傳統的 PC 網頁通常會包含首頁、分類首頁、各個分類的內容網頁等三層式架構，而響應式網頁則建議改成首頁、各個內容網頁等兩層式架構，以免使用者迷路了。

✅ 網頁的檔案愈小愈好，盡量減少使用動畫、影片、大圖檔或 JavaScript 程式碼，以免下載時間太久，或超過執行時間限制而被強制關閉，建議使用 CSS 來設定背景、透明度、動畫、陰影、框線、色彩、文字等效果。

☑ 按鈕要醒目容易觸碰，最好還有視覺回饋，在一觸碰按鈕時就產生色彩變化，讓使用者知道已經成功點擊按鈕，而且在載入網頁時可以加上說明或圖案，讓使用者知道正在載入，以免重複觸碰按鈕。

☑ 提供設計良好的導覽列或導覽按鈕，方便使用者查看進一步的內容，亦可導入「多欄排版」的概念。以下圖的無印良品網站為例，它會根據瀏覽器的寬度自動調整版面配置，當寬度夠大時，會顯示四欄版面，隨著寬度縮小，會變成兩欄版面，最後變成單欄版面。

1.4 網頁設計相關的程式語言

網頁設計相關的程式語言很多，比較常見的如下：

✓ HTML (HyperText Markup Language)：HTML 是由 W3C (World Wide Web Consortium) 所提出，主要的用途是定義網頁的內容，讓瀏覽器知道哪裡有圖片或影片、哪些文字是標題、段落、超連結、表格或表單等。HTML 文件是由標籤 (tag) 與屬性 (attribute) 所組成，統稱為元素 (element)，瀏覽器只要看到 HTML 原始碼，就能解譯成網頁。

網頁的實際瀏覽結果

網頁的 HTML 原始碼

- CSS (Cascading Style Sheets)：CSS 是由 W3C 所提出，主要的用途是定義網頁的外觀，也就是網頁的編排、顯示、格式化及特殊效果，有部分功能與 HTML 重疊。

  或許您會問，「既然 HTML 提供的標籤與屬性就能將網頁格式化，那為何還要使用 CSS ？」，沒錯，HTML 確實提供一些格式化的標籤與屬性，但其變化有限，而且為了進行格式化，往往會使得 HTML 原始碼變得非常複雜，內容與外觀的倚賴性過高而不易修改。

  為此，W3C 遂鼓勵網頁設計人員使用 HTML 定義網頁的內容，然後使用 CSS 定義網頁的外觀，將內容與外觀分隔開來，便能透過 CSS 從外部控制網頁的外觀，同時 HTML 原始碼也會變得精簡。

- XML (eXtensible Markup Language)：XML 是由 W3C 所提出，主要的用途是傳送、接收與處理資料，提供跨平台、跨程式的資料交換格式。XML 可以擴大 HTML 的應用及適用性，例如 HTML 雖然有著較佳的網頁顯示功能，卻不允許使用者自訂標籤與屬性，而 XML 則允許使用者這麼做。

- 瀏覽器端 Script：嚴格來說，使用 HTML 與 CSS 所撰寫的網頁屬於靜態網頁，無法顯示動態效果，例如顯示目前的股票指數、即時通訊內容、線上遊戲、Google 地圖等即時更新的資料。

  此類的需求可以透過瀏覽器端 Script 來完成，這是一段嵌入在 HTML 原始碼的程式，通常是以 JavaScript 撰寫而成，由瀏覽器負責執行。

  事實上，HTML、CSS 和 JavaScript 是網頁設計最核心也最基礎的技術，其中 HTML 用來定義網頁的內容，CSS 用來定義網頁的外觀，而 JavaScript 用來定義網頁的行為。

- 伺服器端 Script：雖然瀏覽器端 Script 已經能夠完成許多工作，但有些工作還是得在伺服器端執行 Script 才能完成，例如存取資料庫。由於在伺服器端執行 Script 必須具有特殊權限，而且會增加伺服器端的負擔，因此，網頁設計人員應盡量以瀏覽器端 Script 取代伺服器端 Script。常見的伺服器端 Script 有 PHP、ASP/ASP.NET、CGI、JSP 等。

1.5 HTML 的發展

HTML 的起源可以追溯至 1990 年代，當時一位物理學家 Tim Berners-Lee 為了讓 CERN（歐洲核子研究組織）的研究人員共同使用文件，於是提出了 HTML，用來建立超文字系統 (hypertext system)。

不過，這個最初的版本只有純文字格式，直到 1993 年，Marc Andreessen 在他所開發的 Mosaic 瀏覽器加入 <img> 元素，HTML 文件才終於包含圖片，而 IETF (Internet Engineering Task Force) 首度於 1993 年將 HTML 發布為工作草案 (Working Draft)。之後 HTML 陸續有一些發展與修正，如下，而且從 3.2 版開始，IETF 就不再負責 HTML 的標準化，改交由 W3C 負責。

版本	發布時間
HTML2.0	1995 年 11 月發布為 IETF RFC 1866
HTML3.2	1997 年 1 月發布為 W3C 推薦標準
HTML4.0	1997 年 12 月發布為 W3C 推薦標準
HTML4.01	1999 年 12 月發布為 W3C 推薦標準
HTML5	2014 年 10 月發布為 W3C 推薦標準
HTML5.1	2016 年 11 月發布為 W3C 推薦標準
HTML5.2	2017 年 12 月發布為 W3C 推薦標準 (註 [1])

由於多數的 PC 瀏覽器和行動瀏覽器對於 HTML5 已經有著相當程度的支援，因此，我們可以放心地在網頁上使用 HTML5 的新功能與 API (註 [2])。

註 [1]：本書是以 HTML5.2 的規格為主 (https://www.w3.org/TR/html52/)，由於這是 HTML5 的更新版本，所以還是統稱為 HTML5，並不特別強調子版本。

註 [2]：HTML5 提供的 API (Application Programming Interface，應用程式介面) 是一組函式，網頁設計人員可以呼叫這些函式完成許多工作，例如撰寫離線網頁應用程式、存取用戶端檔案、地理定位、繪圖、影音多媒體、拖放操作、網頁儲存、跨文件通訊、背景執行等，而無須考慮其底層的原始碼或理解其內部的運作機制。

1.6 HTML5 文件的撰寫方式

在本節中,我們將介紹一些撰寫 HTML5 文件的準備工作,包括編輯工具和 HTML5 文件的基本語法。

1.6.1 HTML5 文件的編輯工具

HTML5 文件其實是一個純文字檔,只是副檔名為 .html 或 .htm,而不是我們平常慣用的 .txt。原則上,任何能夠用來輸入純文字的編輯工具,都可以用來撰寫 HTML 文件,下面是一些常見的編輯工具。

文字編輯工具	網址	是否免費
記事本、WordPad	Windows 作業系統內建	是
Notepad++	https://notepad-plus-plus.org/	是
Visual Studio Code	https://code.visualstudio.com/	是
Atom	https://atom.io/	是
Google Web Designer	https://webdesigner.withgoogle.com/	是
UltraEdit	https://www.ultraedit.com/	否
Dreamweaver	https://www.adobe.com/	否
Sublime Text	http://www.sublimetext.com/	否

在過去,有不少人使用 Windows 內建的記事本來編輯 HTML 文件,因為記事本隨手可得且完全免費,但使用記事本會遇到一個問題,就是當我們採取 UTF-8 編碼方式進行存檔時,記事本會自動在檔案的前端插入 BOM (Byte-Order Mark),用來識別檔案的編碼方式,例如 UTF-8 的 BOM 為 EF BB BF (十六進位)、UTF-16 (BE) 的 BOM 為 FE FF、UTF-16 (LE) 的 BOM 為 FF FE 等。

程式的檔首被自動插入 BOM 通常不會影響執行,但少數程式可能會導致錯誤,例如呼叫 header() 函式輸出標頭資訊的 PHP 程式。為了避免類似的困擾,本書範例程式將採取 UTF-8 編碼方式,並使用免費軟體 NotePad++ 來編輯,因為 NotePad++ 支援以 UTF-8 無 BOM 編碼方式進行存檔。

您可以到 NotePad++ 官方網站 https://notepad-plus-plus.org/ 下載安裝程式，在第一次使用 Notepad++ 撰寫 HTML5 文件之前，請依照如下步驟進行基本設定：

❶ 從功能表列選取 [設定] \ [偏好設定]，然後在 [一般] 標籤頁中將介面語言設定為 [中文繁體]。

❷ 在 [新文件預設設定] 標籤頁中將編碼設定為 [UTF-8]，預設程式語言設定為 [HTML]，然後按 [儲存並關閉]。

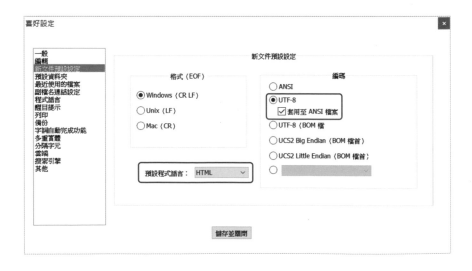

由於預設程式語言設定為 HTML，因此，NotePad++ 會根據 HTML 的語法，以不同顏色標示 HTML 標籤與屬性，也會根據輸入的文字顯示自動完成清單，如下圖，讓文件的編輯更有效率。

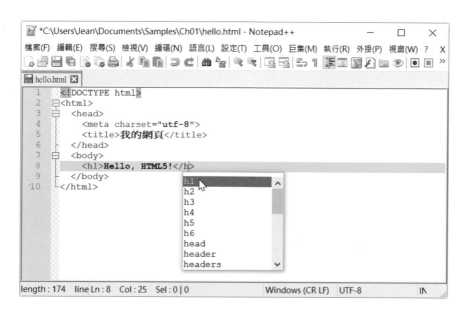

此外，當我們存檔時，NotePad++ 也會採取 UTF-8 編碼方式，且存檔類型預設為 HTML（副檔名為 .html 或 .htm），若要儲存為其它類型，例如 PHP，可以在存檔類型欄位選擇 PHP，此時副檔名將變更為 .php。

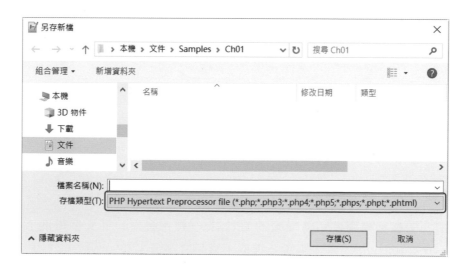

1.6.2 HTML5 文件的基本語法

HTML5 文件通常包含下列幾個部分（依照由先到後的順序）：

1. BOM（選擇性字元，建議不要在檔首插入 BOM）
2. 任何數目的註解與空白字元
3. DOCTYPE
4. 任何數目的註解與空白字元
5. 根元素
6. 任何數目的註解與空白字元

DOCTYPE

HTML5 文件的第一行必須是如下的文件類型定義（Document Type Definition），前面不能有空行，也不能省略不寫，否則瀏覽器可能不會啟用標準模式，而是改用其它演繹模式（rendering mode），導致 HTML5 的新功能無法正常運作：

```
<!DOCTYPE html>
```

根元素

HTML5 文件可以包含一個或多個元素，呈樹狀結構，有些元素屬於兄弟節點，有些元素屬於父子節點，至於根元素則為 <html> 元素。

MIME 類型

HTML5 文件的 MIME 類型和前幾版的 HTML 文件一樣都是 text/html，存檔後的副檔名也都是 .html 或 .htm。

不會區分英文字母的大小寫

HTML5 的標籤與屬性和前幾版的 HTML 一樣不會區分英文字母的大小寫（case-insensitive），本書將統一採取小寫英文字母。

相關名詞

以下是一些與 HTML 相關的名詞與注意事項：

- 元素 (element)：HTML 文件可以包含一個或多個元素，而 HTML 元素又是由標籤 (tag) 與屬性 (attribute) 所組成。根據不同的用途，HTML 元素可以分成下列兩種類型：

  - 用來標示網頁上的內容或描述內容的性質，例如 <head>（網頁標頭）、<body>（網頁主體）、<p>（段落）、<ul>（項目清單）、<table>（表格）、<form>（表單）、<h1>（標題 1)、address（聯絡資訊）、<i>（斜體）、<b>（粗體）等。

  - 用來指向其它資源，例如 <img>（嵌入圖片）、<video>（嵌入影片）、<audio>（嵌入聲音）、<a>（標示超連結）等。

- 標籤 (tag)：一直以來「標籤」和「元素」兩個名詞經常被混用，但嚴格來說，兩者的意義並不完全相同，「元素」一詞包含了「開始標籤」、「結束標籤」和這兩者之間的內容，例如下面的敘述是將「聖誕快樂」標示為段落，其中 <p> 是開始標籤，而 </p> 是結束標籤。

開始標籤的前後要以 <、> 兩個符號括起來，而結束標籤又比起始標籤多了一個 /（斜線）。不過，並不是每個元素都有結束標籤，諸如
（換行）、<hr>（水平線）、<img>（嵌入圖片）、<input>（表單輸入欄位）等元素就沒有結束標籤。

- 屬性 (attribute)：除了 HTML 元素本身所能描述的特性之外，大部分元素還會包含屬性，以提供更多資訊，而且一個元素裡面可以加上數個屬性，只要注意標籤與屬性及屬性與屬性之間以空白字元隔開即可。

  舉例來說，假設要將「hTC」幾個字標示為連結到 hTC 網站的超連結，那麼除了要在這幾個字的前後分別加上開始標籤 <a> 和結束標籤 </a>，還要加上 href 屬性用來設定 hTC 的網址。

- 值 (value)：屬性通常會有一個值，而且有些屬性的值必須從預先定義好的範圍內選取，不能自行定義，例如 <form>（表單）元素的 method 屬性有 get 和 post 兩個值，使用者不能自行設定其它值。

  我們習慣在值的前後加上雙引號 (")，事實上，若值是由英文字母、阿拉伯數字 (0 ~ 9)、減號 (-) 或小數點 (.) 所組成，那麼值的前後可以不必加上雙引號 (")。

- 巢狀標籤 (nesting tag)：有時我們需要使用一個以上的元素來標示資料，舉例來說，假設要將一串標題 1 文字（例如 Hello,world!）中的某個字（例如 world!）標示為斜體，那麼就要使用 <h1> 和 <i> 兩個元素，此時要注意巢狀標籤的順序，原則上，第一個結束標籤必須對應最後一個開始標籤，第二個結束標籤必須對應倒數第二個開始標籤，依此類推。

- 空白字元：瀏覽器會忽略 HTML 元素之間多餘的空白字元或 [Enter] 鍵，因此，我們可以利用這個特點在 HTML 原始碼加上空白字元和 [Enter] 鍵，將 HTML 原始碼排列整齊，好方便閱讀。

```
<!DOCTYPE·html>
<html>
··<head>
····<meta·charset="utf-8">
····<title>我的網頁</title>
··</head>
··<body>
····<h1>Hello,·HTML5!</h1>
··</body>
</html>
```

不過，也正因為瀏覽器會忽略元素之間多餘的空白字元或 [Enter] 鍵，所以您不能使用空白字元或 [Enter] 鍵將網頁的內容格式化。舉例來說，假設要在一段文字的後面做換行，那麼必須在這段文字的後面加上
 元素，光是在 HTML 原始碼中按 [Enter] 鍵是沒有效的。

- 特殊字元：若要顯示一些保留給 HTML 原始碼使用的特殊字元，例如 <、>、"、&、空白字元等，必須輸入實體名稱 (entity name) 或實體數值 (entity number)。下面是一些例子，更多的字元可以參考 https://entitycode.com/。

特殊字元	實體名稱	實體數值
< (小於符號)	&lt;	&#60;
> (大於符號)	&gt;	&#62;
" (雙引號)	&quot;	&#34;
&	&amp;	&#38;
空白字元		
© (版權符號)	&copy;	&#169;

1.6.3 撰寫第一份 HTML5 文件

HTML5 文件包含 DOCTYPE、標頭 (header) 與主體 (body) 等三個部分，下面是一個例子，請依照如下步驟操作：

❶ 開啟 Notepad++，然後撰寫如下的 HTML5 文件，最左邊的行號和冒號是為了方便解說之用，不要輸入至程式碼。

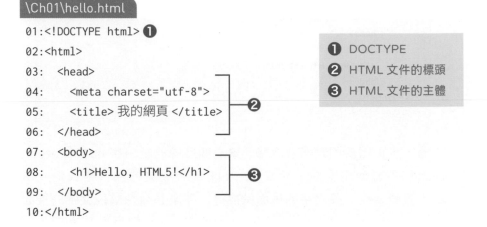

```
\Ch01\hello.html
01:<!DOCTYPE html> ❶
02:<html>
03:  <head>
04:    <meta charset="utf-8">
05:    <title> 我的網頁 </title>
06:  </head>
07:  <body>
08:    <h1>Hello, HTML5!</h1>
09:  </body>
10:</html>
```

❶ DOCTYPE
❷ HTML 文件的標頭
❸ HTML 文件的主體

● 01：宣告 HTML5 文件的 DOCTYPE (文件類型定義)，HTML5 規定第一行必須是 <!DOCTYPE html>，前面不能有空行，也不能省略不寫，否則 HTML5 的新功能可能無法正常運作。

● 02、10：使用 <html> 元素標示網頁的開始與結束，HTML 文件可以包含一個或多個元素，呈樹狀結構，而根元素就是 <html> 元素。

● 03 ~ 06：使用 <head> 元素標示 HTML 文件的標頭，其中第 04 行是使用 <meta> 元素將網頁的編碼方式設定為 UTF-8，這是全球資訊網目前最主要的編碼方式；而第 05 行是使用 <title> 元素將瀏覽器的網頁標題設定為「我的網頁」。

● 07 ~ 09：使用 <body> 元素標示 HTML 文件的主體，其中第 08 行是使用 <h1> 元素將網頁內容設定為標題 1 格式的 "Hello, HTML5!" 字串。

❷ 從功能表列選取 [檔案] \ [儲存此檔案] 或 [檔案] \ [另存新檔]，將檔案儲存為 hello.html。

❸ 利用檔案總管找到 hello.html 的檔案圖示並按兩下，就會開啟預設的瀏覽器載入文件，得到如下圖的瀏覽結果。

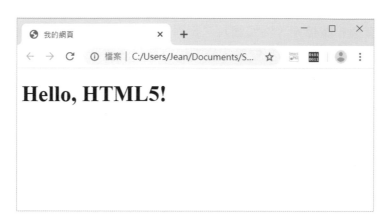

我們可以將這個例子的樹狀結構描繪如下，其中有些元素屬於兄弟節點，有些元素屬於父子節點 (上層的為父節點，下層的為子節點)，至於根元素則為 <html> 元素。

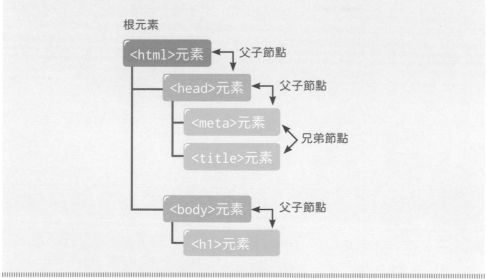

1.7 測試網頁在行動裝置的瀏覽結果

除了 PC 之外,我們通常也需要測試網頁在行動裝置的瀏覽結果,常見的方式如下:

- ✅ 將網頁與相關檔案(例如圖片、影片、聲音等)上傳到 Web 伺服器,然後開啟手機的行動瀏覽器,輸入網址進行瀏覽。

- ✅ 若無法將網頁上傳到 Web 伺服器,但還是想透過手機的行動瀏覽器進行瀏覽,可以這麼做:

  ❶ 使用手機的 USB 傳輸線將手機連接到電腦,將網頁與相關檔案複製到手機的內部儲存空間,例如將 hello.html 複製到手機記憶體的 Download 資料夾。

  ❷ 開啟手機的行動瀏覽器,輸入類似 file:///sdcard/Download/hello.html 的網址進行瀏覽,就會得到如下圖的結果。

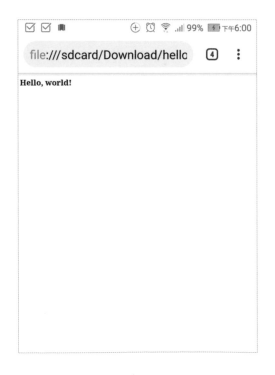

✅ 使用瀏覽器內建的開發人員工具，以 Chrome 為例，在開啟網頁後，可以按 [F12] 鍵進入開發人員工具，然後依照下圖操作。

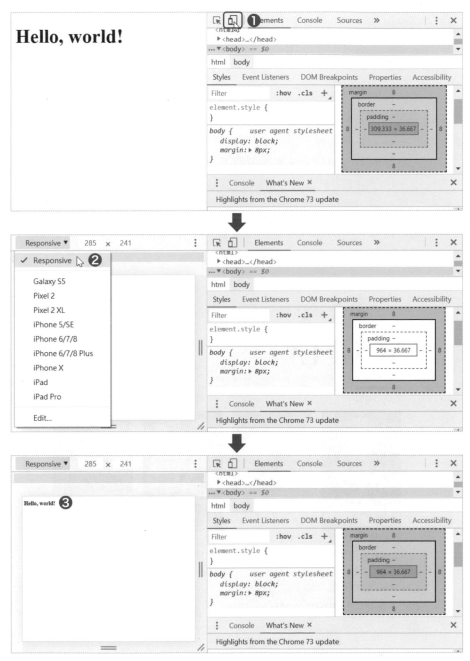

❶ 點取此鈕　　❷ 選擇行動裝置　　❸ 瀏覽結果

搜尋引擎優化 (SEO，Search Engine Optimization) 的構想起源於多數網站的新瀏覽者大都來自搜尋引擎，而且使用者往往只會留意搜尋結果中排名前面的幾個網站，因此，網站的擁有者不僅要到各大搜尋引擎進行登錄，還要設法提高網站在搜尋結果中的排名，因為排名愈前面，就愈有機會被使用者瀏覽。

至於如何提高排名，除了購買關鍵字廣告，另一種常見的方式就是利用搜尋引擎的搜尋規則來調整網站架構，即所謂的搜尋引擎優化。這種方式的效果取決於搜尋引擎所採取的搜尋演算法，而搜尋引擎為了提升搜尋的準確度及避免人為操縱排名，有時會變更搜尋演算法，使得 SEO 成為一項愈來愈複雜的任務。也正因如此，有不少網路行銷公司會推出網站 SEO 服務，代客調整網站架構，增加網站被搜尋引擎找到的機率，進而提升網站曝光度及流量。

除了委託網路行銷公司進行 SEO，事實上，我們也可以在製作網頁時留心下圖的幾個地方，亦有助於 SEO。

❶ 令網頁的關鍵字顯示在網頁標題
❷ 令網頁的關鍵字成為網址的一部分
❸ 令網頁的關鍵字出現在內容
❹ 為圖片或影片設定替代顯示文字以利搜尋

02

文件結構

jQuery Mobile

JavaScript

ootstrap 5

CSS3

HTML 5

jQuery

2.1 HTML 文件的根元素 ─ <html> 元素

HTML 文件可以包含一個或多個元素，呈樹狀結構，有些元素屬於兄弟節點，有些元素屬於父子節點，至於根元素則為 <html> 元素，其開始標籤 <html> 要放在 <!DOCTYPE html> 後面，接著的是 HTML 文件的標頭與主體，最後還要有結束標籤 </html>，如下：

```
<!DOCTYPE html>
<html>
   ...HTML 文件的標頭與主體 ...
</html>
```

<html> 元素的屬性如下，由於這些屬性可以套用到所有 HTML 元素，因此稱為全域屬性 (global attribute)：

- ✅ accesskey="..."：設定將焦點移到元素的按鍵組合。

- ✅ class="..."：設定元素的類別。

- ✅ contenteditable="{true,false,inherit}"：設定元素的內容能否被編輯。

- ✅ dir="{ltr,rtl}"：設定文字的方向，ltr (left to right) 表示由左向右，rtl (right to left) 表示由右向左。

- ✅ draggable="{true,false}"：設定元素能否進行拖放操作 (drag and drop)。

- ✅ hidden="{true,false}"：設定元素的內容是否被隱藏起來。

- ✅ id="..."：設定元素的識別字 (限英文且唯一)。

- ✅ lang="*language-code*"：設定元素的語系，例如 en 為英文，fr 為法文、de 為德文、ja 為日文、zh-TW 為繁體中文。

- ✅ spellcheck="{true,flase}"：設定是否檢查元素的拼字與文法。

- ✅ style="..."：設定套用到元素的 CSS 樣式表。

- title="...": 設定元素的標題，瀏覽器可能用它做為提示文字。

- tabindex="*n*": 設定元素的 [Tab] 鍵順序，也就是按 [Tab] 鍵時，焦點在元素之間跳躍的順序，*n* 為正整數，數字愈小，順序就愈高，-1 表示不允許以按 [Tab] 鍵的方式將焦點移到元素。

- translate="{yes,no}": 設定元素是否啟用翻譯模式。

此外，還有事件屬性 (event handler content attribute) 用來針對 HTML 元素的某個事件設定處理程式，種類相當多，下面是一些例子：

- onload="...": 設定當瀏覽器載入網頁時所要執行的 Script。

- onunload="...": 設定當瀏覽器卸載網頁時所要執行的 Script。

- onclick="...": 設定在元素上按一下滑鼠時所要執行的 Script。

- ondblclick="...": 設定在元素上按兩下滑鼠時所要執行的 Script。

- onmousedown="...":設定在元素上按下滑鼠按鍵時所要執行的 Script。

- onmouseup="...": 設定在元素上放開滑鼠按鍵時所要執行的 Script。

- onmouseover="...": 設定當滑鼠移過元素時所要執行的 Script。

- onmousemove="...":設定當滑鼠在元素上移動時所要執行的 Script。

- onmouseout="...": 設定當滑鼠從元素上移開時所要執行的 Script。

- onfocus="...": 設定當使用者將焦點移到元素上時所要執行的 Script。

- onblur="...": 設定當使用者將焦點從元素上移開時所要執行的 Script。

- onkeydown="...": 設定在元素上按下按鍵時所要執行的 Script。

- onkeyup="...": 設定在元素上放開按鍵時所要執行的 Script。

- onkeypress="...":設定在元素上按下再放開按鍵時所要執行的 Script。

- onsubmit="...": 設定當使用者傳送表單時所要執行的 Script。

- onreset="...": 設定當使用者清除表單時所要執行的 Script。

2.2 HTML 文件的標頭 — <head> 元素

我們可以使用 <head> 元素標示 HTML 文件的標頭，裡面可以進一步使用 <title>、<meta>、<link>、<style>、<base>、<script> 等元素來設定文件標題、文件相關資訊、文件之間的關聯、CSS 樣式表、相對 URL 的路徑、JavaScript 程式碼。

<head> 元素要放在 <html> 元素裡面，而且有結束標籤 </head>，如下，至於 <head> 元素的屬性則有第 2.1 節所介紹的全域屬性。

```
<!DOCTYPE html>
<html>
  <head>
    ...HTML 文件的標頭 ...
  </head>
</html>
```

在接下來的小節中，我們會介紹 <title>、<meta>、<link>、<style> 等元素，而 <base>、<script> 等元素會在第 3.7、5.4 節做介紹。

2.2.1 <title> 元素 (文件標題)

<title> 元素用來設定 HTML 文件的標題，此標題會顯示在瀏覽器的標題列或索引標籤，有助於搜尋引擎優化，增加網頁被搜尋引擎找到的機率。<title> 元素要放在 <head> 元素裡面，而且有結束標籤 </title>，如下，至於 <title> 元素的屬性則有第 2.1 節所介紹的全域屬性。

```
<!DOCTYPE html>
<html>
  <head>
    <title> 我的網頁 </title>
    ... 其它標頭資訊 ...
  </head>
</html>
```

2.2.2　<meta> 元素 (文件相關資訊)

<meta> 元素用來設定 HTML 文件的相關資訊，稱為 metadata，例如字元集 (編碼方式)、內容類型、作者、搜尋引擎關鍵字、版權宣告等。

<meta> 元素要放在 <head> 元素裡面，<title> 元素前面，而且沒有結束標籤，常見的屬性如下：

✅ charset="..."：設定 HTML 文件的字元集 (編碼方式)，例如下面的敘述是設定 HTML 文件的字元集為 UTF-8：

```
<meta charset="utf-8">
```

✅ name="{application-name,author,generator,keywords,description}"：設定 metadata 的名稱，這些值分別表示網頁應用程式的名稱、作者的名稱、編輯程式、關聯的關鍵字、描述文字 (可供搜尋引擎使用，有助於搜尋引擎優化)。

✅ content="..."：設定 metadata 的內容，例如下面的敘述是設定 metadata 的名稱為 "author"，內容為 "Jean"，即 HTML 文件的作者為 Jean：

```
<meta name="author" content="Jean">
```

又例如下面的敘述是設定 metadata 的名稱為 "generator"，內容為 "Notepad++"，即 HTML 文件的編輯程式為 Notepad++：

```
<meta name="generator" content="Notepad++">
```

✅ http-equiv="..."：這個屬性可以用來取代 name 屬性，因為 HTTP 伺服器是使用 http-equiv 屬性蒐集 HTTP 標頭，例如下面的敘述是設定 HTML 文件的內容類型為 text/html：

```
<meta http-equiv="content-type" content="text/html">
```

✅ 第 2.1 節所介紹的全域屬性。

2.2.3 <link> 元素 (文件之間的關聯)

<link> 元素用來設定目前文件與其它資源之間的關聯，常見的關聯如下。

關聯	說明	關聯	說明
alternate	替代表示方式	author	作者
help	說明	icon	圖示
license	授權	search	搜尋資源
stylesheet	CSS 樣式表	tag	標籤
next	下一頁	prev	上一頁
top	首頁	bookmark	書籤
contents	內容	index	索引

<link> 元素要放在 <head> 元素裡面，而且沒有結束標籤，常見的屬性如下：

- ✅ href="*url*"：設定欲建立關聯之其它資源的網址。

- ✅ hreflang="*language-code*"：設定 href 屬性值的語系。

- ✅ rel="..."：設定目前文件與其它資源的關聯。

- ✅ rev="..."：設定目前文件與其它資源的反向關聯，例如下面第一個敘述是設定目前文件與上一個文件 ch1.html 的關聯和反向關聯，而第二個敘述是設定目前文件與下一個文件 ch3.html 的關聯和反向關聯：

```
<link href="ch1.html" rel="prev" rev="next">
<link href="ch3.html" rel="next" rev="prev">
```

- ✅ type="*content-type*"：設定內容類型，例如下面的敘述是設定目前文件會連結一個名稱為 mobile.css 的 CSS 樣式表檔案：

```
<link rel="stylesheet" type="text/css" href="mobile.css">
```

- ✅ 第 2.1 節所介紹的全域屬性。

2.2.4　<style> 元素 (嵌入 CSS 樣式表)

我們可以在 <head> 元素裡面使用 <style> 元素嵌入 CSS 樣式表，常見的屬性如下：

✅　media="{screen,print,speech,all}" : 設定 CSS 樣式表的目的媒體類型 (螢幕、列印裝置、語音合成器、全部)，預設值為 all。

✅　type="*content-type*" : 設定樣式表的內容類型，預設值為 "text/css"。

✅　第 2.1 節所介紹的全域屬性。

下面是一個例子，其中第 05 ~ 07 行所嵌入的 CSS 樣式表是要套用在 <body> 元素，也就是將網頁主體的背景色彩設定為深天空藍色。

\Ch02\style.html

```
01:<!DOCTYPE html>
02:<html>
03:  <head>
04:    <meta charset="utf-8">
05:    <style>
06:      body {background: deepskyblue;}
07:    </style>
08:  </head>
09:  <body>
10:  </body>
11:</html>
```

有關如何定義 CSS 樣式表，我們會在第 7 章做說明

2.3 HTML 文件的主體 ─ \<body\> 元素

我們可以使用 \<body\> 元素標示 HTML 文件的主體，裡面可能包括文字、圖片、影片、聲音等內容。\<body\> 元素要放在 \<html\> 元素裡面，\<head\> 元素後面，而且有結束標籤 \</body\>，如下：

```
<!DOCTYPE html>
<html>
  <head>
    ...HTML 文件的標頭 ...
  </head>
  <body>
    ...HTML 文件的主體 ...
  </body>
</html>
```

\<body\> 元素的屬性有第 2.1 節所介紹的全域屬性，以及 onafterprint、onbeforeprint、onbeforeunload、onhashchange、onlanguagechange、onmessage、onoffline、ononline、onpagehide、onpageshow、onpopstate、onrejectionhandled、onstorage、onunhandledrejection、onunload 等事件屬性。

下面是一個例子，它會在網頁上顯示 Hello, world!。

\Ch02\body.html

```
<!DOCTYPE html>
<html>
  <head>
    <meta charset="utf-8">
    <title> 我的網頁 </title>
  </head>
  <body>
    Hello, world!
  </body>
</html>
```

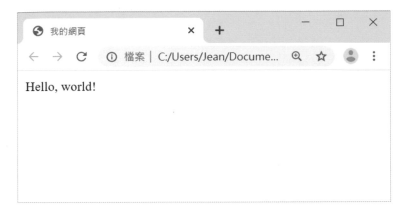

下面是另一個例子，它會透過 <body> 元素的 onload 事件屬性設定當瀏覽器發生 load 事件時（即載入網頁），就呼叫 JavaScript 的 alert() 方法，在對話方塊中顯示 Hello, world!。

`\Ch02\body2.html`

```
<!DOCTYPE html>
<html>
  <head>
    <meta charset="utf-8">
    <title> 我的網頁 </title>
  </head>
  <body onload="javascript: alert('Hello, world!');">
  </body>
</html>
```

在 HTML4.01 中，<body> 元素還有 background、bgcolor、text、link、alink、vlink 等屬性，用來設定網頁的背景圖片、背景色彩、文字色彩、超連結色彩、被選取的超連結色彩和已瀏覽的超連結色彩，所以您可能會在一些 HTML 文件看到類似下面比較早期的寫法：

```
<!DOCTYPE html>
<html>
  <head>
    <meta charset="utf-8">
  </head>
  <body bgcolor="white" text="black" link="red" vlink="green" alink="blue">
  </body>
</html>
```

不過，由於 W3C 鼓勵網頁設計人員使用 CSS 定義網頁的外觀，以便和網頁的內容分隔開來，所以 HTML5 不再列出涉及網頁外觀的屬性，例如上面的 HTML 文件可以使用 CSS 改寫成如下，也正因如此，我們在介紹其它 HTML5 元素時，會以 HTML5 有列出的屬性為主。

```
<!DOCTYPE html>
<html>
  <head>
    <meta charset="utf-8">
    <style>
      body {background: white; color: black;}
      a:link {color: red;}
      a:visited {color: green;}
      a:active {color: blue;}
    </style>
  </head>
  <body>
  </body>
</html>
```

2.3.1 <h1> ~ <h6> 元素 (標題 1 ~ 6)

HTML 提供 <h1>、<h2>、<h3>、<h4>、<h5>、<h6> 等六種層次的標題，以 <h1> 元素 (標題 1) 的字體最大，<h6> 元素 (標題 6) 的字體最小。<h1> ~ <h6> 元素的屬性有第 2.1 節所介紹的全域屬性，下面是一個例子。

\Ch02\heading.html

```html
<!DOCTYPE html>
<html>
  <head>
    <meta charset="utf-8">
  </head>
  <body>
    <h1> 標題 1</h1>
    <h2> 標題 2</h2>
    <h3> 標題 3</h3>
    <h4> 標題 4</h4>
    <h5> 標題 5</h5>
    <h6> 標題 6</h6>
  </body>
</html>
```

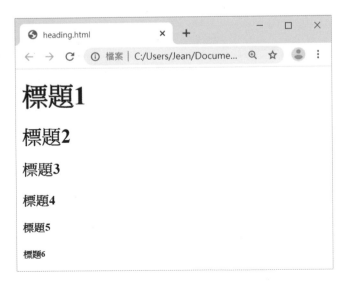

2.3.2 <p> 元素 (段落)

網頁的內容通常會包含數個段落,不過,瀏覽器會忽略 HTML 文件中多餘的空白字元或 [Enter] 鍵,因此,即便是按 [Enter] 鍵企圖分段,瀏覽器一樣會忽略,而將文字顯示成同一段落。

若要顯示段落,必須使用 <p> 元素,也就是在每個段落的前後加上開始標籤 <p> 和結束標籤 </p>。<p> 元素的屬性有第 2.1 節所介紹的全域屬性,下面是一個例子。

`\Ch02\p.html`

```
<!DOCTYPE html>
<html>
  <head>
    <meta charset="utf-8">
  <head>
  <body>
    <p> 天命之謂性,率性之謂道,修道之謂教。</p>
    <p> 道也者,不可須臾離也;可離,非道也。</p>
    <p> 是故,君子戒慎乎其所不賭,恐懼乎其所不聞。</p>
    <p> 莫見乎隱,莫顯乎微,故君子慎其獨也。</p>
  </body>
</html>
```

❶ 在每個段落的前後加上 <p> 和 </p>

❷ 瀏覽結果顯示成四個段落

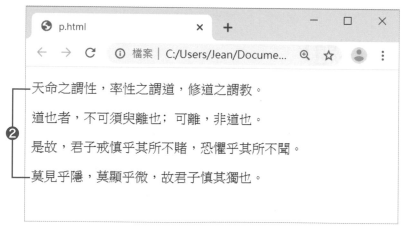

在 HTML4.01 中,包括標題、段落、圖片、表格等區塊均有 align 屬性,用來設定對齊方式為靠左、置中或靠右。以下面的 HTML 文件為例,這是早期的寫法,也就是使用 \<h1\>、\<h2\> 元素和 align 屬性設定標題的對齊方式:

```
<!DOCTYPE html>
<html>
  <head>
    <meta charset="utf-8">
  </head>
  <body>
    <h1 align="left"> 靠左對齊的標題 1</h1>
    <h2 align="right"> 靠右對齊的標題 2</h2>
  </body>
</html>
```

不過,誠如我們之前提到的,W3C 鼓勵網頁設計人員使用 CSS 定義網頁的外觀,所以 HTML5 不再列出涉及網頁外觀的屬性,此時,我們可以使用 CSS 將上面的 HTML 文件改寫成如下:

```
<!DOCTYPE html>
<html>
  <head>
    <meta charset="utf-8">
    <style>
      h1 {text-align: left;}
      h2 {text-align: right;}
    </style>
  </head>
  <body>
    <h1> 靠左對齊的標題 1</h1>
    <h2> 靠右對齊的標題 2</h2>
  </body>
</html>
```

2.3.3 <div> 元素 (群組成一個區塊)

<div> 元素用來將 HTML 文件中某個範圍的內容和元素群組成一個區塊，令文件的結構更清晰。<div> 元素的屬性有第 2.1 節所介紹的全域屬性，下面是一個例子，它使用 <div> 元素將一組超連結清單群組成一個具有導覽列功能的區塊。

```
\Ch02\div.html

<body>
  <div id="navigation">  ❶
  ┌<ul>
  │   <li><a href="products.html"> 產品型錄 </a></li>
❷ │   <li><a href="stores.html"> 銷售門市 </a></li>
  │   <li><a href="about.html"> 關於我們 </a></li>
  └</ul>
  </div>
</body>
```

❶ 使用 id 屬性設定識別字以標示用途

❷ 這些元素會在第 3 章做介紹

所謂**區塊層級** (block level) 指的是元素的內容在瀏覽器中會另起一行，例如 <div>、<p>、<h1> 等均是區塊層級元素。雖然 <div> 元素的瀏覽結果純粹是將內容另起一行，沒有什麼特別，但我們通常會搭配 class、id、style 等屬性，將 CSS 樣式表套用到 <div> 元素所群組的區塊。此外，若元素 A 位於一個區塊層級元素 B 裡面，那麼元素 B 就是元素 A 的**容器** (container)，例如在 \Ch02\div.html 中，<div> 元素就是 <ul> 元素的容器。

2.3.4 `<!.. ..>` 元素 (註解)

`<!-- -->` 元素用來標示註解，而且註解不會顯示在瀏覽器畫面，下面是一個例子。

`\Ch02\comment.html`

```
<body>
    <!-- 以下為大學經一章大學之道 --> ❶
    <p> 大學之道在明明德，在親民，在止於至善。
        知止而后有定，定而后能靜，靜而后能安，
        安而后能慮，慮而后能得，物有本末，事有
        終始，知所先後，則近道也。</p>
</body>
```

❶ 使用 `<!-- -->` 元素標示註解

❷ 註解不會顯示在瀏覽器畫面

❷

NOTE

- 註解可以用來記錄程式的用途與結構，適當的註解可以提高程式的可讀性，讓程式更容易偵錯與維護。

- 建議您在程式的開頭以註解說明程式的用途，並在一些重要的區塊前面以註解說明其功能，同時盡可能簡明扼要，掌握「過猶不及」的原則。

2.4 HTML5 新增的結構元素

仔細觀察多數網頁,就不難發現其組成往往是有一定的脈絡可循。以下圖的網頁為例,它包含下列幾個部分:

- 頁首:通常包含標題、標誌圖案、區塊目錄、搜尋表單等。

- 導覽列:通常包含一組連結到網站內其它網頁的超連結,使用者只要透過導覽列,就可以穿梭往返於網站的各個網頁。

- 主要內容:通常包含文章、區段、圖片或影片。

- 側邊欄:通常包含摘要、廣告、贊助廠商超連結、日期月曆等可以從區塊內容抽離的其它內容。

- 頁尾:通常包含網站的擁有者資訊、瀏覽人數、版權聲明,以及連結到隱私權政策、網站安全政策、服務條款等內容的超連結。

❶ 導覽列　　　❷ 頁首　　　❸ 主要內容　　　❹ 頁尾　　　❺ 側邊欄

在過去，網頁設計人員通常是使用 <div> 元素來標示網頁上的某個區塊，但 <div> 元素並不具有任何語意，只能泛指通用的區塊。

為了進一步標示區塊的用途，網頁設計人員可能會利用 <div> 元素的 id 或 class 屬性設定區塊的識別字或類別，例如透過類似 <div id="navigation"> 或 <div id="navigate"> 的敘述來標示做為導覽列的區塊，然而諸如此類的敘述並無法幫助瀏覽器辨識導覽列的存在，更別說是提供快速鍵讓使用者快速切換到導覽列。

為了幫助瀏覽器辨識網頁上不同的區塊，以提供更聰明貼心的服務，HTML5 新增數個具有語意的結構元素，並鼓勵網頁設計人員使用這些元素取代慣用的 <div> 元素，將網頁結構轉換成語意更明確的 HTML5 文件。

結構元素	說明
<article>	標示網頁的本文或獨立的內容，例如部落格的一篇文章、新聞網站的一則報導。
<section>	標示通用的區塊或區段，例如將網頁的本文分割為不同的主題區塊，或將一篇文章分割為不同的章節或段落。
<nav>	標示導覽列。
<header>	標示網頁或區塊的頁首。
<footer>	標示網頁或區塊的頁尾。
<aside>	標示側邊欄，裡面通常包含摘要、廣告等可以從區塊內容抽離的其它內容。
<main>	標示網頁的主要內容，裡面通常包含文章、區段、圖片或影片。

註：這些結構元素的屬性有第 2.1 節所介紹的全域屬性。

除了上述的結構元素，我們還可以利用下列兩個元素提供區塊的附加資訊，第 3 章有進一步的說明：

- ✅ <address>：標示聯絡資訊。

- ✅ <time>：標示日期時間。

2.4.1 <article>（文章）

<article> 元素用來標示網頁的本文或獨立的內容，例如部落格的一篇文章、新聞網站的一則報導。當網頁有多篇文章時，我們可以將每篇文章放在各自的 <article> 元素裡面。

下面是一個例子，它在兩個 <article> 元素裡面分別放入《翠玉白菜》和《肉形石》的介紹文章。

`\Ch02\article.html`

```
<body>
  <article>
    <h1> 翠玉白菜 </h1>
    <p>《翠玉白菜》是故宮博物院珍藏的玉器雕刻，…。</p>
  </article>
  <article>
    <h1> 肉形石 </h1>
    <p>《肉形石》是故宮博物院珍藏的國寶之一，…。</p>
  </article>
</body>
```

❶ 第一個 article
❷ 第二個 article

❶ 第一個文章　❷ 第二個文章

2.4.2 <section>（通用的區塊或區段）

<section> 元素用來標示通用的區塊或區段，例如將網頁的本文分割為不同的主題區塊，或將一篇文章分割為不同的章節或段落。

下面是一個例子，它在一個 <article> 元素裡面放入兩個 <section> 元素，裡面分別有一首唐詩的標題與詩句。

`\Ch02\section.html`

```
<body>
  <article>
      <h1> 唐詩欣賞 </h1>
      <section>
        <h2> 送別 </h2>
        <p> 山中相送罷，日暮掩柴扉。春草年年綠，王孫歸不歸。</p>
      </section>
      <section>
        <h2> 鹿柴 </h2>
        <p> 空山不見人，但聞人語響。返景入深林，復照青苔上。</p>
      </section>
  </article>
</body>
```

❶ 文章　❷ 文章的第一個區段　❸ 文章的第二個區段

2.4.3 <nav> 元素 (導覽列)

由於導覽列是網頁上常見的設計，因此，HTML5 新增 <nav> 元素用來標示導覽列，而且網頁上的導覽列可以不只一個，視實際的需要而定。

W3C 並沒有規定 <nav> 元素的內容應該如何撰寫，常見的做法是以項目清單的形式呈現一組超連結，當然，若您不想加上項目符號，只想單純保留一組超連結，那也無妨，甚至您還可以針對這些超連結設計專屬的圖案。

提醒您，並不是任何一組超連結就要使用 <nav> 元素，而是要做為導覽列功能的超連結，諸如搜尋結果清單或贊助廠商超連結就不應該使用 <nav> 元素。

下面是一個例子，它使用 <nav> 元素設計一個導覽列，讓使用者點選「產品型錄」、「銷售門市」、「關於我們」 等超連結，就會連結到 products.html、stores.html、about.html 等網頁。

`\Ch02\nav.html`

```html
<body>
  <nav>
    <ul>
      <li><a href="products.html"> 產品型錄 </a></li>
      <li><a href="stores.html"> 銷售門市 </a></li>
      <li><a href="about.html"> 關於我們 </a></li>
    </ul>
  </nav>
</body>
```

這些元素會在第 3 章做介紹

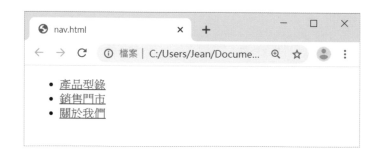

2.4.4 <header> 與 <footer> 元素 (頁首 / 頁尾)

除了導覽列之外，多數網頁也會設計頁首和頁尾。為了標示網頁或區塊的頁首和頁尾，HTML5 新增 <header> 與 <footer> 兩個元素。

下面是一個例子，它分別使用 <header> 與 <footer> 兩個元素標示網頁的頁首和頁尾，其中頁尾裡面有一個超連結，用來連結到網頁的頂端，我們會在第 3.6 節介紹 <a> 元素。

`\Ch02\header.html`

```
<body>
  <header>
    <h1> 手機王 </h1>
❶   <p> 找手機、修手機、賣手機，手機專家就在這裡！ </p>
  </header>

  <footer>
    <p>&copy; 2020 快樂通訊公司 </p>
❷   <p><a href="#">Back to top</a></p>
  </footer>
</body>
```

❶ 頁首　❷ 頁尾

2-21

2.4.5 <aside> 元素 (側邊欄)

<aside> 元素用來標示側邊欄，裡面通常包含摘要、廣告、贊助廠商超連結、日期月曆等可以從區塊內容抽離的其它內容。

下面是一個例子，它除了使用 <aside> 元素標示側邊欄，同時也在側邊欄裡面使用兩個 <section> 元素標示兩個區段，放置「您可能會有興趣的文章」和「贊助廠商」。

\Ch02\aside.html

```html
<aside>
  <section>
    <p> 您可能會有興趣的文章 </p>
    <ul>
      <li><a href="article1.html"> 文章 1</a></li>
      <li><a href="article2.html"> 文章 2</a></li>
      <!-- 此處可以繼續放置其它文章超連結 -->
    </ul>
  </section>
  <section>
    <p> 贊助廠商 </p>
    <!-- 此處可以放置贊助廠商廣告或超連結 -->
  </section>
</aside>
```

2.4.6 <main> 元素 (主要內容)

<main> 元素用來標示網頁的主要內容，裡面通常包含文章、區段、圖片或影片。

<main> 元素的內容應該是唯一的，也就是不會包含重複出現在其它網頁的資訊，例如導覽列、頁首、頁尾、版權聲明、網站標誌、搜尋表單等。

下面是一個例子，它示範了如何使用 <header>、<nav>、<main>、<aside>、<footer> 等元素標示網頁的頁首、導覽列、主要內容、側邊欄和頁尾，同時示範了如何在這些元素套用 CSS 樣式表，對於這些樣式表，您可以先簡略看過，第 7 ~ 11 章會有進一步的說明。

\Ch02\main.html

```
01:<!DOCTYPE html>
02:<html>
03:   <head>
04:     <meta charset="utf-8">
05:     <style>
06:       body {width: 100%; min-width: 600px; max-width: 960px;
07:           margin: 0 auto; text-align: center;}
08:       header {margin: 1%; background: #eaeaea;}
09:       nav {margin: 1%; color: white; background: black;}
10:       main {float: left; width: 64%; height: 300px; margin: 1%;
11:           background: aqua;}
12:       aside {float: left; width: 32%; height: 300px; margin: 1%;
13:            background: aqua;}
14:       footer {clear: left; margin: 1%; background: #eaeaea;}
15:     </style>
16:   </head>
17:   <body>
18:     <header><h1> 頁首 </h1></header>
19:     <nav><h1> 導覽列 </h1></nav>
20:     <main><h1> 主要內容 </h1></main>
21:     <aside><h1> 側邊欄 </h1></aside>
22:     <footer><h1> 頁尾 </h1></footer>
23:   </body>
24:</html>
```

- ✅ 06 ~ 14：針對 <body>、<header>、<nav>、<main>、<aside>、<footer> 等元素設定 CSS 樣式表，包括寬度、高度、最小寬度、最大寬度、邊界、前景色彩、背景色彩、文字對齊方式、文繞圖與解除文繞圖等。

- ✅ 18：標示網頁的頁首。

- ✅ 19：標示網頁的導覽列。

- ✅ 20：標示網頁的主要內容。

- ✅ 21：標示網頁的側邊欄。

- ✅ 22：標示網頁的頁尾。

NOTE

原則上，網頁裡面只有一個 <main> 元素，而且不可以放在 <article>、<section>、<nav>、<footer>、<header>、<aside> 等元素裡面。

03

資料編輯與格式化

jQuery Mobile　JavaScript

ootstrap 5　CSS3

HTML 5　jQuery

3.1 區塊格式

HTML 提供了一些用來標示區塊格式的元素，例如 <h1> ~ <h6>（標題 1 ~ 6）、<p>（段落）、<div>（群組成一個區塊）、<pre>（預先格式化區塊）、<blockquote>（引述區塊）、<address>（聯絡資訊）、<hr>（水平線）等，由於 <h1> ~ <h6>、<p> 和 <div> 等元素在第 2.3 節介紹過，此處就不再重複講解。

3.1.1 <pre> 元素（預先格式化區塊）

由於瀏覽器會忽略 HTML 元素之間多餘的空白字元和 [Enter] 鍵，導致在輸入某些內容時造成不便，例如程式碼，此時，我們可以使用 <pre> 元素預先將內容格式化，其屬性有第 2.1 節所介紹的全域屬性，下面是一個例子。

\Ch03\pre.html

```
<body>
  <pre>
  void main()
  {
    printf("Hello, world!\n");
  }
  </pre>
</body>
```

❶

```
void main()
{
  printf("Hello, world!\n");
}
```

❷

❶ 使用 <pre> 元素標示預先格式化區塊　❷ 瀏覽結果會保留空白與換行

3.1.2 <blockquote> 元素 (引述區塊)

<blockquote> 元素用來標示引述區塊，其屬性如下：

✓ cite="…" : 設定引述的相關資訊或來源出處。

✓ 第 2.1 節所介紹的全域屬性。

下面是一個例子，其中第一段文字是一般的段落，而第二段文字是引述區塊，瀏覽器通常會以縮排的形式來顯示引述區塊，同時我們還加上 cite="https://www.w3.org/" 屬性標示引述的來源出處為 W3C 的官方網站。

`\Ch03\blockquote.html`

```html
<body>
  <p>The Web of Things Working Group has published …. </p>

  <blockquote cite="https://www.w3.org/">
    <p>The Web of Things Working Group has published …. </p>
  </blockquote>
</body>
```

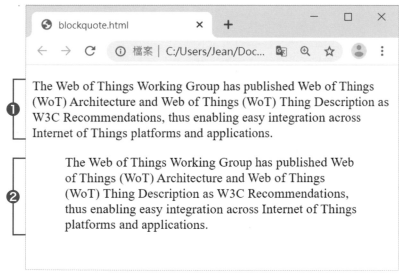

❶ 一般的段落不會左右縮排　　❷ 引述區塊會左右縮排

3.1.3 <address> 元素 (聯絡資訊)

<address> 元素用來標示個人、團體或組織的聯絡資訊,例如地址、市內電話、行動電話、E-mail 帳號、即時通訊帳號、網址、地理位置資訊等,其屬性有第 2.1 節所介紹的全域屬性。

下面是一個例子,它使用 <address> 元素在文章的最後放上 jean@hotmail.com 超連結做為作者聯絡資訊。有關超連結的製作方式,第 3.6 節有進一步的說明。

```
\Ch03\address.html
<body>
  <article>
    <!-- 此處放置文章內容 -->

    <p> 聯絡本文章的作者:</p>
    <address>
❶    <a href="mailto:jean@hotmail.com">jean@hotmail.com</a>
    </address>
  </article>
</body>
```

❶ 使用 <address> 元素標示聯絡資訊　❷ 聯絡資訊的瀏覽結果

3.1.4 <hr> 元素（水平線）

<hr> 元素用來標示水平線，其屬性有第 2.1 節所介紹的全域屬性，該元素沒有結束標籤。

下面是一個例子，在視覺效果上，瀏覽器會顯示一條水平的分隔線，而在語意上，<hr> 元素代表的是段落層級的焦點轉移，例如從一首詩轉移到另一首詩，或從故事的一個情節轉移到另一個情節。

`\Ch03\hr.html`

```
<body>
  <p> 春曉 </p>
  <p> 春眠不覺曉，處處聞啼鳥；夜來風雨聲，花落知多少？</p>
  <hr> ❶
  <p> 送別 </p>
  <p> 山中相送罷，日暮掩柴扉。春草明年綠，王孫歸不歸。</p>
  <hr>
  <p> 相思 </p>
  <p> 紅豆生南國，春來發幾枝？願君多采擷，此物最相思。</p>
</body>
```

❶ 使用 <hr> 元素標示水平線　❷ 水平線的瀏覽結果

3.2 文字格式

適當的文字格式可以提升網頁的可讀性和視覺效果，常見的文字格式有粗體、斜體、加底線、小字型、上標、下標等，以下各小節有進一步的說明。

3.2.1 <b>、<i>、<u>、<sub>、<sup>、<small>、<em>、<strong>、<dfn>、<code>、<samp>、<kbd>、<var>、<cite>、<abbr>、<s>、<q>、<mark>、<ruby>、<rt> 元素

HTML5 提供如下元素用來設定文字格式，這些元素的屬性有第 2.1 節所介紹的全域屬性。

範例	瀏覽結果	說明
預設的格式 Format	預設的格式Format	預設的格式
<b> 粗體 Bold</b>	**粗體Bold**	粗體
<i> 斜體 Italic</i>	*斜體Italic*	斜體
<u> 加底線 Underlined</u>	<u>加底線Underlined</u>	加底線
H<sub>2</sub>O	H_2O	下標
X<sup>3</sup>	X^3	上標
<small>SMALL</small> FONT	SMALL FONT	小字型
<em> 強調斜體 Emphasized</em>	*強調斜體Emphasized*	強調斜體
<strong> 強調粗體 Strong</strong>	**強調粗體Strong**	強調粗體
<dfn> 定義 Definition</dfn>	*定義Definition*	定義文字
<code> 程式碼 Code</code>	程式碼Code	程式碼文字
<samp> 範例 SAMPLE</samp>	範例SAMPLE	範例文字

範例	瀏覽結果	說明
<kbd> 鍵盤 Keyboard</kbd>	鍵盤Keyboard	鍵盤文字
<var> 變數 Variable</var>	*變數Variable*	變數文字
<cite> 引用 Citation</cite>	*引用Citation*	引用文字
<abbr> 縮寫，如 HTTP</abbr>	縮寫，如HTTP	縮寫文字
<s> 刪除字 Strike</s>	~~刪除字Strike~~	刪除字
<q>Gone with the Wind</q>	"Gone with the Wind"	引用語
<mark> 螢光標記 </mark>	螢光標記	螢光標記
<ruby> 漢 <rt> ㄏ ㄢ ˋ</rt></ruby>	ㄏㄢˋ 漢	注音或拼音

- 雖然 HTML5 保留了這些涉及網頁外觀的元素，但 W3C 還是鼓勵網頁設計人員使用 CSS 來取代。

- HTML5 移除了 <font>、<basefont>、<big>、<blink>、<center>、<strike>、<tt>、<nobr>、<spacer> 等涉及網頁外觀的元素，建議使用 CSS 來取代，同時 HTML5 亦移除了 <acronym> 元素，建議使用 <abbr> 元素來取代。

- HTML5 修改了 <em> 和 <strong> 元素的意義，前者用來標示強調功能，而後者用來標示內容的重要性，但沒有要改變句子的意思或語氣。

- <mark> 元素是 HTML5 新增的元素，用來顯示螢光標記，它的意義和用來標示強調或重要性的 <em> 或 <strong> 元素不同。舉例來說，假設使用者在網頁上搜尋某個關鍵字，一旦搜尋到該關鍵字，就以螢光標記出來，那麼 <mark> 元素是比較適合的。

- <ruby> 與 <rt> 元素也是 HTML5 新增的元素，其中 <ruby> 元素用來包住字串及其注音或拼音，而 <rt> 元素是 <ruby> 元素的子元素，用來包住注音或拼音的部分。

3.2.2 \<br\> 元素 (換行)

\<br\> 元素用來換行，其屬性有第 2.1 節所介紹的全域屬性，該元素沒有結束標籤，下面是一個例子。

```
<body>
    <p> 春眠不覺曉，</p>
    <p> 處處聞啼鳥。</p>
    <p> 夜來風雨聲，</p>
    <p> 花落知多少？</p>

    春眠不覺曉，<br>
    處處聞啼鳥。<br>
    夜來風雨聲，<br>
    花落知多少？
</body>
```

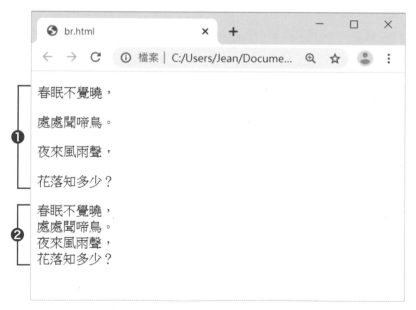

❶ 使用 \<p\> 元素標示段落的行距比較大

❷ 使用 \<br\> 元素標示換行的行距比較小

3.2.3 <span> 元素 (群組成一行)

<span> 元素用來將 HTML 文件中某個範圍的內容和元素群組成一行,其屬性有第 2.1 節所介紹的全域屬性。所謂行內層級 (inline level) 指的是元素的內容在瀏覽器中不會另起一行,例如 <span>、<i>、<b>、<u>、<img>、<a>、<sub>、<sup>、<em>、<small> 等均是行內層級元素。

<span> 元素最常見的用途就是搭配 class、id、style 等屬性,將 CSS 樣式表套用到 <span> 元素所群組的行內範圍,下面是一個例子。

\Ch03\span.html

```
<!DOCTYPE html>
<html>
  <head>
    <meta charset="utf-8">
    <style>
      .note {color: blue;}
    </style>
  </head>
  <body>
    註釋 1:<span class="note">「章台路」</span> 意指歌妓聚居之所。<br>
    註釋 2:<span class="note">「冶遊生春露」</span> 意指春遊。
  </body>
</html>
```

❶ 嵌入樣式表將 note 類別的前景色彩設定為藍色

❷ 將樣式表套用到行內範圍

❸ 套用樣式表的瀏覽結果

span.html

檔案 | C:/Users/Jean/Docume...

註釋1:「章台路」意指歌妓聚居之所。
註釋2:「冶遊生春露」意指春遊。

❸

3.2.4 <time> 元素 (日期時間)

HTML5 新增 <time> 元素用來標示日期時間，其屬性如下：

✅ datetime：設定機器可讀取的日期時間格式。

✅ 第 2.1 節所介紹的全域屬性。

機器可讀取的日期格式為 YYYY-MM-DD，時間格式為 HH:MM[:SS]，秒數可以省略不寫，兩者之間以 T 做區隔，若要設定更小的秒數單位，可以先加上小數點做區隔，然後設定更小的秒數，例如：

```
<time>2020-12-25</time>
<time>14:30:35</time>
<time>2020-12-25T14:30</time>
<time>2020-12-25T14:30:35</time>
<time>2020-12-25T14:30:35.922</time>
```

下面是一個例子，它分別使用兩個 <time> 元素標示一個日期和一個時間，同時使用 datetime 屬性設定機器可讀取的日期時間格式，畢竟機器是看不懂「10 月 25 日」和「早上八點鐘」的。

\Ch03\time.html

```
<body>
  <p> 本年度校慶日期為 <time datetime="2021-10-25">10 月 25 日 </time></p>
  <p> 進場時間為 <time datetime="08:00"> 早上八點鐘 </time></p>
</body>
```

3.3 插入或刪除資料 — <ins>、<del> 元素

當我們要在網頁上插入資料時,可以使用 <ins> 元素,瀏覽器通常會以底線來顯示 <ins> 元素的內容;相反的,當我們要在網頁上刪除資料,可以使用 <del> 元素,瀏覽器通常會以刪除線來顯示 <del> 元素的內容。

這兩個元素的屬性如下:

- ✓ cite="..." :設定一個文件或訊息,以說明插入或刪除資料的原因。

- ✓ datetime="..." :設定插入或刪除資料的日期時間。

- ✓ 第 2.1 節所介紹的全域屬性。

下面是一個例子。

```
\Ch03\insdel.html
<!DOCTYPE html>
<html>
  <head>
    <meta charset="utf-8">
  </head>
  <body>
    指考倒數剩下 <del datetime="2021-07-01">2</del> 天
    <ins datetime="2021-07-02">1</ins> 天
  </body>
</html>
```

3-11

3.4 項目符號與編號 — \<ul\>、\<ol\>、\<li\> 元素

當您閱讀書籍或整理資料時,可能會希望將相關資料條列式的編排出來,讓資料顯得有條不紊,此時可以使用 \<ul\> 元素為資料加上項目符號,或使用 \<ol\> 元素為資料加上編號,然後使用 \<li\> 元素設定個別的項目資料。

\<ul\> 元素用來標示項目符號,其屬性如下:

- 第 2.1 節所介紹的全域屬性。

\<ol\> 元素用來標示編號,其屬性如下:

- type="{1,A,a,I,i}":設定編號的類型,設定值如下,省略不寫的話,表示阿拉伯數字。

設定值	說明
1(預設值)	從 1 開始的阿拉伯數字,例如 1.、2.、3.、4.、5.、…。
A	大寫英文字母,例如 A.、B.、C.、D.、E.、…。
a	小寫英文字母,例如 a.、b.、c.、d.、e.、…。
I	大寫羅馬數字,例如 I.、II.、III.、IV.、V.、…。
i	小寫羅馬數字,例如 i.、ii.、iii.、iv.、v.、…。

- start="n":設定編號的起始值,省略不寫的話,表示從 1.、A.、a.、I.、i. 開始。

- reversed:以顛倒的編號順序顯示清單,例如 …、5.、4.、3.、2.、1.。

- 第 2.1 節所介紹的全域屬性。

\<li\> 元素用來設定個別的項目資料,其屬性如下:

- value="n":設定一個整數給項目資料,以代表該項目資料的序數。

- 第 2.1 節所介紹的全域屬性。

下面是一個例子，它定義了一個項目清單和一個編號清單，而且編號清單的編號是從 E 開始的大寫英文字母。

`\Ch03\ulol.html`

```html
<body>
  <ul>
    <li> 射雕英雄傳 </li>
    <li> 神雕俠侶 </li>
    <li> 倚天屠龍記 </li>
    <li> 碧血劍 </li>
  </ul>

  <ol type="A" start="5">
    <li> 半生緣 </li>
    <li> 傾城之戀 </li>
    <li> 小團圓 </li>
    <li> 流言 </li>
    <li> 秧歌 </li>
  </ol>
</body>
```

❶ ❷

❸ ❹

❶ 設定項目清單　　❸ 項目清單的瀏覽結果

❷ 設定編號清單　　❹ 編號清單的瀏覽結果

下面是另一個例子，它示範了如何製作巢狀清單，其中外層是一個項目清單，而內層是兩個編號清單。

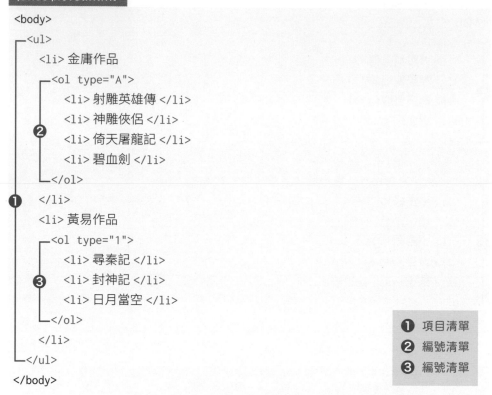

```
\Ch03\novel.html
<body>
  <ul>
    <li> 金庸作品
      <ol type="A">
        <li> 射雕英雄傳 </li>
        <li> 神雕俠侶 </li>
        <li> 倚天屠龍記 </li>
        <li> 碧血劍 </li>
      </ol>
    </li>
    <li> 黃易作品
      <ol type="1">
        <li> 尋秦記 </li>
        <li> 封神記 </li>
        <li> 日月當空 </li>
      </ol>
    </li>
  </ul>
</body>
```

❶ 項目清單
❷ 編號清單
❸ 編號清單

3.5 定義清單 — `<dl>`、`<dt>`、`<dd>` 元素

定義清單 (definition list) 是將資料格式化成兩個層次，您可以將它想像成類似目錄的東西，第一層資料是某個名詞，而第二層資料是該名詞的定義。

製作定義清單會使用到下列三個元素，其屬性有第 2.1 節所介紹的全域屬性：

- ✅ `<dl>`：標示定義清單的開頭與結尾。
- ✅ `<dt>`：標示定義清單的第一層資料。
- ✅ `<dd>`：標示定義清單的第二層資料。

下面是一個例子。

\Ch03\dl.html

```
<body>
  <dl>
    <dt> 黑面琵鷺 </dt>
    <dd> 黑面琵鷺最早的棲息地是韓國及中國的北方沿海，但近年來它們覓著了
         一個新的棲息地，那就是寶島台灣的曾文溪口沼澤地。</dd>
    <dt> 赤腹鷹 </dt>
    <dd> 赤腹鷹的棲息地在墾丁、恆春一帶，只要一到每年的八、九月，赤腹鷹
         就會成群結隊的到台灣過冬，愛鷹的人士可千萬不能錯過。</dd>
  </dl>
</body>
```

3.6 超連結

超連結 (hyperlink) 可以用來連結到網頁內的某個位置、E-mail 帳號、其它圖片、程式、檔案或網站。超連結的定址方式稱為 URL (Universal Resource Locator)，指的是 Web 上各種資源的網址。URL 通常包含下列幾個部分：

通訊協定 :// 伺服器名稱 [: 通訊埠編號]/ 資料夾 [/ 資料夾 2…]/ 文件名稱

例如：

| 通訊協定 | 伺服器名稱 | 通訊埠編號 | 資料夾 | 文件名稱 |

- 通訊協定：這是用來設定 URL 所連結的網路服務，常見的如下。

通訊協定	網路服務	實例
http://、https://	全球資訊網	https://www.google.com.tw/
ftp://	檔案傳輸	ftp://ftp.lucky.com/
file:///	存取本機磁碟檔案	file:///c:/games/bubble.exe
mailto:	傳送電子郵件	mailto:jean@mail.lucky.com

- 伺服器名稱 [: 通訊埠編號]：伺服器名稱是提供服務的主機名稱，而冒號後面的通訊埠編號用來設定要開啟哪個通訊埠，預設值為 80。由於電腦可能會同時擔任不同的伺服器，為了便於區分，每種伺服器會各自對應一個通訊埠，例如 FTP、SMTP、HTTP、POP 的通訊埠編號為 21、25、80、110。

- 資料夾：這是存放檔案的地方。

- 文件名稱：這是檔案的完整名稱，包括主檔名與副檔名。

3.6.1 絕對 URL 與相對 URL

URL 又分為「絕對 URL」與「相對 URL」兩種類型，絕對 URL (Absolute URL) 包含通訊協定、伺服器名稱、資料夾和文件名稱，通常連結到網際網路的超連結都是設定絕對 URL，例如 https://www.abc.com/index.html。

至於相對 URL (Relative URL) 則通常只包含資料夾和文件名稱，有時甚至連資料夾都可以省略不寫。當超連結所要連結的文件和超連結所屬的文件位於相同伺服器或相同資料夾時，就可以使用相對 URL。

相對 URL 又分為下列兩種類型：

✅ 文件相對 URL (Document-Relative URL)：以下圖的文件結構為例，假設 default.html 有連結到 email.html 和 question.html 的超連結，那麼超連結的 URL 可以寫成 Contact/email.html 和 Support/FAQ/question.html。由於這些資料夾和文件位於相同資料夾，故通訊協定和伺服器名稱可以省略不寫。

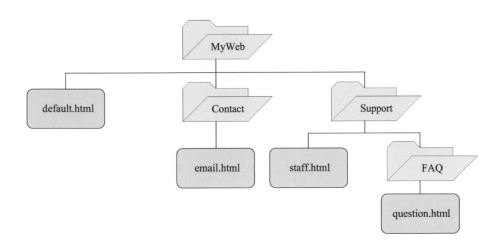

請注意，若 staff.html 有連結到 email.html 的超連結，那麼其 URL 必須設定為 ../Contact/email.html，".." 的意義是回到上一層資料夾；同理，若 question.html 有連結到 email.html 的超連結，那麼其 URL 必須設定為 ../../Contact/email.html。

✅ 伺服器相對 URL (Server-Relative URL)：伺服器相對 URL 是相對於伺服器的根目錄，以下圖的文件結構為例，斜線 (/) 代表根目錄，當我們要表示任何檔案或資料夾時，都必須從根目錄開始，例如 question.html 的位址為 /Support/FAQ/question.html，最前面的斜線 (/) 代表伺服器的根目錄，不能省略不寫。

同理，若 default.html 有連結到 email.html 或 question.html 的超連結，那麼其 URL 必須設定為 /Contact/email.html 和 /Support/FAQ/question.html，最前面的斜線 (/) 不能省略不寫。

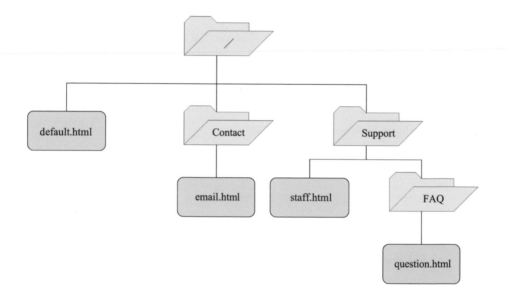

文件相對 URL 的優點是當我們將包含所有資料夾和文件的資料夾整個搬移到不同伺服器或其它位址時，文件之間的超連結仍可正確連結，無須重新設定；而伺服器相對 URL 的優點是當我們將所有文件和資料夾搬移到不同伺服器時，文件之間的超連結仍可正確運作，無須重新設定。

3.6.2 標示超連結 — <a> 元素

<a> 元素用來標示超連結，常見的屬性如下：

- ✓ href="*url*"：設定超連結所連結之資源的網址。

- ✓ hreflang="*language-code*"：設定 href 屬性值的語系。

- ✓ rel="..."：設定目前文件與所連結之資源的關聯，常見的關聯可以參閱第 2.2.3 節的說明。

- ✓ rev="..."：設定目前文件與所連結之資源的反向關聯，例如下面第一個敘述是連結到 ch1.html 並指出目前文件與 ch1.html 的關聯和反向關聯，而第二個敘述是連結到 ch3.html 並指出目前文件與 ch3.html 的關聯和反向關聯：

```
<a href="ch1.html" rel="prev" rev="next">ch1</a>
<a href="ch3.html" rel="next" rev="prev">ch3</a>
```

- ✓ target="..."：設定要在哪裡開啟超連結所連結的資源，設定值如下。

設定值	說明
_self (預設值)	將超連結所連結的資源開啟在目前視窗。
_blank	將超連結所連結的資源開啟在新視窗或新索引標籤。若不希望使用者就此離開原來的網頁，可以使用 target="_blank"，將所連結的資源開啟在新視窗或新索引標籤，如此一來，原來的網頁也會保持開啟在目前視窗。
_parent	將超連結所連結的資源開啟在目前視窗的父視窗，若父視窗不存在，就開啟在目前視窗。
_top	將超連結所連結的資源開啟在目前視窗的最上層視窗，若最上層視窗不存在，就開啟在目前視窗。

- ✓ type="*content-type*"：設定內容類型。

- ✓ download：設定要下載檔案而不是要瀏覽檔案。

- ✓ 第 2.1 節所介紹的全域屬性。

下面是一個例子，它會以項目清單的方式顯示四個超連結。

\Ch03\hyperlink.html

```html
<ul>
  <li><a href="pre.html"> 連結到 pre.html 網頁 </a></li>
  <li><a href="poem.rar" download> 下載 poem.rar 檔案 </a></li>
  <li><a href="https://www.google.com.tw/"> 連線到 Google</a></li>
  <li><a href="mailto:jean@mail.lucky.com"> 寫信給客服 </a></li>
</ul>
```

❶ 網頁的瀏覽結果

❷ 點取第一個超連結會開啟 pre.html 網頁

❸ 點取第二個超連結會下載 poem.rar 檔案

❹ 點取第三個超連結會開啟 Google 網站

❺ 點取第四個超連結會開啟 E-mail 程式
並自動將收件者地址填寫上去

3.6.3 在新索引標籤開啟超連結

在預設的情況下，瀏覽器會將超連結所連結的資源開啟在目前視窗。若不希望使用者就此離開原來的網頁，可以在 <a> 元素加上 target="_blank" 屬性，將所連結的資源開啟在新視窗或新索引標籤，如此一來，原來的網頁也會保持開啟在原來的視窗。

下面是一個例子，它會在新索引標籤開啟超連結所連結的 Apple 網站。

`\Ch03\hyperlink2.html`

```
<body>
  <a href="https://www.apple.com/tw/" target="_blank">
      在新索引標籤開啟 Apple 網站 </a>
</body>
```

❶ 點取超連結　❷ 在新索引標籤開啟 Apple 網站

3.6.4 頁內超連結

超連結也可以用來連結到網頁內的某個位置，稱為頁內超連結。當網頁的內容比較長時，為了方便瀏覽資料，我們可以針對網頁上的主題建立頁內超連結，讓使用者一點取頁內超連結，就會跳到指定的內容。

下面是一個例子，由於這個網頁的內容比較長，使用者可能得移動捲軸才能瀏覽想看的資料，有點不方便，於是我們將網頁上方項目清單中的「黑面琵鷺」、「赤腹鷹」、「八色鳥」等三個項目設定為頁內超連結，分別連結到網頁下方定義清單中對應的介紹文字，令使用者一點取頁內超連結，就會跳到對應的介紹文字。

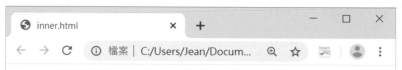

❶ 頁內超連結　❷ 對應的介紹文字

建立頁內超連結包含下列兩個步驟：

❶ 在對應的介紹文字分別加上 id 屬性，以設定唯一的識別字做為識別。

❷ 使用頁內超連結的 href 屬性設定所連結的識別字。由於此例的 href 屬性和欲連結的識別字位於相同檔案，所以檔名可以省略不寫。若識別字位於其它檔案，那麼在設定 href 屬性時，還要寫出檔名，例如 <a href="inner.html#bird1">。

\Ch03\inner.html

```
<body>
    <p> 您可知道，在這片名為福爾摩莎的寶島上，不僅孕育了許多特有的鳥種，更是
        許多候鳥過冬棲息的庇護所，例如黑面琵鷺、小青足鷸、大白鷺、鷹斑鷸、蒼
        鷺、戴勝、灰鶺鴒、高翹行、小環頸行鳥、燕行鳥、反嘴行鳥、中白鷺、金斑
        行鳥、赤腹鷹、中白鷺、八色鳥、花嘴鴨等，只要您肯用心留意，就可以看到
        這些美麗的天使。在這裡，我們為您介紹的候鳥有：</p>
    <ul>
        <li><a href="#bird1"> 黑面琵鷺 </a></li>
        <li><a href="#bird2"> 赤腹鷹 </a></li>
        <li><a href="#bird3"> 八色鳥 </a></li>
    </ul>                    ❷
    <hr>
    <dl>          ❶
        <dt id="bird1"> 黑面琵鷺 </dt>
        <dd> 黑面琵鷺最早的棲息地是韓國及中國的北方沿海，但近年來它們覓著了一
            個新的棲息地，那就是寶島台灣的曾文溪口沼澤地。</dd>
        <dt id="bird2"> 赤腹鷹 </dt>
        <dd> 赤腹鷹的棲息地在墾丁、恆春一帶，只要一到每年的八、九月，赤腹鷹就
            會成群結隊的到台灣過冬，愛鷹的人士可千萬不能錯過。</dd>
        <dt id="bird3"> 八色鳥 </dt>
        <dd> 八色鳥在每年的夏天會從東南亞地區飛到台灣繁殖下一代，由於羽色艷麗
            （八種色彩），可以說是山林中的漂亮寶貝。</dd>
    </dl>
</body>
```

❶ 在對應的介紹文字分別加上 id 屬性以設定唯一的識別字
❷ 使用 href 屬性設定所連結的識別字

3.7 相對 URL 的路徑資訊 — <base> 元素

在 HTML 文件中，無論是連結到圖片、程式、檔案或樣式表的超連結，都是靠 URL 來設定路徑，而且為了方便起見，我們通常是將檔案放在相同資料夾，然後使用相對 URL 來表示超連結的位址。

若有天我們將檔案搬移到其它資料夾，那麼相對 URL 是否要一一修正呢？其實不用，只要使用 <base> 元素設定相對 URL 的路徑資訊就可以了。<base> 元素要放在 <head> 元素裡面，而且沒有結束標籤，常見的屬性如下：

- ✅ href="*url*"：設定相對 URL 的絕對位址。

- ✅ 第 2.1 節所介紹的全域屬性。

下面是一個例子，由於第 05 行在 <head> 元素裡面加入 <base> 元素設定相對 URL 的路徑資訊，因此，對第 08 行的相對 URL "hotnews.html" 來說，其實際位址為 "https://www.example.com/news/hotnews.html"。

\Ch03\relative.html

```
01:<!DOCTYPE html>
02:<html>
03:  <head>
04:    <meta charset="utf-8">
05:    <base href="https://www.example.com/news/index.html">
06:  </head>
07:  <body>
08:    <a href="hotnews.html">熱門新聞 </a>
09:  </body>
10:</html>
```

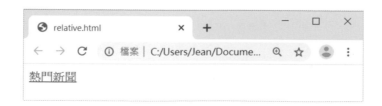

04 圖片與表格

jQuery Mobile
JavaScript
ootstrap 5
CSS3
HTML 5
jQuery

4.1 嵌入圖片 — <img> 元素

除了文字之外，HTML 文件還可以包含圖片、聲音、影片或其它 HTML 文件，本節的討論是以圖片為主。我們可以使用 <img> 元素在 HTML 文件中嵌入圖片，該元素沒有結束標籤，常見的屬性如下：

- ◉ src="*url*"：設定圖片的網址。

- ◉ width="*n*"：設定圖片的寬度 (*n* 為像素數或容器寬度比例)。

- ◉ height="*n*"：設定圖片的高度 (*n* 為像素數或容器高度比例)。

- ◉ alt="..."：設定圖片的替代顯示文字。

- ◉ ismap：設定圖片為伺服器端影像地圖。

- ◉ usemap="*url*"：設定所要使用的影像地圖。

- ◉ 第 2.1 節所介紹的全域屬性。

網頁上的圖檔格式通常是以 JPEG、GIF、PNG 為主，若圖片是由點與線的幾何圖形所組成，亦可考慮使用 SVG 向量格式，其優點是檔案較小，適合縮放。

	JPEG	GIF	PNG
色彩數目	全彩	256 色	全彩
透明度	無	有	有
動畫	無	有	無 (可以透過擴充規格 APNG 製作動態效果)
適用時機	照片、漸層圖片	簡單圖片、需要去背或動態效果的圖片	照片、漸層圖片、簡單圖片、需要去背的圖片、動態貼圖

4.1.1 圖片的寬度與高度

當我們使用 <img> 元素在 HTML 文件中嵌入圖片時，除了可以透過 src="*url*"
屬性設定圖片的網址，還可以透過 width="*n*" 和 height="*n*" 屬性設定圖片
的寬度與高度，*n* 為像素數或容器寬度與高度比例。若沒有設定寬度與高度，
瀏覽器會以圖片的原始大小來顯示，下面是一個例子。

`\Ch04\img1.html`

```
<body>
  <img src="cake1.jpg" width="40%"><br>
  <img src="cake1.jpg" width="240" height="160">
  <img src="cake1.jpg" width="120" height="80">
</body>
```

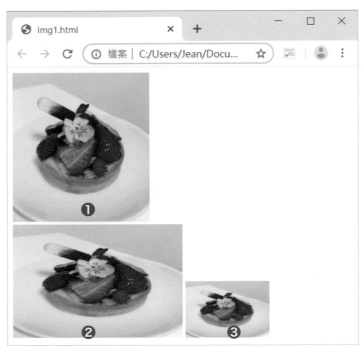

❶ 圖片的寬度為網頁寬度的 40%（高度則依照同比例縮放）

❷ 圖片的寬度為 240 像素、高度為 160 像素（圖片有點變形）

❸ 圖片的寬度為 120 像素、高度為 80 像素

4.1.2 圖片的替代顯示文字

為了避免圖片因為取消下載、連線錯誤或找不到檔案等情況而無法顯示，我們通常會使用 <img> 元素的 alt="..." 屬性設定替代顯示文字來描述圖片，而且此舉將有助於搜尋引擎優化 (SEO)，提高圖片及網頁被搜尋引擎找到的機率。

下面是一個例子，由於找不到 <img> 元素所設定的 cake.jpg 圖片，所以會在圖片的位置顯示替代顯示文字。

`\Ch04\img2.html`

```
<!DOCTYPE html>
<html>
  <head>
    <meta charset="utf-8">
  </head>
  <body>
                                        ❶
    <img src="cake.jpg" width="50%" alt=" 逸廊甜點 ">
  </body>
</html>
```

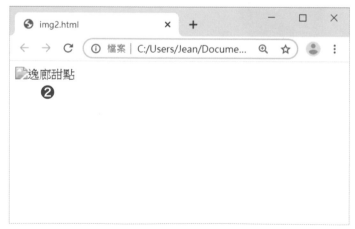

❶ 設定圖片的替代顯示文字

❷ 當無法順利顯示圖片時，會顯示替代顯示文字

4.2 標註 ─ <figure>、<figcaption> 元素

我們可以使用 HTML5 新增的 <figure> 元素將圖片、表格、程式碼等能夠從主要內容抽離的區塊標註出來，同時可以使用 <figcaption> 元素針對 <figure> 元素的內容設定說明，這兩個元素的屬性有第 2.1 節所介紹的全域屬性。

<figure> 元素所標註的區塊不會影響主要內容的閱讀動線，而且可以移到附錄、網頁的一側或其它專屬的網頁。

下面是一個例子，它會使用 <figure> 元素標註兩張照片，並使用 <figcaption> 元素設定照片的說明。

`\Ch04\figure.html`

```html
<body>
  <figure>
    <img src="cake1.jpg" width="48%">
    <img src="cake2.jpg" width="48%">
    <figcaption> 逸廊甜點 </figcaption>
  </figure>
</body>
```

4.3 建立表格 — `<table>`、`<tr>`、`<td>`、`<th>` 元素

當我們要陳列資料時，表格是很常見的形式，能夠讓讀者一目了然。在本節中，我們會說明如何使用 `<table>`、`<tr>`、`<td>`、`<th>` 等元素建立表格，以及示範一些常用的技巧。

`<table>` 元素

`<table>` 元素用來標示表格，其屬性如下：

- ✓ border="*n*"：設定表格的框線大小 (*n* 為像素數)。
- ✓ 第 2.1 節所介紹的全域屬性。

`<tr>` 元素

`<tr>` 元素用來在表格中標示一列 (row)，其屬性如下：

- ✓ 第 2.1 節所介紹的全域屬性。

`<th>` 元素

`<th>` 元素用來在一列中標示一個標題儲存格，其屬性如下：

- ✓ colspan="*n*"：設定標題儲存格是由幾行合併而成 (*n* 為行數)。
- ✓ rowspan="*n*"：設定標題儲存格是由幾列合併而成 (*n* 為列數)。
- ✓ headers="..."：設定標題儲存格的標題。
- ✓ abbr="..."：根據儲存格的內容設定一個縮寫。
- ✓ scope="{row,col,rowgroup,colgroup,auto}"：設定標題儲存格是一列、一行、一組列或一組行的標題，省略不寫的話，表示預設值 auto (自動)。
- ✓ 第 2.1 節所介紹的全域屬性。

<td> 元素

<td> 元素用來在一列中標示一個儲存格，其屬性如下：

- ✅ colspan="*n*"：設定儲存格是由幾行合併而成 (*n* 為行數)。

- ✅ rowspan="*n*"：設定儲存格是由幾列合併而成 (*n* 為列數)。

- ✅ headers="..."：設定與儲存格關聯的標題儲存格。

- ✅ 第 2.1 節所介紹的全域屬性。

下面是一個例子，它要製作如下圖的 4×3 表格 (4 列 3 行)，操作步驟如下：

❶ 首先要標示表格，請在 HTML 文件的 <body> 元素裡面加入 <table> 元素，同時將表格框線設定為 1 像素，若沒有設定表格框線，就不會顯示框線。

```
<body>
  <table border="1">
  </table>
</body>
```

❷ 接著要標示表格的列數,請在 <table> 元素裡面加入 4 個 <tr> 元素。

```
<table border="1">
  <tr></tr>
  <tr></tr>
  <tr></tr>
  <tr></tr>
</table>
```

❸ 繼續要在表格的每一列中標示各個儲存格,由於表格有 3 行,而且第一
列為標題列,所以在第一個 <tr> 元素裡面加入 3 個 <th> 元素,其餘
各列則分別加入 3 個 <td> 元素,表示每一列有 3 行。

```
<table border="1">
  <tr>
    <th></th>
    <th></th>
    <th></th>
  </tr>
  <tr>
    <td></td>
    <td></td>
    <td></td>
  </tr>
  <tr>
    <td></td>
    <td></td>
    <td></td>
  </tr>
  <tr>
    <td></td>
    <td></td>
    <td></td>
  </tr>
</table>
```

❹ 最後在每個 <th> 和 <td> 元素裡面輸入各個儲存格的內容,就大功告
成了。您可以在儲存格內嵌入圖片或輸入文字,同時可以設定圖片或文
字的格式,有需要的話,還可以設定超連結。

\Ch04\piece.html

```html
<!DOCTYPE html>
<html>
  <head>
    <meta charset="utf-8">
    <title> 航海王 </title>
  </head>
  <body>
    <table border="1">
      <tr>
        <th> 人物素描 </th>
        <th> 角色 </th>
        <th> 介紹 </th>
      </tr>
      <tr>
        <td><img src="piece1.jpg" width="100"></td>
        <td> 喬巴 </td>
        <td> 身份船醫,夢想成為能治百病的神醫。</td>
      </tr>
      <tr>
        <td><img src="piece2.jpg" width="100"></td>
        <td> 索隆 </td>
        <td> 主角魯夫的夥伴,夢想成為世界第一的劍士。</td>
      </tr>
      <tr>
        <td><img src="piece3.jpg" width="100"></td>
        <td> 佛朗基 </td>
        <td> 傳說中的船匠－湯姆的弟子,打造了千陽號。</td>
      </tr>
    </table>
  </body>
</html>
```

4.3.1 跨列合併儲存格

有時我們需要將某幾列的儲存格合併成一個儲存格，達到跨列的效果，此時可以使用 <td> 或 <th> 元素的 rowspan="*n*" 屬性，其中 *n* 為要合併的列數。

下面是一個例子，它在第二列的第一個儲存格加上 rowspan="2" 屬性，表示該儲存格是由兩個儲存格跨列合併而成，於是得到如下圖的瀏覽結果。

`\Ch04\rowspan.html`

```
<table border="1">
  <tr>
    <th> 星期一 </th>
    <th> 星期二 </th>
    <th> 星期三 </th>
  </tr>
  <tr>           ❶
    <td rowspan="2"> 瑜珈 </td>
    <td> 烹飪 </td>
    <td> 插花 </td>
  </tr>
  <tr>
    <td> 茶道 </td>
    <td> 茶道 </td>
  </tr>
</table>
```

❶ 在此儲存格加上 rowspan="2" 屬性　❷ 跨列合併儲存格的結果

4.3.2 跨行合併儲存格

有時我們需要將某幾行的儲存格合併成一個儲存格,達到跨行的效果,此時可以使用 <td> 或 <th> 元素的 colspan="n" 屬性,其中 n 為要合併的行數。

下面是一個例子,它在第三列的第二個儲存格加上 colspan="2" 屬性,表示該儲存格是由兩個儲存格跨行合併而成,於是得到如下圖的瀏覽結果。

`\Ch04\colspan.html`

```html
<table border="1">
  <tr>
    <th> 星期一 </th>
    <th> 星期二 </th>
    <th> 星期三 </th>
  </tr>
  <tr>
    <td> 瑜珈 </td>
    <td> 烹飪 </td>
    <td> 插花 </td>
  </tr>
  <tr>
    <td> 瑜珈 </td>
    <td colspan="2"> 茶道 </td>     ❶
  </tr>
</table>
```

❶ 在此儲存格加上 colspan="2" 屬性　　❷ 跨行合併儲存格的結果

4.4 表格標題 — <caption> 元素

我們可以使用 <caption> 元素設定表格標題，而且該標題可以是文字或圖片，其屬性有第 2.1 節所介紹的全域屬性，下面是一個例子。

`\Ch04\piece2.html`

```
<table border="1">
  <caption> 航海王 </caption> ❶
  <tr>
    <th> 角色 </th>
    <th> 介紹 </th>
  </tr>
  <tr>
    <td> 喬巴 </td>
    <td> 身份船醫，夢想成為能治百病的神醫。</td>
  </tr>
  <tr>
    <td> 索隆 </td>
    <td> 主角魯夫的夥伴，夢想成為世界第一的劍士。</td>
  </tr>
  <tr>
    <td> 佛朗基 </td>
    <td> 傳說中的船匠－湯姆的弟子，打造了千陽號。</td>
  </tr>
</table>
```

❶ 加上表格標題
❷ 表格標題預設會顯示在表格上方

4.5 表格的表頭、主體與表尾 — <thead>、<tbody>、<tfoot> 元素

有些表格的第一列、主內容與最後一列會提供不同的資訊,此時可以使用下列三個元素將它們區隔出來,其屬性有第 2.1 節所介紹的全域屬性:

- ✅ <thead>:標示表格的表頭,也就是第一列的標題列。

- ✅ <tbody>:標示表格的主體,也就是表格的主內容。

- ✅ <tfoot>:標示表格的表尾,也就是最後一列的註腳。

下面是一個例子,為了清楚呈現出表格的表頭、主體與表尾,我們使用 CSS 設定表格的框線、背景色彩、留白等樣式,您可以先簡略看過,第 7 ~ 11 章有進一步的說明。

❶ 表格表頭　❷ 表格主體　❸ 表格表尾

這個例子的程式碼乍看之下有點長，但並不難懂，主要的重點如下：

- ✅ 06：設定整個表格的樣式（框線為 1 像素、灰色、實線，框線重疊）。

- ✅ 07：設定表格表頭與表格表尾的樣式（背景色彩為淺粉紅色）。

- ✅ 08：設定表格主體的樣式（背景色彩為雪白色）。

- ✅ 09：設定標題儲存格與儲存格的樣式（框線為 1 像素、灰色、實線，留白為 5 像素）。

- ✅ 14 ~ 20：使用 <thead> 元素標示表格的表頭。

- ✅ 21 ~ 48：使用 <tbody> 元素標示表格的主體。

- ✅ 49 ~ 53：使用 <tfoot> 元素標示表格的表尾。

\Ch04\country.html（下頁續 1/2）

```
01:<!DOCTYPE html>
02:<html>
03:  <head>
04:    <meta charset="utf-8">
05:    <style>
06:      table {border: 1px gray solid; border-collapse: collapse;}
07:      thead, tfoot {background-color: lightpink;}
08:      tbody {background-color: snow;}
09:      th, td {border: 1px gray solid; padding: 5px;}
10:    </style>
11:  </head>
12:  <body>
13:    <table>
14:    ┌<thead>
15:    │   <tr>
16:    │     <th> 國家 </th>
17: ❶ │     <th> 首都 </th>
18:    │     <th> 國花 </th>
19:    │   </tr>
20:    └</thead>
```

\Ch04\country.html

(接上頁 2/2)

```
    <tboby>
      <tr>
        <td> 芬蘭 </td>
        <td> 赫爾辛基 </td>
        <td> 鈴蘭 </td>
      </tr>
      <tr>
        <td> 德國 </td>
        <td> 柏林 </td>
        <td> 矢車菊 </td>
      </tr>
      <tr>
        <td> 荷蘭 </td>
        <td> 阿姆斯特丹 </td>
        <td> 鬱金香 </td>
      </tr>
      …
      <tr>
        <td> 法國 </td>
        <td> 巴黎 </td>
        <td> 香根鳶尾 </td>
      </tr>
      <tr>
        <td> 英國 </td>
        <td> 倫敦 </td>
        <td> 玫瑰 </td>
      </tr>
    </tbody>
    <tfoot>
      <tr>
        <td colspan="3"> 資料來源：快樂工作室 </td>
      </tr>
    </tfoot>
  </table>
</body>
</html>
```

❶ 表格表頭
❷ 表格主體
❸ 表格表尾

4.6 直行式表格 ─ <colgroup>、<col> 元素

前幾節的討論都是針對表格的「列」，若要改成針對表格的「行」來做設定，該怎麼辦呢？此時可以使用下列兩個元素：

✅ <colgroup>：標示表格中的一組直行。

✅ <col>：標示表格中的一個直行，該元素沒有結束標籤，必須與 <colgroup> 元素合併使用。

這兩個元素的屬性有第 2.1 節所介紹的全域屬性，以及 span="n" 屬性，表示將連續的 n 行視為一組直行或一個直行，預設值為 1。

下面是一個例子，它在 <colgroup> 元素裡面放了兩個 <col> 元素，分別代表第一行和第二、三行，然後將其 class 屬性設定為 style1 和 style2，以便使用 CSS 針對第一行和第二、三行設定不同的背景色彩。

❶ 第一行的背景色彩為淺粉紅色　　❷ 第二、三行的背景色彩為雪白色

這個例子的程式碼乍看之下有點長，但並不難懂，主要的重點如下：

✅ 06：設定整個表格的樣式（框線為 1 像素、灰色、實線，框線重疊）。

✅ 07：設定標題儲存格與儲存格的樣式（框線為 1 像素、灰色、實線，留白為 5 像素）。

✅ 08：設定第一行的樣式（背景色彩為淺粉紅色）。

✅ 09：設定第二、三行的樣式（背景色彩為雪白色）。

✅ 14 ~ 17：使用 <colgroup> 元素標示一組直行。

✅ 15：使用 <col> 元素標示第一個直行，也就是表格的第一行。

✅ 16：使用 <col> 元素標示第二個直行，該直行涵蓋連續兩行，也就是表格的第二、三行。

\Ch04\country2.html   （下頁續 1/2）

```
01:<!DOCTYPE html>
02:<html>
03:  <head>
04:    <meta charset="utf-8">
05:    <style>
06:      table {border: 1px gray solid; border-collapse: collapse;}
07:      th, td {border: 1px gray solid; padding: 5px;}
08:      .style1 {background-color: lightpink;}
09:      .style2 {background-color: snow;}
10:    </style>
11:  </head>
12:  <body>
13:    <table>
14:      <colgroup>
15:        <col class="style1">
16:        <col span="2" class="style2">
17:      </colgroup>
18:      <tr>
19:        <th> 國家 </th>
```

```
20:        <th> 首都 </th>
21:        <th> 國花 </th>
22:      </tr>
23:      <tr>
24:        <td> 芬蘭 </td>
25:        <td> 赫爾辛基 </td>
26:        <td> 鈴蘭 </td>
27:      </tr>
28:      <tr>
29:        <td> 德國 </td>
30:        <td> 柏林 </td>
31:        <td> 矢車菊 </td>
32:      </tr>
33:      <tr>
34:        <td> 荷蘭 </td>
35:        <td> 阿姆斯特丹 </td>
36:        <td> 鬱金香 </td>
37:      </tr>
38:      <tr>
39:        <td> 波蘭 </td>
40:        <td> 華沙 </td>
41:        <td> 三色堇 </td>
42:      </tr>
43:      …
44:      <tr>
45:        <td> 法國 </td>
46:        <td> 巴黎 </td>
47:        <td> 香根鳶尾 </td>
48:      </tr>
49:      <tr>
50:        <td> 英國 </td>
51:        <td> 倫敦 </td>
52:        <td> 玫瑰 </td>
53:      </tr>
54:    </table>
55:  </body>
56:</html>
```

05

影音多媒體

jQuery Mobile

JavaScript

ootstrap 5

CSS3

HTML 5

jQuery

5.1 嵌入影片 ─ <video> 元素

和 HTML4.01 比起來，HTML5 的突破之一就是新增 <video> 和 <audio> 元素，以及相關的 API，進而賦予瀏覽器原生能力來播放影片與聲音，不再需要依賴 Windows Media Player、QuickTime、RealPlayer 等外掛程式。

至於 HTML5 為何要新增 <video> 和 <audio> 元素呢？主要的理由如下：

- 為了播放影片與聲音，各大瀏覽器無不使出各種招數，甚至自訂專用元素，彼此的支援程度互不相同，例如 <object>、<embed>、<bgsound> 等，而且經常需要設定一堆莫名的參數，令網頁設計人員相當困擾，而 <video> 和 <audio> 元素則提供了在網頁上播放影片與聲音的標準方式。

- 由於影片與聲音的格式眾多，所需要的外掛程式也不盡相同，但使用者卻不一定有安裝對應的外掛程式，導致無法順利播放。

- 對於必須依賴外掛程式來播放的影片，瀏覽器的做法通常是在網頁上保留一個區塊給外掛程式，然後就不去解譯該區塊，然而若有其它元素剛好也用到了該區塊，可能會導致瀏覽器無法正確顯示網頁。

<video> 元素提供了在網頁上播放影片的標準方式，其屬性如下：

- src="*url*"：設定影片的網址。

- poster="*url*"：設定在影片下載完畢之前或開始播放之前所顯示的畫面，例如電影海報、光碟封面等。

- preload="{none,metadata,auto}"：設定是否要在載入網頁的同時將影片預先下載到緩衝區，none 表示否，metadata 表示要先取得影片的 metadata（例如畫格尺寸、片長、目錄列表、第一個畫格等），但不要預先下載影片的內容，auto 表示由瀏覽器決定是否要預先下載影片，例如 PC 瀏覽器可能會預先下載影片，而行動瀏覽器可能礙於頻寬有限，而不會預先下載影片。

- autoplay：設定讓瀏覽器在載入網頁的同時自動播放影片。

- controls：設定要顯示瀏覽器內建的控制面板。

- loop：設定影片重複播放。

- muted：設定影片為靜音。

- width="n"：設定影片的寬度 (n 為像素數，預設值為 300 像素)。

- height="n"：設定影片的高度 (n 為像素數，預設值為 150 像素)。

- crossorigin="..."：設定元素如何處理跨文件存取要求。

- 第 2.1 節所介紹的全域屬性。

下面是一個例子，它會播放 bird.mp4 影片，而且會顯示控制面板，載入網頁時自動播放影片，播放完畢之後會重複播放，一開始播放時為靜音模式，但使用者可以透過控制面板開啟聲音。

\Ch05\video1.html

```html
<body>
  <video src="bird.mp4" controls autoplay loop muted></video>
</body>
```

控制面板

此外，在影片下載完畢之前或開始播放之前，預設會顯示第一個畫格，但該畫格卻不見得具有任何意義，建議您可以使用 poster 屬性設定此時所顯示的畫面，例如電影海報、光碟封面等，下面是一個例子。

\Ch05\video2.html

```
<body>
  <video src="bird.mp4" controls poster="bird.jpg"></video>
</body>
```

把在影片播放之前所顯示的畫面設定為 bird.jpg

NOTE

HTML5 支援的視訊格式有 H.264/MPEG-4 (*.mp4、*.m4v)、WebM (*.webm)、Ogg Theora (*.ogv) 等，常見的瀏覽器支援情況如下。

	Chrome	Opera	Firefox	Edge	Safari
H.264/MPEG-4	Yes	Yes	Yes	Yes	Yes
WebM	Yes	Yes	Yes	Yes	No
Ogg Theora	Yes	Yes	Yes	Yes	No

5.2 嵌入聲音 — <audio> 元素

<audio> 元素提供了在網頁上播放聲音的標準方式，其屬性有 src、preload、autoplay、loop、muted、controls、crossorigin 等，用法和 <video> 元素類似。下面是一個例子，只要按下播放鍵，就會播放 music.mp3 音樂。

\Ch05\audio.html

```
<body>
  <audio src="music.mp3" controls></audio>
</body>
```

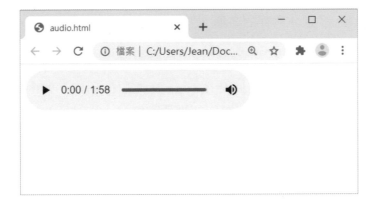

NOTE

HTML5 支援的音訊格式有 MP3 (.mp3、.m3u)、AAC (.aac、.mp4、.m4a)、Ogg Vorbis (*.ogg) 等，常見的瀏覽器支援情況如下。

	Chrome	Opera	Firefox	Edge	Safari
MP3	Yes	Yes	Yes	Yes	Yes
AAC	Yes	Yes	Yes	Yes	Yes
Ogg Vorbis	Yes	Yes	Yes	Yes	No

5.3 嵌入物件 — <object> 元素

若您原有的影片檔或聲音檔不是 <video> 和 <audio> 元素原生支援的視訊 / 音訊格式，那麼可以使用 HTML4.01 提供的 <object> 元素在 HTML 文件中嵌入圖片、影片、聲音、Flash 動畫或瀏覽器所支援的其它物件。

<object> 元素的屬性如下：

- ✅ data="*url*"：設定物件資料的網址。

- ✅ width="*n*"：設定物件的寬度 (*n* 為像素數)。

- ✅ height="*n*"：設定物件的高度 (*n* 為像素數)。

- ✅ name="..."：設定物件的名稱。

- ✅ type="*content-type*"：設定物件的內容類型。

- ✅ typemustmatch：設定只有在 type 屬性的值和物件的內容類型符合時，才能使用 data 屬性所設定的物件資料。

- ✅ form="*formid*"：設定物件隸屬於 ID 為 *formid* 的表單。

- ✅ 第 2.1 節所介紹的全域屬性。

嵌入影片

下面是一個例子，由於 AVI 影片不是 <video> 元素原生支援的視訊格式，因此，我們改用 <object> 元素在 HTML 文件中嵌入影片，此時瀏覽器會先下載 bird.avi 影片，之後只要點取 [開啟]，就會啟動內建的播放程式開始播放影片。

\Ch05\object.html

```
<body>
  <object data="bird.avi"></object>
</body>
```

❶ 點取 [開啟]　❷ 啟動播放程式開始播放影片

嵌入聲音

除了影片之外，我們也可以使用 <object> 元素在 HTML 文件中嵌入聲音。
下面是一個例子，只要按下播放鍵，就會播放 nanana.wav 音樂。

\Ch05\object2.html

```
<body>
  <object data="nanana.wav" type="audio/wav"
    width="200" height="200"></object>
</body>
```

5.4 嵌入 Script — <script>、<noscript> 元素

我們可以使用 <script> 元素在 HTML 文件中嵌入瀏覽器端 Script，包括 JavaScript 和 VBScript。本節將示範如何套用已經寫好的 JavaScript 程式，至於如何撰寫 JavaScript 程式，可以參閱本書第 12 ~ 14 章。

<script> 元素常見的屬性如下：

- ✅ language="…"：設定 Script 的類型，例如 "javascript" 表示 JavaScript，而 "vbscript" 表示 VBScript，預設值為 "javascript"。

- ✅ src="*url*"：設定 Script 的網址。

- ✅ type="*content-type*"：設定 Script 的內容類型。

- ✅ charset="…"：設定 Script 的字元集（編碼方式）。

- ✅ crossorigin="…"：設定元素如何處理跨文件存取要求。

- ✅ 第 2.1 節所介紹的全域屬性。

另外還有一個 <noscript> 元素用來針對不支援 Script 的瀏覽器設定顯示內容，例如下面的敘述是設定當瀏覽器不支援 Script 時，就顯示 <noscript> 元素裡面的內容：

```
<noscript>
  <p> 很抱歉！您的瀏覽器不支援 Script ！</p>
</noscript>
```

下面是一個例子，它在每次載入網頁時會隨機變換背景圖片：

- ✅ 08 ~ 12：宣告一個名稱為 bg 的陣列，並設定陣列所存放的圖片。

- ✅ 13：產生一個 0 ~ 3 之間的亂數並存放在變數 num。

- ✅ 14：將背景圖片設定為 bg[num] 所存放的圖片。

\Ch05\jscript.html

```
01:<!DOCTYPE html>
02:<html>
03:  <head>
04:    <meta charset="utf-8">
05:  </head>
06:  <body>
07:    <script>
08:      var bg = new Array();
09:      bg[0] = "bg1.gif";
10:      bg[1] = "bg2.gif";
11:      bg[2] = "bg3.gif";
12:      bg[3] = "bg4.gif";
13:      var num = Math.floor(Math.random() * bg.length);
14:      document.body.background = bg[num];
15:    </script>
16:  </body>
17:</html>
```

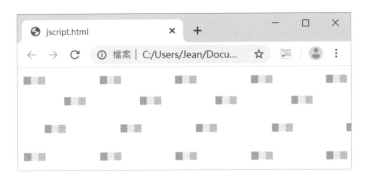

5.5 嵌入浮動框架－ <iframe> 元素

我們可以使用 <iframe> 元素在 HTML 文件中嵌入浮動框架，常見的屬性如下：

- ✓ src="*url*"：設定要顯示在浮動框架的資源網址。

- ✓ srcdoc="…"：設定要顯示在浮動框架的文件內容。

- ✓ name="…"：設定浮動框架的名稱。

- ✓ width="*n*"：設定浮動框架的寬度 (*n* 為像素數或容器寬度比例)。

- ✓ height="*n*"：設定浮動框架的高度 (*n* 為像素數或容器高度比例)。

- ✓ frameborder="{1,0}"：設定是否顯示浮動框架的框線，1 表示是，0 表示否。

- ✓ sandbox="{allow-forms,allow-same-origin,allow-scripts,allow-top-navigation}"：設定套用到浮動框架的安全規則。

- ✓ allowfullscreen：允許以全螢幕顯示浮動框架的內容。

- ✓ 第 2.1 節所介紹的全域屬性。

下面是一個例子，它將浮動框架的寬度與高度設定為 400 像素和 250 像素，並在裡面顯示前一節的網頁範例 (jscript.html)，要注意的是有些網站會拒絕顯示在浮動框架。

\Ch05\iframe1.html

```html
<!DOCTYPE html>
<html>
  <head>
    <meta charset="utf-8">
  </head>
  <body>
    <iframe width="400" height="250" src="jscript.html"></iframe>
  </body>
</html>
```

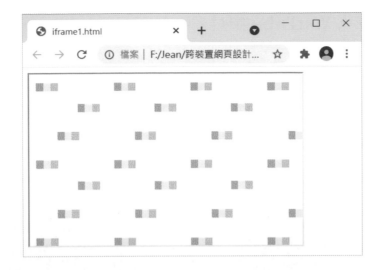

下面是另一個例子，它會透過 srcdoc 屬性設定要顯示在浮動框架的文件內容。

\Ch05\iframe2.html

```
<!DOCTYPE html>
<html>
  <head>
    <meta charset="utf-8">
  </head>
  <body>
    <iframe width="200" height="100" srcdoc="<p>Hello, this is iframe!</p>">
    </iframe>
  </body>
</html>
```

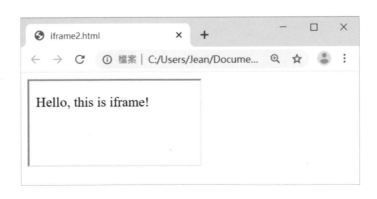

5.5.1 嵌入 YouTube 影片

我們可以利用浮動框架嵌入 YouTube 影片，操作步驟如下：

❶ 以瀏覽器開啟 YouTube 並找到影片，然後在影片按一下滑鼠右鍵，選取 [複製嵌入程式碼]。

❷ 將步驟❶複製的程式碼貼到網頁上要放置浮動框架的地方，然後儲存網頁。

`\Ch05\iframe3.html`

```html
<!DOCTYPE html>
<html>
  <head>
    <meta charset="utf-8">
  </head>
  <body>
    <iframe width="789" height="444"
    src="https://www.youtube.com/embed/AxWqHF7LhAI"
    frameborder="0" allowfullscreen></iframe>
  </body>
</html>
```

❸　瀏覽結果如下圖。

5.5.2　嵌入 Google 地圖

除了 YouTube 影片，我們也可以利用浮動框架嵌入 Google 地圖，操作步驟如下：

❶　以瀏覽器開啟 Google 地圖並找到地點，例如台北 101 大樓，然後點取 [分享]。

❷ 點取 [嵌入地圖]。

❸ 點取網頁右上方的 [複製 HTML]。

④ 將複製的程式碼貼到 HTML 文件，然後儲存網頁，這是一個浮動框架，裡面有一長串的地理位置資訊，簡略看過即可。

\Ch05\iframe4.html

```html
<!DOCTYPE html>
<html>
  <head>
    <meta charset="utf-8">
  </head>
  <body>
    <iframe src="https://www.google.com/maps/embed?pb=!1m18!1m12!1m3!
    1d3615.002890183714!2d121.56235021471375!3d25.033975983972297!2m3!
    1f0!2f0!3f0!3m2!1i1024!2i768!4f13.1!3m3!1m2!1s0x3442abb6da9c9e1f%
    3A0x1206bcf082fd10a6!2zMTEw5Y-w5YyX5biC5L-h576p5Y2A5L-h576p6Lev5L
    qU5q61N-iZnw!5e0!3m2!1szh-TW!2stw!4v1587956752277!5m2!1szh-TW!2stw"
    width="600" height="450" frameborder="0" style="border:0;"
    allowfullscreen="" aria-hidden="false" tabindex="0"></iframe>
  </body>
</html>
```

⑤ 瀏覽結果如下圖。

5.6 網頁自動導向

若要令網頁在指定時間內自動導向到其它網頁，可以在 <head> 元素裡面加上如下敘述：

`<meta http-equiv="refresh" content=" 秒數；url= 欲連結的網址 ">`

下面是一個例子，它會在 5 秒鐘後自動導向到 Google 網站。

\Ch05\redirect.html

```
<!DOCTYPE html>
<html>
  <head>
    <meta charset="utf-8">
    <meta http-equiv="refresh" content="5; url=https://www.google.com.tw/">
  </head>
  <body>
    <p> 此網頁將於 5 秒鐘後自動導向到 Google 網站 </p>
  </body>
</html>
```

❶ 瀏覽網頁　❷ 5 秒鐘後自動導向到 Google 網站

06

表單

jQuery Mobile

JavaScript

Bootstrap 5

CSS3

HTML 5

jQuery

6.1 建立表單 — `<form>`、`<input>` 元素

表單 (form) 可以提供輸入介面讓使用者輸入資料,然後將資料傳回 Web 伺服器以做進一步的處理,常見的應用有 Web 搜尋、線上投票、網路民調、會員登錄、網路購物等。

舉例來說,高鐵訂票網站就是透過表單提供一套訂票系統,使用者只要依照畫面指示輸入起程站、到達站、車廂種類、時間、票數、驗證碼等資料,然後按 [開始查詢],便能將資料傳回 Web 伺服器以進行訂票作業。

表單的建立包含下列兩個部分:

❶ 使用 `<form>`、`<input>`、`<textarea>`、`<select>`、`<option>` 等元素設計表單的介面,例如文字方塊、選擇鈕、核取方塊、下拉式清單等。

❷ 撰寫表單的處理程式,也就是表單的後端處理,例如將表單資料傳送到電子郵件地址、寫入檔案、寫入資料庫或進行查詢等。

在本章中,我們將示範如何撰寫表單的介面,至於表單的處理程式因為需要使用到 PHP、ASP/ASP.NET、JSP、CGI 等伺服器端 Scripts,所以不做進一步的討論,有興趣的讀者可以參閱《PHP8&MariaDB/MySQL 網站開發超威範例集》一書 (碁峰資訊出版),或《ASP.NET 4.6 網頁程式設計》一書 (碁峰資訊出版,書號:AEL018200)。

`<form>` 元素

`<form>` 元素用來在 HTML 文件中插入表單,常見的屬性如下:

✅ accept-charset="..." :設定表單資料的字元編碼方式 (超過一個的話,中間以逗號隔開),Web 伺服器會據此處理表單資料,例如 accept-charset="ISO-8859-1" 表示設定為西歐語系。

✅ name="..." :設定表單的名稱 (限英文且唯一),此名稱不會顯示出來,但可以做為後端處理之用,供 Script 或表單處理程式使用。

✅ enctype="..."：設定將表單資料傳回 Web 伺服器所使用的編碼方式，
預設值為 "application/x-www-form-urlencoded"。若允許上傳檔案給
Web 伺服器，則 enctype 屬性的值要設定為 "multipart/form-data"；
若要將表單資料傳送到電子郵件地址，則 enctype 屬性的值要設定為
"text/plain"。

✅ method="{get,post}"：設定將表單資料傳送給表單處理程式的方法，
預設值為 get。

  當 method="get" 時，表單資料會附加在網址後面進行傳送，適合用來
  傳送少量、不要求安全的資料，例如搜尋關鍵字；當 method="post"
  時，表單資料會透過 HTTP 標頭進行傳送，適合用來傳送大量或要求
  安全的資料，例如上傳檔案、密碼等。

✅ action="*url*"：設定表單處理程式的網址，若要將表單資料傳送到電子
郵件地址，可以設定電子郵件地址的 *url*；若沒有設定 action 屬性的
值，表示使用預設的表單處理程式，例如：

```
<form method="post" action="handler.php">
<form method="post" action="mailto:jean@mail.lucky.com.tw">
```

✅ target="..."：設定要在哪裡顯示表單處理程式的結果，設定值有 _self、
_blank、_parent、_top，分別表示目前視窗、新視窗或新索引標籤、
父視窗、最上層視窗，預設值為 _self。

✅ autocomplete="{on,off,default}"：設定是否啟用自動完成功能，on 表示啟
用，off 表示關閉，default 表示繼承所屬之 <form> 元素的 autocomplete
屬性，而 <form> 元素的 autocomplete 屬性預設為 on。

✅ novalidate：設定在提交表單時不要進行驗證。

✅ 第 2.1 節所介紹的全域屬性，其中比較重要的有 onsubmit="..." 用來
設定當使用者傳送表單時所要執行的 Script，以及 onreset="..." 用來
設定當使用者清除表單時所要執行的 Script。

<input> 元素

<input> 元素用來在表單中插入輸入欄位或按鈕,常見的屬性如下,該元素沒有結束標籤:

✔ type="*state*":設定表單欄位的輸入類型。

HTML4.01 提供的 type 屬性值	輸入類型	HTML4.01 提供的 type 屬性值	輸入類型
type="text"	單行文字方塊	type="reset"	重設按鈕
type="password"	密碼欄位	type="file"	上傳檔案
type="radio"	選擇鈕	type="image"	圖片提交按鈕
type="checkbox"	核取方塊	type="hidden"	隱藏欄位
type="submit"	提交按鈕	type="button"	一般按鈕

HTML5 新增的 type 屬性值	輸入類型	HTML5 新增的 type 屬性值	輸入類型
type="email"	電子郵件地址	type="color"	色彩
type="url"	網址	type="date"	日期
type="search"	搜尋欄位	type="time"	時間
type="tel"	電話號碼	type="month"	月份
type="number"	數字	type="week"	一年的第幾週
type="range"	指定範圍的數字	type="datetime-local"	本地日期時間

✔ accept="…":設定提交檔案時的內容類型,例如 <input type="file" accept="image/gif,image/jpeg">。

✔ alt="…":設定圖片的替代顯示文字。

✔ autocomplete="{on,off,default}":設定是否啟用自動完成功能。

✔ autofocus:設定在載入網頁時,令焦點自動移到表單欄位。

- checked：將選擇鈕或核取方塊等表單欄位預設為已選取的狀態。

- disabled：取消表單欄位，使該欄位的資料無法被接受或提交。

- form="*formid*"：設定表單欄位隸屬於 ID 為 *formid* 的表單。

- maxlength="*n*"：設定單行文字方塊、密碼欄位等表單欄位的最多字元數。

- minlength="*n*"：設定單行文字方塊、密碼欄位等表單欄位的最少字元數。

- min="*n*"、max="*n*"、step="*n*"：設定數字輸入類型或日期輸入類型的最小值、最大值和間隔值。

- multiple：允許使用者輸入多個值。

- name="..."：設定表單欄位的名稱（限英文且唯一）。

- pattern="..."：設定表單欄位的輸入格式，例如 <input type="tel" pattern="[0-9]{4}(\-[0-9]{6})"> 是設定輸入值必須符合 xxxx-xxxxxx 的格式，而 x 為 0 到 9 的數字。

- placeholder="..."：設定在表單欄位顯示提示文字。

- readonly：不允許使用者變更表單欄位的資料。

- required：設定使用者必須在表單欄位輸入資料，否則瀏覽器會出現提示文字要求輸入。

- size="*n*"：設定單行文字方塊、密碼欄位等表單欄位的寬度（*n* 為字元數），這指的是使用者在畫面上可以看到的字元數。

- src="*url*"：設定圖片提交按鈕的網址（當 type="image" 時）。

- value="..."：設定表單欄位的初始值。

- 第 2.1 節所介紹的全域屬性，其中比較重要的有 onfocus="..." 用來設定當使用者將焦點移到表單欄位時所要執行的 Script，onblur="..." 用來設定當使用者將焦點從表單欄位移開時所要執行的 Script，onchange="..." 用來設定當使用者修改表單欄位時所要執行的 Script，onselect="..." 用來設定當使用者在表單欄位選取文字時所要執行的 Script。

6.2 HTML4.01 提供的輸入類型

在本節中，我們將透過如下圖的行動電話使用意見調查表，示範如何使用 <input> 元素在表單中插入 HTML4.01 提供的輸入類型，同時會示範如何使用 <textarea> 和 <select> 元素在表單中插入多行文字方塊與下拉式清單，至於 HTML5 新增的輸入類型，則留待下一節再做介紹。

6.2.1 submit、reset (提交與重設按鈕)

建立表單的首要步驟是使用 <form> 元素插入表單，然後是使用 <input> 元素插入按鈕。表單中通常會有 [提交] (submit) 與 [重設] (reset) 兩個按鈕，當使用者點取 [提交] 按鈕時，瀏覽器預設的動作會將使用者輸入的資料傳回 Web 伺服器；而當使用者點取 [重設] 按鈕時，瀏覽器預設的動作會清除使用者輸入的資料，令表單恢復至起始狀態。

我們來為這個調查表插入按鈕：

❶ 首先，在 <body> 元素裡面使用 <h1> 元素插入一個標題，然後使用 <form> 元素插入一個表單。

```
<!DOCTYPE html>
<html>
  <head>
    <meta charset="utf-8">
    <title> 使用意見調查表 </title>
  </head>
  <body>
    <h1> 行動電話使用意見調查表 </h1>
    <form>
    </form>
  </body>
</html>
```

❷ 在 <form> 元素裡面使用 <input> 元素插入 [提交] 和 [重設] 兩個按鈕，type 屬性為 "submit" 和 "reset"，而 value 屬性用來設定按鈕的文字。

```
<form>
  <input type="submit" value=" 提交 ">
  <input type="reset" value=" 重設 ">
</form>
```

6.2.2 text（單行文字方塊）

「單行文字方塊」允許使用者輸入單行的文字敘述，例如姓名、電話、地址、E-mail 等，我們來為這個調查表插入單行文字方塊：

❶ 插入第一個單行文字方塊，這次一樣是使用 <input> 元素，不同的是 type 屬性為 "text"，名稱為 "userName"（限英文且唯一），寬度為 40 個字元。

```
<p> 姓     名：<input type="text" name="userName" size="40"></p>
```

❷ 插入第二個單行文字方塊，名稱為 "userMail"（限英文且唯一），寬度為 40 個字元，初始值為 "username@mailserver"。

```
<form>
    <p> 姓     名：<input type="text" name="userName" size="40"></p>
    <p>E-Mail：<input type="text" name="userMail" size="40" value="username@mailserver"></p>
    <input type="submit" value=" 提交 ">
    <input type="reset" value=" 重設 ">
</form>
```

6.2.3　radio（選擇鈕）

「選擇鈕」就像單選題，我們通常會使用選擇鈕列出數個選項，詢問使用者的年齡層、最高學歷等只有一個答案的問題。我們來為這個調查表插入一組包含 " 未滿 20 歲 "、"20~29"、"30~39"、"40 歲以上 " 等四個選項的選擇鈕，群組名稱為 "userAge"（限英文且唯一），預先選取的選項為第二個，每個選項的值為 "age1"、"age2"、"age3"、"age4"（中英文皆可），同一組選擇鈕的每個選項必須擁有唯一的值，這樣在使用者點取 [提交] 按鈕，將表單資料傳回 Web 伺服器後，表單處理程式才能根據傳回的群組名稱與值判斷哪組選擇鈕的哪個選項被選取。

```
<form>
  <p> 姓     名：<input type="text" name="userName" size="40"></p>
  <p>E-Mail：<input type="text" name="userMail" size="40" value="username@mailserver"></p>
  <p> 年     齡：
  <input type="radio" name="userAge" value="age1"> 未滿 20 歲
  <input type="radio" name="userAge" value="age2" checked>20~29
  <input type="radio" name="userAge" value="age3">30~39
  <input type="radio" name="userAge" value="age4">40 歲以上 </p>
  <input type="submit" value=" 提交 ">
  <input type="reset" value=" 重設 ">
</form>
```

6.2.4 checkbox（核取方塊）

「核取方塊」就像複選題，我們通常會使用核取方塊列出數個選項，詢問使用者喜歡從事哪幾類的活動、使用哪些廠牌的手機等可以複選的問題。

我們來為這個調查表插入一組包含 "hTC"、"Apple"、"ASUS" 等三個選項的核取方塊，名稱為 "userPhone[]"（限英文且唯一），其中第一個選項 "hTC" 的初始狀態為已核取，要注意的是我們將群組方塊的名稱設定為陣列，目的是為了方便表單處理程式判斷哪些選項被核取。

```
<form>
  <p>姓     名：<input type="text" name="userName" size="40"></p>
  <p>E-Mail：<input type="text" name="userMail" size="40" value="username@mailserver"></p>
  ...
  <p>您使用過哪些廠牌的手機？
  <input type="checkbox" name="userPhone[]" value="hTC" checked>hTC
  <input type="checkbox" name="userPhone[]" value="Apple">Apple
  <input type="checkbox" name="userPhone[]" value="ASUS">ASUS</p>
  <input type="submit" value=" 提交 ">
  <input type="reset" value=" 重設 ">
</form>
```

6.2.5 <textarea> (多行文字方塊)

「多行文字方塊」允許使用者輸入多行的文字敘述，例如意見、評語、自我介紹、問題描述等。

我們可以使用 <textarea> 元素在表單中插入多行文字方塊，常見的屬性如下，多行文字方塊預設是呈現空白不顯示任何資料，若要在多行文字方塊顯示預設的資料，可以將資料放在 <textarea> 元素裡面：

- cols="n"：設定多行文字方塊的寬度 (n 為字元數)。

- rows="n"：設定多行文字方塊的高度 (n 為列數)。

- name="..."：設定多行文字方塊的名稱（限英文且唯一），此名稱不會顯示出來，但可以做為後端處理之用。

- disabled：取消多行文字方塊，使之無法存取。

- readonly：不允許使用者變更多行文字方塊的資料。

- maxlength="n"：設定多行文字方塊的最多字元數 (n 為字元數)。

- minlength="n"：設定多行文字方塊的最少字元數 (n 為字元數)。

- autocomplete="{on,off,default}"：設定是否啟用自動完成功能。

- autofocus：設定在載入網頁時，令焦點自動移到多行文字方塊。

- form="$formid$"：設定多行文字方塊隸屬於 ID 為 $formid$ 的表單。

- required：設定使用者必須在多行文字方塊輸入資料。

- placeholder="..."：設定在多行文字方塊顯示提示文字。

- 第 2.1 節所介紹的全域屬性，其中比較重要的有 onfocus="..." 用來設定當使用者將焦點移到表單欄位時所要執行的 Script，onblur="..." 用來設定當使用者將焦點從表單欄位移開時所要執行的 Script，onchange="..." 用來設定當使用者修改表單欄位時所要執行的 Script，onselect="..." 用來設定當使用者在表單欄位選取文字時所要執行的 Script。

我們來為這個調查表插入一個多行文字方塊，詢問使用手機時最常碰到哪些問題，其名稱為 userTrouble、寬度為 45 個字元、高度為 4 列、初始值為「手機電池待機時間不夠久」。

```
<form>
  <p> 姓     名：<input type="text" name="userName" size="40"></p>
  <p>E-Mail：<input type="text" name="userMail" size="40" value="username@mailserver"></p>
  ...
  <p> 您使用過哪些廠牌的手機？
  <input type="checkbox" name="userPhone[]" value="hTC" checked>hTC
  <input type="checkbox" name="userPhone[]" value="Apple">Apple
  <input type="checkbox" name="userPhone[]" value="ASUS">ASUS</p>
  <p> 您使用手機時最常碰到哪些問題？ <br>
  <textarea name="userTrouble" cols="45" rows="4"> 手機電池待機時間不夠久
  </textarea></p>
  <input type="submit" value=" 提交 ">
  <input type="reset" value=" 重設 ">
</form>
```

6.2.6 <select>、<option>（下拉式清單）

「下拉式清單」允許使用者從下拉式清單中選取項目，例如興趣、最高學歷、國籍、行政地區等。我們可以使用 <select> 元素搭配 <option> 元素在表單中插入下拉式清單，常見的屬性如下：

- autocomplete="{on,off,default}"：設定是否啟用自動完成功能。

- autofocus：設定在載入網頁時，令焦點自動移到下拉式清單。

- disabled：取消下拉式清單，使之無法存取。

- form="*formid*"：設定下拉式清單隸屬於 ID 為 *formid* 的表單。

- multiple：設定使用者可以在下拉式清單中選取多個項目。

- name="..."：設定下拉式清單的名稱（限英文且唯一），此名稱不會顯示出來，但可以做為後端處理之用。

- size="*n*"：設定下拉式清單的高度（*n* 為列數）。

- required：設定使用者必須在下拉式清單選擇項目。

- 第 2.1 節所介紹的全域屬性，其中比較重要的有 onfocus="..."、onblur="..."、onchange="..."、onselect="..."。

<option> 元素是放在 <select> 元素裡面，用來設定下拉式清單中的項目，常見的屬性如下，該元素沒有結束標籤：

- disabled：取消項目，使之無法存取。

- selected：設定預先選取的項目。

- value="..."：設定項目的值。

- label="..."：設定項目的標籤文字。

- 第 2.1 節所介紹的全域屬性。

我們來為這個調查表插入一個下拉式清單（名稱為 userNumber[]、高度為 4 列、允許複選），裡面有四個選項，其中 " 台灣大哥大 " 為預先選取的選項，要注意的是我們將下拉式清單的名稱設定為陣列，目的是為了方便表單處理程式判斷哪些選項被選取，最後將網頁存檔為 \Ch06\phone.html。

```
<form>
  ...
  <p> 您使用過哪家業者的門號？（可複選）
  <select name="userNumber[]" size="4" multiple>
    <option value=" 中華電信 "> 中華電信
    <option value=" 台灣大哥大 " selected> 台灣大哥大
    <option value=" 遠傳 "> 遠傳
    <option value=" 台灣之星 "> 台灣之星
  </select></p>
  <input type="submit" value=" 提交 ">
  <input type="reset" value=" 重設 ">
</form>
```

由於這個網頁沒有自訂表單處理程式，因此，當我們填妥表單資料並按 [提交] 時，如下圖，表單資料會被傳回 Web 伺服器。

至於表單資料是以何種形式傳回 Web 伺服器呢？當我們按 [提交] 時，網址列會出現類似如下訊息，從 phone.html? 後面開始的就是表單資料，第一個欄位的名稱為 userName，雖然我們輸入「小丸子」，但由於將表單資料傳回 Web 伺服器所使用的編碼方式預設為 "application/x-www-form-urlencoded"，故「小丸子」會變成 %E5%B0%8F%E4%B8%B8%E5%AD%90；接下來是 & 符號，這表示下一個欄位的開始；同理，下一個 & 符號的後面又是另一個欄位的開始。

```
file:///C:/Users/Jean/Documents/Samples/Ch06/phone.html?userName=%E5%B0%8F
%E4%B8%B8%E5%AD%90&userMail=jean%40mail.lucky.com.tw&userAge=age2&userPhon
e%5B%5D=hTC&userPhone%5B%5D=ASUS&userTrouble=%E6%89%8B%E6%A9%9F%E9%9B%BB%E
6%B1%A0%E5%BE%85%E6%A9%9F%E6%99%82%E9%96%93%E4%B8%8D%E5%A4%A0%E4%B9%85%0D%
0A%09++&userNumber%5B%5D=%E4%B8%AD%E8%8F%AF%E9%9B%BB%E4%BF%A1&userNumber%5
B%5D=%E5%8F%B0%E7%81%A3%E5%A4%A7%E5%93%A5%E5%A4%A7
```

6.2.7　password（密碼欄位）

「密碼欄位」和單行文字方塊類似，只是使用者輸入的資料不會顯示出來，而是顯示成星號或圓點，以做為保密之用，下面是一個例子。

\Ch06\pwd.html

```
<form>
  輸入密碼：<input type="password" name="userPWD" size="10">  ❶
  <input type="submit" value=" 提交 ">
  <input type="reset" value=" 重設 ">
</form>
```

❶ 插入密碼欄位　　❷ 輸入的資料均顯示成圓點

6.2.8　hidden（隱藏欄位）

「隱藏欄位」是在表單中看不見，但值 (value) 仍會傳回 Web 伺服器的表單欄位，它可以用來傳送不需要使用者輸入但卻需要傳回 Web 伺服器的資料。舉例來說，假設我們想在傳回調查表的同時，一併傳回調查表的作者名稱，但不希望將作者名稱顯示在表單中，那麼可以在 \Ch06\phone.html 的 <form> 元素裡面加入如下敘述，這麼一來，在使用者點取 [提交] 按鈕後，隱藏欄位的值 (value) 就會隨著表單資料一併傳回 Web 伺服器：

```
<input type="hidden" name="author" value="Jean">
```

6.3 HTML5 新增的輸入類型

6.3.1 email (電子郵件地址)

若要讓使用者輸入電子郵件地址，可以將 <input> 元素的 type 屬性設定為 "email"。下面是一個例子，它會要求使用者輸入 hotmail 電子郵件地址，若格式不符合，就會要求重新輸入。

```
\Ch06\form1.html
<form>                          ❶
  <input type="email" pattern=".+@hotmail.com"
  ❷ placeholder=" 例如 jean@hotmail.com" size="30">
  <input type="submit">
</form>
```

❶ 使用 pattern 屬性設定輸入格式
❷ 使用 placeholder 屬性設定欄位提示文字
❸ 一開始會顯示欄位提示文字
❹ 若格式不符合，就會要求重新輸入

幾個注意事項提醒您：

✅ email 輸入類型只能驗證使用者輸入的資料是否符合電子郵件地址格式，但無法檢查該地址是否存在。

✅ 若要允許使用者輸入以逗號隔開的多個電子郵件地址，例如 jean@hotmail.com, jerry@hotmail.com，可以加入 multiple 屬性，例如：

```
<input type="email" multiple>
```

✅ 當使用者沒有輸入資料就按 [提交] 時，瀏覽器不會出現提示文字要求重新輸入，若要規定務必輸入資料，可以加入 required 屬性，例如：

```
<input type="email" required>
```

✅ 除了 multiple、required 兩個屬性之外，諸如 maxlength、minlength、pattern、placeholder、readonly、size 等屬性亦適用於 email 輸入類型。

✅ 不同的瀏覽器對於 HTML5 新增的輸入類型可能有不同的顯示方式，回報錯誤的方式也不盡相同。

6.3.2 url (網址)

若要讓使用者輸入網址，可以將 <input> 元素的 type 屬性設定為 "url"。同樣的，諸如 maxlength、minlength、pattern、placeholder、readonly、size 等屬性亦適用於 url 輸入類型。

下面是一個例子，它會要求使用者輸入網址，若格式不符合，就會要求重新輸入。

\Ch06\form2.html

```
<form>
  <input type="url">
  <input type="submit">
</form>
```

6.3.3　search（搜尋欄位）

若要讓使用者輸入搜尋字串，可以將 <input> 元素的 type 屬性設定為 "search"。同樣的，諸如 maxlength、minlength、pattern、placeholder、readonly、size 等屬性亦適用於 search 輸入類型。

事實上，search 輸入類型的用途和 text 輸入類型差不多，差別在於欄位外觀可能不同，視瀏覽器的實作而定。下面是一個例子，從瀏覽結果可以看到，Chrome 對於 search 輸入類型和 text 輸入類型的欄位外觀是相同的。

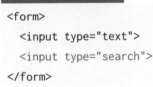

\Ch06\form3.html

```
<form>
  <input type="text">
  <input type="search">
</form>
```

❶ text 輸入類型　❷ search 輸入類型

6.3.4 number (數字)

若要讓使用者輸入數字,可以將 \<input> 元素的 type 屬性設定為 "number"。
下面是一個例子,除了使用 number 輸入類型,還搭配下列三個屬性,限
制使用者輸入 0 ~ 10 之間的數字,而且每按一下向上鈕或向下鈕,所遞增
或遞減的間隔值為 2 :

- ✅ min:設定欄位的最小值 (須為有效的浮點數,負數或小數亦可)。

- ✅ max:設定欄位的最大值 (須為有效的浮點數)。

- ✅ step:設定每按一下欄位的向上鈕或向下鈕,所遞增或遞減的間隔值
  (須為有效的浮點數),預設值為 1。

\Ch06\form4.html

```
<form>
  <input type="number" min="0" max="10" step="2">
  <input type="submit">
</form>
```

可以按向上鈕或向下
鈕輸入數字,也可以
直接輸入數字,若數
字超過範圍,就會要
求重新輸入。

6.3.5 range (指定範圍的數字)

若要讓使用者透過類似滑桿的介面輸入指定範圍的數字，可以將 <input> 元素的 type 屬性設定為 "range"。

下面是一個例子，除了使用 range 輸入類型，還搭配 min、max、step 等三個屬性，將最小值、最大值及間隔值設定為 0、12、2，若沒有設定，那麼最小值預設為 0，最大值預設為 100，間隔值預設為 1。

\Ch06\form5.html

```
<form>
  <input type="range" min="0" max="12" step="2">
  <input type="submit">
</form>
```

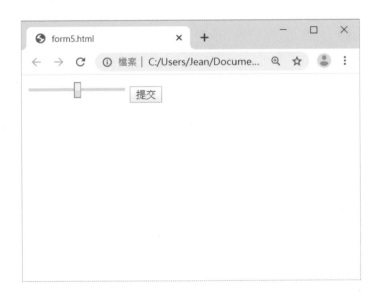

此外，在預設的情況下，滑桿指針指向的值是中間值，如上圖，若要設定指針的初始值，可以使用 value 屬性，例如 value="2" 是將初始值設定為 2。

6.3.6 color (色彩)

若要讓使用者透過類似調色盤的介面輸入色彩，可以將 <input> 元素的 type 屬性設定為 "color"，下面是一個例子。

\Ch06\form6.html

```
<form>
  <input type="color">
  <input type="submit">
</form>
```

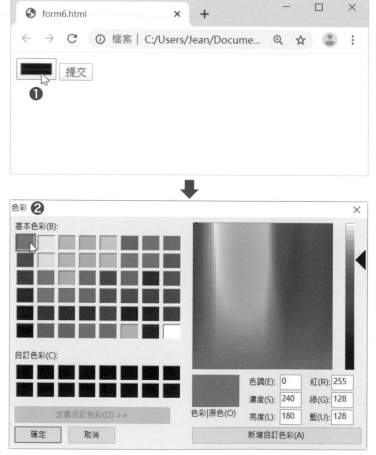

❶ 點取色彩欄位　❷ 出現色彩對話方塊讓使用者選擇色彩

6.3.7 tel（電話號碼）

理論上，若要讓使用者輸入電話號碼，可以將 \<input\> 元素的 type 屬性設定為 "tel"。然而事實上，tel 輸入類型卻很難驗證使用者輸入的電話號碼是否有效，因為不同國家或不同地區的電話號碼格式不盡相同。

下面是一個例子，除了使用 tel 輸入類型，還搭配 pattern 和 placeholder 兩個屬性設定電話號碼格式及欄位提示文字。

\Ch06\form7.html

```
<form>
  <input type="tel" pattern="[0-9]{4}-[0-9]{6}" placeholder=" 例如 0935-123456">
  <input type="submit">
</form>
```

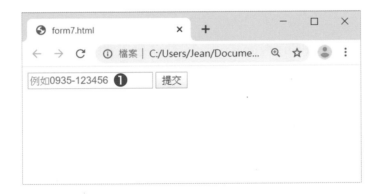

❶ 一開始會顯示欄位提示文字　❷ 若格式不符合，就會要求重新輸入

6.3.8 date、time、month、week、 datetime-local (日期時間)

若要讓使用者輸入日期時間，可以將 <input> 元素的 type 屬性設定成如下：

- ☑ date：透過 <input type="date"> 的敘述，就能提供類似如下的介面讓 使用者輸入日期，而不必擔心日期格式是否正確。

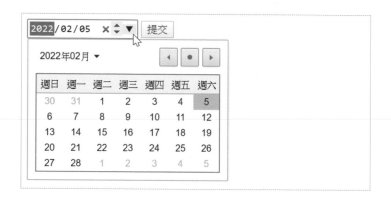

- ☑ time：透過 <input type="time"> 的敘述，就能提供類似如下的介面 讓使用者輸入時間，而不必擔心時間格式是否正確。

- ☑ month：透過 <input type="month"> 的敘述，就能提供類似如下的 介面讓使用者輸入月份。

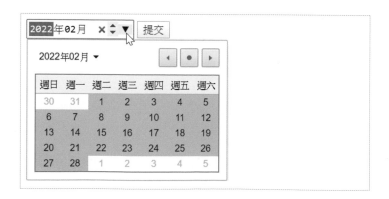

● week：透過 <input type="week"> 的敘述，就能提供類似如下的介面讓使用者輸入第幾週。

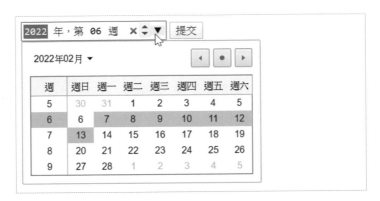

● datetime-local：透過 <input type="datetime-local"> 的敘述，就能提供類似如下的介面讓使用者輸入本地日期時間。

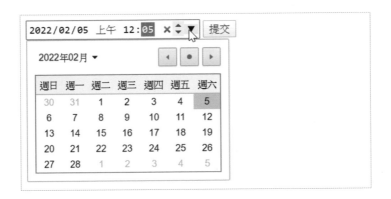

在使用本節所介紹的日期時間輸入類型時，也可以搭配下列幾個屬性：

● min：設定最早的日期時間，格式為 yyyy-MM-ddThh:mm，例如 2022-12-25T08:00 表示 2022 年 12 月 25 日早上八點。

● max：設定最晚的日期時間。

● step：設定每按一下欄位的向上鈕或向下鈕，所遞增或遞減的間隔值。

6.4 按鈕 — <button> 元素

除了將 <input> 元素的 type 屬性設定為 "submit" 或 "reset" 之外，我們也可以使用 <button> 元素在表單中插入按鈕，常見的屬性如下：

- ✓ name="..."：設定按鈕的名稱（限英文且唯一）。
- ✓ type="{submit,reset,button}"：設定按鈕的類型（提交、重設、一般按鈕）。
- ✓ value="..."：設定按鈕的值。
- ✓ disabled：取消按鈕，使之無法存取。
- ✓ autofocus：設定在載入網頁時，令焦點自動移到按鈕。
- ✓ form="*formid*"：設定按鈕隸屬於 ID 為 *formid* 的表單。
- ✓ 第 2.1 節所介紹的全域屬性。

下面是一個例子，它會使用 <button> 元素在表單中插入「提交」與「重設」兩個按鈕。

\Ch06\button.html

```
<form>
  <button type="submit"> 提交 </button>
  <button type="reset"> 重設 </button>
</form>
```

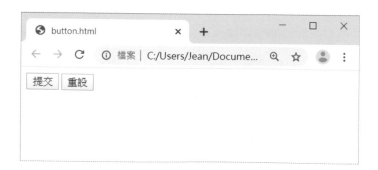

6.5 標籤 — <label> 元素

有些表單欄位會有預設的標籤，例如 <input type="submit"> 敘述在 Chrome
瀏覽器所顯示的按鈕會有預設的標籤為「提交」。不過，多數的表單欄位並
沒有標籤，例如 <button type="submit"></button> 敘述所顯示的按鈕就
沒有標籤，此時可以使用 <label> 元素來設定，常見的屬性如下：

- for="*fieldid*"：針對 id 屬性為 *fieldid* 的表單欄位設定標籤。

- 第 2.1 節所介紹的全域屬性。

下面是一個例子，它會使用 <label> 元素設定單行文字方塊與密碼欄位的標
籤，至於緊跟在後的兩個按鈕則是顯示預設的標籤。

\Ch06\label.html

```
<form>
    <label for="userName">姓名：</label>
    <input type="text" id="userName" size="20">
    <label for="userPWD">密碼：</label>
    <input type="password" id="userPWD" size="20">
    <input type="submit">
    <input type="reset">
</form>
```

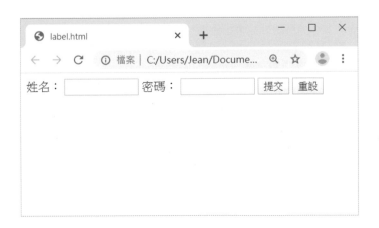

6.6 群組標籤 ── \<optgroup\> 元素

HTML5 新增一個 \<optgroup\> 元素，可以用來替一群 \<option\> 元素加上共同的標籤，常見的屬性如下，該元素沒有結束標籤：

- ✅ label="..."：設定群組標籤。

- ✅ 第 2.1 節所介紹的全域屬性。

下面是一個例子。

`\Ch06\optgroup.html`

```
<form>
  <label for="TVlist"> 選擇要觀賞的節目：</label>
  <select id="TVlist">
    <optgroup label=" 國內新聞頻道 ">
    <option value="news1">TVBS-N
    <option value="news2"> 年代新聞
    <optgroup label=" 國外新聞頻道 ">
    <option value="news3">CNN
    <option value="news4">NHK
  </select>
  <input type="submit">
</form>
```

6.7 將表單欄位框起來──
<fieldset>、<legend> 元素

<fieldset> 元素用來將指定的表單欄位框起來，常見的屬性如下：

- ✅ disabled：取消 <fieldset> 元素所框起來的表單欄位，使之無法存取。
- ✅ name="..."：設定 <fieldset> 元素的名稱 (限英文且唯一)。
- ✅ form="*formid*"：設定 <fieldset> 元素隸屬於 ID 為 *formid* 的表單。
- ✅ 第 2.1 節所介紹的全域屬性。

<legend> 元素用來在方框加上說明文字，其屬性有第 2.1 節所介紹的全域
屬性，下面是一個例子。

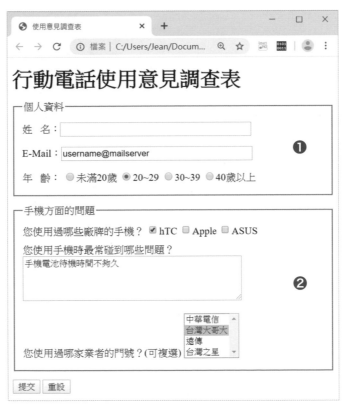

❶ 將這三個表單欄位框起來並加上說明文字　❷ 將這三個表單欄位框起來並加上說明文字

```
<form>
  <fieldset>
    <legend> 個人資料 </legend> ❶
    <p> 姓     名：<input type="text" name="userName" size="40"></p>
    <p> E-Mail：<input type="text" name="userMail" size="40"
        value="username@mailserver"></p>
    <p> 年     齡：
    <input type="radio" name="userAge" value="age1"> 未滿 20 歲
    <input type="radio" name="userAge" value="age2" checked>20~29
    <input type="radio" name="userAge" value="age3">30~39
    <input type="radio" name="userAge" value="age4">40 歲以上 </p>
  </fieldset><br>
  <fieldset>
    <legend> 手機方面的問題 </legend> ❷
    <p> 您使用過哪些廠牌的手機？
    <input type="checkbox" name="userPhone[]" value="hTC" checked>hTC
    <input type="checkbox" name="userPhone[]" value="Apple">Apple
    <input type="checkbox" name="userPhone[]" value="ASUS">ASUS</p>
    <p> 您使用手機時最常碰到哪些問題？ <br>
    <textarea name="userTrouble" cols="45" rows="4"> 手機電池待機時間不夠久
    </textarea></p>
    <p> 您使用過哪家業者的門號？（可複選）
    <select name="userNumber[]" size="4" multiple>
      <option value=" 中華電信 "> 中華電信
      <option value=" 台灣大哥大 " selected> 台灣大哥大
      <option value=" 遠傳 "> 遠傳
      <option value=" 台灣之星 "> 台灣之星
    </select></p>
  </fieldset><br>
  <input type="submit" value=" 提交 ">
  <input type="reset" value=" 重設 ">
</form>
```

❶ 在此設定第一個
方框的說明文字

❷ 在此設定第二個
方框的說明文字

原則上，在您想好要將哪幾個表單欄位框起來後，只要將這幾個表單欄位的敘述放在 <fieldset> 元素裡面即可。另外要注意的是 <legend> 元素必須放在 <fieldset> 元素裡面，而且 <legend> 元素裡面的文字會出現在方框的左上角做為說明文字。

07

CSS 基本語法

7.1 CSS 的發展

CSS (Cascading Style Sheets，串接樣式表、階層樣式表) 是由 W3C 所提出，主要的用途是定義網頁的外觀，也就是網頁的編排、顯示、格式化及特殊效果，有部分功能與 HTML 重疊。

或許您會問，「既然 HTML 提供的標籤與屬性就能將網頁格式化，那為何還要使用 CSS？」，沒錯，HTML 確實提供一些格式化的標籤與屬性，但其變化有限，而且為了進行格式化，往往會使得 HTML 原始碼變得非常複雜，內容與外觀的倚賴性過高而不易修改。

為此，W3C 遂鼓勵網頁設計人員使用 HTML 定義網頁的內容，然後使用 CSS 定義網頁的外觀，將內容與外觀分隔開來，便能透過 CSS 從外部控制網頁的外觀，同時 HTML 原始碼也會變得精簡。

事實上，W3C 已經將不少涉及網頁外觀的 HTML 標籤與屬性列為 Deprecated（建議勿用），並鼓勵改用 CSS 來取代，例如 <font>、<basefont>、<dir> 等標籤，或 background、bgcolor、align、link、vlink、color、face、size 等屬性。

我們簡單將 CSS 的發展摘要如下：

- CSS1 (CSS Level 1)：W3C 於 1996 年公布 CSS1 推薦標準，約 50 個屬性，包括字型、文字、色彩、背景、清單、表格、定位方式、框線、邊界等，詳細的規格可以參考 CSS1 官方文件 https://www.w3.org/TR/CSS1/。

- CSS2 (CSS Level 2)：W3C 於 1998 年公布 CSS2 推薦標準，約 120 個屬性，新增一些字型屬性，並加入相對定位、絕對定位、固定定位、媒體類型等概念。

- CSS2.1 (CSS Level 2 Revision 1)：W3C 於 2011 年公布 CSS2.1 推薦標準，除了維持與 CSS2 的向下相容性，還修正 CSS2 的錯誤、移除一些 CSS2 尚未實作的功能並新增數個屬性，詳細的規格可以參考 CSS2.1 官方文件 https://www.w3.org/TR/CSS2/。

✓ CSS3 (CSS Level 3)：相較於 CSS2.1 是將所有屬性整合在一份規格書中，CSS3 則是根據屬性的分類劃分成不同的模組 (module) 來進行規格化，例如 CSS Namespaces、Selectors Level 3、CSS Level 2 Revision 1、Media Queries、CSS Style Attributes、CSS Fonts Level 3、CSS Basic User Interface Level 3 等模組已經成為推薦標準 (REC，Recommendation)，而 CSS Backgrounds and Borders Level 3、CSS Multi-column Layout Level 1、CSS Values and Units Level 3、CSS Text Level 3、CSS Transitions、CSS Text Decoration Level 3 等模組是候選推薦 (CR，Candidate Recommendation) 或建議推薦 (PR，Proposed Recommendation)，有關各個模組的規格化進度可以參考網址 https://www.w3.org/Style/CSS/current-work.en.html。

由於 CSS3 的模組仍在持續修訂中，因此，本書的重點會放在一些比較普遍使用的屬性，例如色彩、字型、文字、清單、背景、漸層、定位方式、媒體查詢等。至於一些比較特別的屬性或尚在修訂中的屬性，有興趣的讀者可以自行參考官方文件。

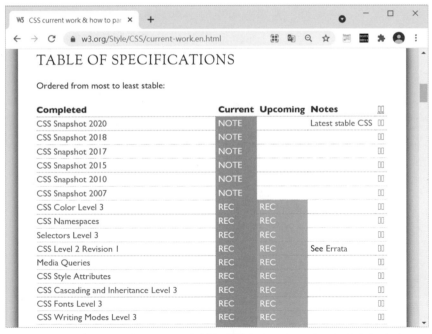

這個網站會詳細列出 CSS3 各個模組目前的規格化進度及規格書超連結

7.2 CSS 樣式表

CSS 樣式表是由一條一條的樣式規則 (style rule) 所組成，而樣式規則包含選擇器 (selector) 與宣告 (declaration) 兩個部分，例如：

- 選擇器 (selector)：選擇器用來設定要套用樣式規則的對象，以上面的樣式規則為例，選擇器 body 表示要套用樣式規則的對象是 <body> 元素，即網頁主體。

- 宣告 (declaration)：宣告用來設定選擇器的樣式，以大括號括起來，裡面包含屬性 (property) 與值 (value)，中間以冒號 (:) 連接。樣式規則的宣告個數可以不只一個，中間以分號 (;) 隔開。

  以上面的樣式規則為例，第一個宣告 color: white 是將 color 屬性的值設定為 white，即前景色彩為白色；而第二個宣告 background: red 是將 background 屬性的值設定為 red，即背景色彩為紅色。

  請注意，若屬性的值包含英文字母、阿拉伯數字 (0 ~ 9)、減號 (-) 或小數點 (.) 以外的字元（例如空白、換行），那麼屬性的值前後必須加上雙引號或單引號（例如 font-family: "Times New Roman"），否則雙引號 (") 或單引號 (') 可以省略不寫。

下面是一個例子，它會以標題 1 預設的樣式顯示「暮光之城」，通常是黑色、細明體。

\Ch07\sample1.html

```
<!DOCTYPE html>
  <head>
    <meta charset="utf-8">
    <title> 我的網頁 </title>
  </head>
  <body>
    <h1> 暮光之城 </h1>
  </body>
</html>
```

接著，我們改以 CSS 來設定標題 1 的樣式，此例是在 <head> 元素裡面使用 <style> 元素嵌入 CSS 樣式表（第 06 ~ 11 行），將標題 1 設定為紅色、標楷體。至於其它連結 HTML 文件與 CSS 樣式表的方式，下一節有進一步的說明。

\Ch07\sample2.html

```
01:<!DOCTYPE html>
02:<html>
03:  <head>
04:    <meta charset="utf-8">
05:    <title> 我的網頁 </title>
06:    <style>
07:      h1 {
08:        color: red;
09:        font-family: 標楷體 ;
10:      }
11:    </style>
12:  </head>
13:  <body>
14:    <h1> 暮光之城 </h1>
15:  </body>
16:</html>
```

CSS 注意事項

當您使用 CSS 時，請注意下列事項：

- 若屬性的值包含英文字母、阿拉伯數字 (0 ~ 9)、減號 (-) 或小數點 (.) 以外的字元 (例如空白、換行)，那麼屬性的值前後必須加上雙引號或單引號 (例如 font-family: "Times New Roman")，否則雙引號 (") 或單引號 (') 可以省略不寫。

- CSS 會區分英文字母的大小寫，這點和 HTML 不同。為了避免混淆，在您替 HTML 元素的 class 屬性或 id 屬性命名時，請維持一致的命名規則，一般建議是採取字中大寫，例如 userName、studentAge 等。

- CSS 的註解符號為 /* */，如下，這點亦和 HTML 不同，HTML 的註解為 <!-- -->。

```
/* 將標題 1 的文字色彩設定為藍色 */
h1 {color: blue;}
/* 將段落的文字大小設定為 10 像素 */
p {font-size: 10px;}
```

- 樣式規則的宣告個數可以不只一個，中間以分號 (;) 隔開。以下面的樣式規則為例，裡面包含三個宣告，用來將段落設定成首行縮排為 50 像素、行高為 1.5 行、左邊界為 20 像素：

```
p {text-indent: 50px; line-height: 150%; margin-left: 20px;}
```

- 若樣式規則包含多個宣告，為了方便閱讀，可以將宣告分開放在不同行，排列整齊即可，例如：

```
p {
  text-indent: 50px;
  line-height: 150%;
  margin-left: 20px;
}
```

◉ 若遇到具有相同宣告的樣式規則，可以將之合併，使程式碼變得較為精簡。以下面的程式碼為例，這四條樣式規則是將標題 1、標題 2、標題 3、段落的文字色彩設定為藍色，宣告均為 color: blue：

```
h1 {color: blue;}
h2 {color: blue;}
h3 {color: blue;}
p  {color: blue;}
```

既然宣告均相同，我們可以將這四條樣式規則合併成一條，如下：

```
h1, h2, h3, p {color: blue;}
```

◉ 若遇到針對相同選擇器所設計的樣式規則，可以將之合併，使程式碼變得較為精簡。以下面的程式碼為例，這四條樣式規則是將標題 1 設定成文字色彩為白色、背景色彩為黑色、文字對齊方式為置中、字型為 "Arial Black"，選擇器均為 h1：

```
h1 {color: white;}
h1 {background: black;}
h1 {text-align: center;}
h1 {font-family: "Arial Black";}
```

既然是針對相同選擇器，我們可以將這四條規則合併成一條，如下：

```
h1 {color: blue; background: black; text-align: center;
    font-family: "Arial Black";}
```

下面的寫法亦可：

```
h1 {
  color: blue;
  background: black;
  text-align: center;
  font-family: "Arial Black";
}
```

7.3 連結 HTML 文件與 CSS 樣式表

連結 HTML 文件與 CSS 樣式表的方式有下列幾種，以下各小節有詳細的說明：

- 在 \<head> 元素裡面使用 \<style> 元素嵌入樣式表。
- 使用 HTML 元素的 style 屬性設定樣式表。
- 將樣式表放在外部檔案，然後使用 @import 指令匯入 HTML 文件。
- 將樣式表放在外部檔案，然後使用 \<link> 元素連結至 HTML 文件。

7.3.1 在 \<head> 元素裡面使用 \<style> 元素嵌入樣式表

我們可以在 HTML 文件的 \<head> 元素裡面使用 \<style> 元素嵌入樣式表，由於樣式表位於和 HTML 文件相同的檔案，因此，任何時候想要變更網頁的外觀，直接修改 HTML 文件的原始碼即可，無須變更多個檔案。

下面是一個例子，它會透過嵌入樣式表的方式將 HTML 文件的前景色彩設定為白色，背景色彩設定為紫色。

\Ch07\linkcss1.html

```
<!DOCTYPE html>
<html>
  <head>
    <meta charset="utf-8">
    <title>我的網頁</title>
    <style>
      body {color: white; background: purple;}
    </style>
  </head>
  <body>
    <h1>Hello, CSS3!</h1>
  </body>
</html>
```

7.3.2 使用 HTML 元素的 style 屬性設定樣式表

我們也可以使用 HTML 元素的 style 屬性設定樣式表，舉例來說，\Ch07\ linkcss1.html 可以改寫成如下，瀏覽結果是相同的。

\Ch07\linkcss2.html

```html
<!DOCTYPE html>
<html>
  <head>
    <meta charset="utf-8">
    <title> 我的網頁 </title>
  </head>
  <body style="color: white; background: purple;">
    <h1>Hello, CSS3!</h1>
  </body>
</html>
```

7.3.3　將外部的樣式表匯入 HTML 文件

前兩節所介紹的方式都是將樣式表嵌入 HTML 文件，雖然簡便，卻不適合多人共同開發網頁，尤其是當網頁的內容與外觀交給不同人負責時，此時可以改將樣式表放在外部檔案，然後匯入或連結至 HTML 文件。

這種做法的好處是可以讓多個 HTML 文件共用樣式表檔案，不會因為重複定義樣式表，導致原始碼過於冗長，而且一旦要變更網頁的外觀，只要修改樣式表檔案，不必修改每個網頁。

下面是一個例子，它將 \Ch07\linkcss1.html 所定義的樣式表儲存在獨立的純文字檔 \Ch07\body.css，注意副檔名為 .css。

\Ch07\body.css

```
body {color: white; background: purple;}
```

有了樣式表檔案，我們可以在 HTML 文件的 <head> 元素裡面使用 <style> 元素和 @import url(" 檔名 .css"); 指令匯入樣式表，若要匯入多個樣式表檔案，只要多寫幾個 @import url(" 檔名 .css"); 指令即可。舉例來說，\Ch07\linkcss1.html 可以改寫成如下，瀏覽結果是相同的。

\Ch07\linkcss3.html

```
<!DOCTYPE html>
<html>
  <head>
    <meta charset="utf-8">
    <title> 我的網頁 </title>
    <style>
      @import url("body.css");          使用 @import 指令
    </style>                            匯入樣式表檔案
  </head>
  <body>
    <h1>Hello, CSS3!</h1>
  </body>
</html>
```

7.3.4 將外部的樣式表連結至 HTML 文件

我們也可以將外部的樣式表連結至 HTML 文件，下面是一個例子，它改用 <link> 元素連結與前一節相同的樣式表檔案 \Ch07\body.css，瀏覽結果是相同的。

\Ch07\linkcss4.html

```
<!DOCTYPE html>
<html>
  <head>
    <meta charset="utf-8">
    <title> 我的網頁 </title>
    <link rel="stylesheet" href="body.css" type="text/css">
  </head>
  <body>
    <h1>Hello, CSS3!</h1>
  </body>
</html>
```

使用 <link> 元素連結樣式表檔案，若要連結多個樣式表檔案，只要多寫幾個 <link> 元素即可

7.4 選擇器的類型

選擇器 (selector) 用來設定要套用樣式規則的對象,以下各小節有詳細的說明。

7.4.1 萬用選擇器

萬用選擇器 (universal selector) 是以 HTML 文件中的所有元素做為要套用樣式規則的對象,其命名格式為星號 (*)。以下面的樣式規則為例,裡面有一個萬用選擇器,它可以替所有元素去除瀏覽器預設的留白與邊界:

```
* {padding: 0; margin: 0;}
```

7.4.2 類型選擇器

類型選擇器 (type selector) 是以某個 HTML 元素做為要套用樣式規則的對象,名稱必須和指定的 HTML 元素符合。以下面的樣式規則為例,裡面有一個類型選擇器 h1,表示要套用樣式規則的對象是 <h1> 元素:

```
h1 {color: blue;}
```

7.4.3 子選擇器

子選擇器 (child selector) 是以某個 HTML 元素的子元素做為要套用樣式規則的對象,以下面的樣式規則為例,裡面有一個子選擇器 ul > li (中間以大於符號連接),表示要套用樣式規則的對象是 <ul> 元素的子元素 <li>:

```
ul > li {color: blue;}
```

7.4.4 子孫選擇器

子孫選擇器 (descendant selector) 是以某個 HTML 元素的子孫元素 (不僅是子元素) 做為要套用樣式規則的對象。

以下面的樣式規則為例，裡面有一個子孫選擇器 p a（中間以空白字元隔開），表示要套用樣式規則的對象是 <p> 元素的子孫元素 <a>：

```
p a {color: blue;}
```

7.4.5 相鄰兄弟選擇器

相鄰兄弟選擇器（adjacent sibling selector）是以某個 HTML 元素後面的第一個兄弟元素做為要套用樣式規則的對象，以下面的樣式規則為例，裡面有一個相鄰兄弟選擇器 img + p（中間以加號連接），表示要套用樣式規則的對象是 <img> 元素後面的第一個兄弟元素 <p>：

```
img + p {color: blue;}
```

7.4.6 全體兄弟選擇器

全體兄弟選擇器（general sibling selector）是以某個 HTML 元素後面的所有兄弟元素做為要套用樣式規則的對象，以下面的樣式規則為例，裡面有一個全體兄弟選擇器 img ~ p（中間以 ~ 符號連接），表示要套用樣式規則的對象是 <img> 元素後面的所有兄弟元素 <p>：

```
img ~ p {color: blue;}
```

7.4.7 類別選擇器

類別選擇器（class selector）是以隸屬於指定類別的 HTML 元素做為要套用樣式規則的對象，其命名格式為「*.XXX」或「.XXX」，星號 (*) 可以省略不寫。

以下面的樣式規則為例，裡面有兩個類別選擇器 .odd 和 .even，表示要套用樣式規則的是 class 屬性分別為 "odd" 和 "even" 的 HTML 元素：

```
.odd {background: linen;}
.even {background: lightblue;}
```

下面是一個例子，它將奇數列與偶數列的 class 屬性設定為 "odd" 和 "even"，然後定義 .odd 和 .even 兩個類別選擇器，以便將奇數列與偶數列的背景色彩設定為亞麻色和淺藍色。

\Ch07\class.html

```html
<!DOCTYPE html>
<html>
  <head>
    <meta charset="utf-8">
    <title> 我的網頁 </title>
    <style>
      .odd {background: linen;}          /* 此類別選擇器會套用在奇數列 */
      .even {background: lightblue;}      /* 此類別選擇器會套用在偶數列 */
    </style>
  </head>
  <body>
    <table>
      <tr class="odd"><td>01</td><td> 鳶尾花 </td></tr>
      <tr class="even"><td>02</td><td> 滿天星 </td></tr>
      <tr class="odd"><td>03</td><td> 香水百合 </td></tr>
      <tr class="even"><td>04</td><td> 鬱金香 </td></tr>
    </table>
  </body>
</html>
```

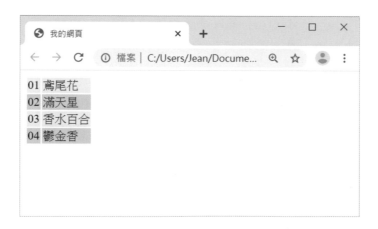

7.4.8 ID 選擇器

ID 選擇器 (ID selector) 是以符合指定 id（識別字）的 HTML 元素做為要套用樣式規則的對象，其命名格式為「*#XXX」或「#XXX」，星號 (*) 可以省略不寫。以下面的樣式規則為例，裡面有一個 ID 選擇器 #btn1，表示要套用樣式規則的是 id 屬性為 "btn1" 的 HTML 元素：

```
#btn1 {font-size: 20px; color: red;}
```

下面是一個例子，它將兩個按鈕的 id 屬性設定為 "btn1" 和 "btn2"，然後定義 #btn1 和 #btn2 兩個 ID 選擇器，以便將按鈕的前景色彩設定為紅色和綠色。

`\Ch07\id.html`

```html
<!DOCTYPE html>
<html>
  <head>
    <meta charset="utf-8">
    <style>
      #btn1 {font-size: 20px; color: red;}          /*ID 選擇器 */
      #btn2 {font-size: 20px; color: green;}        /*ID 選擇器 */
    </style>
  </head>
  <body>
    <button id="btn1"> 按鈕 1</button>
    <button id="btn2"> 按鈕 2</button>
  </body>
</html>
```

7.4.9 屬性選擇器

屬性選擇器 (attribute selector) 可以將樣式規則套用在有設定某個屬性的元素,下面是一個例子,它會將樣式規則套用在有設定 class 屬性的元素。

\Ch07\attribute.html

```
01:<!DOCTYPE html>
02:<html>
03:  <head>
04:    <meta charset="utf-8">
05:    <style>
06:    ❶ [class] {color: blue;}          /* 屬性選擇器 */
07:    </style>
08:  </head>
09:  <body>
10:    <ul>      ❷
11:      <li class="apple">蘋果牛奶 </li>
12:      <li class="apple-banana">香蕉蘋果牛奶 </li>
13:      <li class="grape apple banana">特調牛奶 </li>
14:      <li class="kiwifruit apple">特調果汁 </li>
15:    </ul>
16:  </body>
17:</html>
```

❶ 針對 class 屬性定義樣式規則

❷ 凡有 class 屬性的元素均會套用樣式規則

❸ 這些 <li> 元素都有 class 屬性,會套用樣式規則呈現藍色

CSS3 提供下列幾種屬性選擇器：

- [att]：將樣式規則套用在有設定 att 屬性的元素，我們在 \Ch07\attribute.html 有做過示範。

- [att=val]：將樣式規則套用在 att 屬性的值為 val 的元素。舉例來說，假設將 \Ch07\attribute.html 的第 06 行改寫成如下，令 class 屬性的值為 "apple" 的元素套用樣式規則，瀏覽結果如下圖，只有第一個項目呈現藍色。

```
[class="apple"] {color: blue;}
```

- [att~=val]：將樣式規則套用在 att 屬性的值為 val，或以空白字元隔開並包含 val 的元素。舉例來說，假設將 \Ch07\attribute.html 的第 06 行改寫成如下，令 class 屬性的值為 "apple"，或以空白字元隔開並包含 "apple" 的元素套用樣式規則，瀏覽結果如下圖，第一、三、四個項目呈現藍色。

```
[class~="apple"] {color: blue;}
```

- [*att|=val*]：將樣式規則套用在 *att* 屬性的值為 *val*，或以 - 字元連接並包含 *val* 的元素。舉例來說，假設將 \Ch07\attribute.html 的第 06 行改寫成如下，令 class 屬性的值為 "apple"，或以 - 字元連接並包含 "apple" 的元素套用樣式規則，瀏覽結果如下圖，第一、二個項目呈現藍色。

```
[class|="apple"] {color: blue;}
```

- [*att^=val*]：將樣式規則套用在 *att* 屬性的值以 *val* 開頭的元素。舉例來說，假設將 \Ch07\attribute.html 的第 06 行改寫成如下，令 class 屬性的值以 "apple" 開頭的元素套用樣式規則，瀏覽結果如下圖，第一、二個項目呈現藍色。

```
[class^="apple"] {color: blue;}
```

- [*att$=val*]：將樣式規則套用在 *att* 屬性的值以 *val* 結尾的元素。舉例來說，假設將 \Ch07\attribute.html 的第 06 行改寫成如下，令 class 屬性的值以 "apple" 結尾的元素套用樣式規則，瀏覽結果如下圖，第一、四個項目呈現藍色。

```
[class$="apple"] {color: blue;}
```

- [*att*=val*]：將樣式規則套用在 *att* 屬性的值包含 *val* 的元素。舉例來說，假設將 \Ch07\attribute.html 的第 06 行改寫成如下，令 class 屬性的值包含 "apple" 的元素套用樣式規則，瀏覽結果如下圖，四個項目均呈現藍色。

```
[class*="apple"] {color: blue;}
```

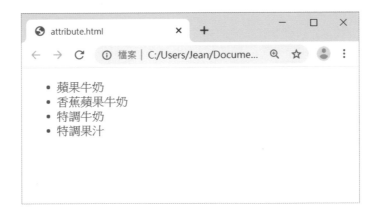

7.4.10 虛擬元素

虛擬元素 (pseudo-element) 可以將樣式規則套用在指定元素的某個部分，常見的如下：

- ✅ ::first-line：元素的第一行。
- ✅ ::first-letter：元素的第一個字。
- ✅ ::before：在元素前面加上內容。
- ✅ ::after：在元素後面加上內容。
- ✅ ::selection：元素被選取的部分。

下面是一個例子，它先使用虛擬元素 ::first-line 將 <p> 元素的第一行設定為紅色，然後使用虛擬元素 ::after 在 <p> 元素的後面加上內容為 "(王維《相思》)"、色彩為藍色的文字。

```
\Ch07\pseudo1.html
<!DOCTYPE html>
<html>
  <head>
    <meta charset="utf-8">
    <title> 我的網頁 </title>
    <style>
      p::first-line {color: red;}                        /* 虛擬元素 */
      p::after {content: "( 王維《相思》)"; color: blue;}    /* 虛擬元素 */
    </style>
  </head>
  <body>
    <p> 紅豆生南國，<br>
        春來發幾枝。<br>
        願君多採擷，<br>
        此物最相思。</p>
  </body>
</html>
```

7.4.11 虛擬類別

虛擬類別 (pseudo-class) 可以將樣式規則套用在符合特定條件的資訊，或其它簡單的選擇器所無法表達的資訊，常見的如下，完整的說明可以到 https://www.w3.org/TR/selectors-3/ 查看：

- :hover：指標移到但尚未點選的元素。

- :focus：取得焦點的元素。

- :active：點選的元素。

- :first-child：第一個子元素。

- :last-child：最後一個子元素。

- :link：尚未瀏覽的超連結。

- :visited：已經瀏覽的超連結。

- :enabled：表單中啟用的欄位。

- :disabled：表單中取消的欄位。

- :checked：表單中選取的選擇鈕或核取方塊。

下面是一個例子，它使用 :link 和 :visited 兩個虛擬類別將尚未瀏覽及已經瀏覽的超連結色彩設定為黑色和紅色。

\Ch07\pseudo2.html

```html
<!DOCTYPE html>
<html>
  <head>
    <meta charset="utf-8">
    <title> 我的網頁 </title>
    <style>
      a:link {color: black;}        /* 虛擬類別 */
      a:visited {color: red;}       /* 虛擬類別 */
    </style>
  </head>
  <body>
    <ul>
      <li><a href="novel1.html"> 射雕英雄傳 </a></li>
      <li><a href="novel2.html"> 倚天屠龍記 </a></li>
      <li><a href="novel3.html"> 天龍八部 </a></li>
      <li><a href="novel4.html"> 笑傲江湖 </a></li>
    </ul>
  </body>
</html>
```

❶ 尚未瀏覽的超連結為黑色　❷ 已經瀏覽的超連結為紅色

下面是另一個例子，它使用 :hover 虛擬類別設定當指標移到 <h1> 元素時，就會將 <h1> 元素的背景色彩從亞麻色變更為淺藍色。

\Ch07\pseudo3.html

```html
<!DOCTYPE html>
<html>
  <head>
    <meta charset="utf-8">
    <title> 我的網頁 </title>
    <style>
      h1 {background: linen;}                /* 類型選擇器 */
      h1:hover {background: lightblue;}      /* 虛擬類別 */
    </style>
  </head>
  <body>
    <h1> 蝶戀花 </h1>
    <h1> 卜算子 </h1>
    <h1> 臨江仙 </h1>
  </body>
</html>
```

❶ 標題 1 的背景色彩為亞麻色

❷ 當指標移到標題 1 時，背景色彩會變成淺藍色

7.5 樣式表的串接順序

樣式表的來源有下列幾種：

- 作者 (author)：HTML 文件的作者可以將樣式表嵌入 HTML 文件，也可以匯入或連結外部的樣式表檔案。

- 使用者 (user)：使用者可以自訂樣式表，然後令瀏覽器根據此樣式表顯示 HTML 文件。

- 使用者代理程式 (user agent)：諸如瀏覽器等使用者代理程式也會有預設的樣式表。

原則上，不同來源的樣式表會串接在一起，然而這些樣式表卻有可能是針對相同的 HTML 元素，甚至還彼此衝突。舉例來說，作者將標題 1 的文字設定為紅色，而使用者或瀏覽器卻將標題 1 的文字設定為其它色彩，此時需要一個規則來決定優先順序。

在沒有特別指定的情況下，這三種樣式表來源的串接順序 (cascading order) 如下（由高至低）：

1. 作者設定的樣式表

2. 使用者自訂的樣式表

3. 瀏覽器預設的樣式表

請注意，上面的串接順序是在沒有特別指定的情況下才成立，事實上，HTML 文件的作者或使用者可以在宣告的後面加上 !important 關鍵字，提高樣式表的串接順序，例如：

```
body {
  color: red !important;
}
```

一旦加上 !important 關鍵字，樣式表的串接順序將變成如下（由高至低）：

1. 使用者自訂且加上 !important 關鍵字的樣式表

2. 作者設定且加上 !important 關鍵字的樣式表

3. 作者設定的樣式表

4. 使用者自訂的樣式表

5. 瀏覽器預設的樣式表

我們在第 7.3 節介紹過，HTML 文件的作者可以透過下列四種方式連結 HTML
文件與 CSS 樣式表，那麼這四種方式的串接順序又是如何呢？

● 在 HTML 文件的 <head> 元素裡面使用 <style> 元素嵌入樣式表。

● 使用 HTML 元素的 style 屬性設定樣式表。

● 將樣式表放在外部檔案，然後使用 @import 指令匯入 HTML 文件。

● 將樣式表放在外部檔案，然後使用 <link> 元素連結至 HTML 文件。

答案是第二種方式的串接順序最高，而其它三種方式的串接順序取決於定義
的早晚，愈晚定義的樣式表，其串接順序就愈高，也就是後來定義的樣式表
會覆蓋先前定義的樣式表。

Have a break

MEMO

08

色彩、字型、
文字與清單

8.1 色彩屬性

8.2 字型屬性

8.3 文字屬性

8.4 清單屬性

8.1 色彩屬性

8.1.1　color (前景色彩)

前景色彩 (foreground color) 指的是系統目前預設的套用色彩，例如網頁的文字是使用前景色彩；相反的，背景色彩 (background color) 指的是基底影像下預設的底圖色彩，例如網頁的背景是使用背景色彩。

我們可以使用 color 屬性設定 HTML 元素的前景色彩，其語法如下：

```
color: 色彩
```

色彩的設定值有下列幾種形式：

◎ 色彩名稱：這是以諸如 aqua、black、blue、fuchsia、gray、green、purple、red、silver、teal、white、yellow 等名稱來設定色彩，例如下面的樣式規則是將標題 1 的前景色彩 (即文字色彩) 設定為紅色：

```
h1 {color: red;}
```

◎ rgb (*rr, gg, bb*)：這是以紅 (red)、綠 (green)、藍 (blue) 三原色的混合比例來設定色彩，例如下面的樣式規則是將標題 1 的前景色彩設定為紅 100%、綠 0%、藍 0%，也就是紅色：

```
h1 {color: rgb(100%, 0%, 0%);}
```

除了混合比例之外，我們也可以將紅 (red)、綠 (green)、藍 (blue) 三原色各自劃分為 0 ~ 255 共 256 個級數，改以級數來設定色彩，例如上面的樣式規則可以改寫成如下，由於紅、綠、藍分別為 100%、0%、0%，所以在轉換成級數後會對應到 255、0、0，中間以逗號隔開：

```
h1 {color: rgb(255, 0, 0);}
```

- #rrggbb：這是前一種設定值的十六進位表示法，以 # 符號開頭，後面跟著三組十六進位數字，分別代表色彩的紅、綠、藍級數，例如上面的樣式規則可以改寫成如下，由於紅、綠、藍分別為 255、0、0，所以在轉換成十六進位後會對應到 ff、00、00：

```
h1 {color: #ff0000;}
```

下圖是一些常見的色彩名稱及其十六進位、十進位表示法（取自 CSS3 官方文件），更多的色彩名稱與數值對照可以參考 https://www.w3.org/TR/css3-color/。

Named	Numeric	Color name	Hex rgb	Decimal
		black	#000000	0,0,0
		silver	#C0C0C0	192,192,192
		gray	#808080	128,128,128
		white	#FFFFFF	255,255,255
		maroon	#800000	128,0,0
		red	#FF0000	255,0,0
		purple	#800080	128,0,128
		fuchsia	#FF00FF	255,0,255
		green	#008000	0,128,0
		lime	#00FF00	0,255,0
		olive	#808000	128,128,0
		yellow	#FFFF00	255,255,0
		navy	#000080	0,0,128
		blue	#0000FF	0,0,255
		teal	#008080	0,128,128
		aqua	#00FFFF	0,255,255

- rgba (rr, gg, bb, alpha)：這是以紅、綠、藍三原色的混合比例來設定色彩，同時加上一個參數 alpha 用來設定透明度，值為 0.0 ~ 1.0 的數字，表示完全透明 ~ 完全不透明，例如下面的樣式規則是將標題 1 的前景色彩設定為紅色、透明度為 0.5：

```
h1 {color: rgba(255, 0, 0, 0.5);}
```

✅ hsl (*hue, saturation, lightness*)：這是以色相、飽和度與明度來設定色彩，色相 (hue) 是色彩的基本屬性，也就是平常所說的紅色、綠色、藍色等色彩名稱，以下圖的色輪來呈現；飽和度 (saturation) 是色彩的純度，值為 0% ~ 100%，值愈高，色彩就愈飽和；亮度 (lightness) 是色彩的明暗度，值為 0% ~ 100%，值愈高，色彩就愈明亮，50% 為正常，0% 為黑色，100% 為白色，例如下面的樣式規則是將標題 1 的前景色彩設定為紅色：

```
h1 {color: hsl(0, 100%, 50%);}
```

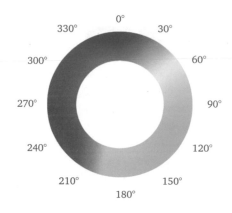

（圖片來源：CSS3 官方文件）

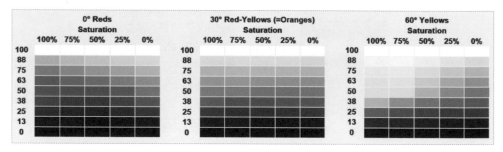

✅ hsla (*hue, saturation, lightness, alpha*)：這是以色相、飽和度、亮度來設定色彩，同時加上一個參數 *alpha* 用來表示透明度，值為 0.0 ~ 1.0 的數字，表示完全透明 ~ 完全不透明，例如下面的樣式規則是將標題 1 的前景色彩設定為紅色、透明度為 0.5：

```
h1 {color: hsla(0, 100%, 50%, 0.5);}
```

下面是一個例子，它針對五個標題 1 設定前景色彩（即文字色彩），請仔細比較第 03、04 行的瀏覽結果，這兩行都是將前景色彩設定為紅色，但是第 04 行加上透明度參數 0.5，若是在該區塊加上背景圖片或背景色彩，就更能凸顯出半透明的效果，至於第 05、06 行則是改以 HSL 色彩模式來設定色彩。

\Ch08\color1.html

```
01:<body>
02:  <h1 style="color: #00ff00;"> 卜算子 </h1>
03:  <h1 style="color: rgb(255, 0, 0);"> 蝶戀花 </h1>
04:  <h1 style="color: rgba(255, 0, 0, 0.5);"> 蝶戀花 </h1>
05:  <h1 style="color: hsl(240, 100%, 50%);"> 臨江仙 </h1>
06:  <h1 style="color: hsla(240, 100%, 50%, 0.3);"> 臨江仙 </h1>
07:</body>
```

❶ 綠色　❷ 紅色　❸ 紅色加上透明度參數 0.5
❹ 藍色　❺ 藍色加上透明度參數 0.3

8.1.2　background-color（背景色彩）

網頁的視覺效果要好，除了前景色彩設定得當，背景色彩更具有畫龍點睛之效，它可以將前景色彩襯托得更出色。

我們可以使用 background-color 屬性設定 HTML 元素的背景色彩，其語法如下，預設值為 transparent（透明），也就是沒有背景色彩，至於色彩的設定值則有前一節所介紹的幾種形式：

```
background-color: transparent | 色彩
```

下面是一個例子，它將網頁主體與標題 1 的背景色彩設定為粉紅色和白色，而且標題 1 的背景色彩還加上透明度參數 0.5，所以會在白色裡面半透出粉紅色。

\Ch08\color2.html

```
<body style="background-color: pink;">
  <h1 style="background-color: rgba(255, 255, 255, 0.5);">卜算子 </h1>
</body>
```

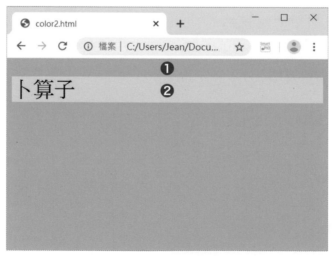

❶ 網頁主體的背景色彩為粉紅色
❷ 標題 1 的背景色彩為白色加上透明度參數 0.5

8.1.3 opacity（透明度）

我們可以使用 opacity 屬性設定 HTML 元素的透明度，其語法如下，值為 0.0 ~ 1.0 的數字，表示完全透明 ~ 完全不透明：

```
opacity: 透明度
```

下面是一個例子，它示範了圖片和文字都可以設定透明度。

`\Ch08\color3.html`

```
<body>
  <img src="fig1.jpg" width="200">
  <img src="fig1.jpg" width="200" style="opacity: 0.5;">
  <h1 style="color: navy;"> 豪斯登堡吉祥物 </h1>
  <h1 style="color: navy; opacity: 0.5;"> 豪斯登堡吉祥物 </h1>
</body>
```

❶ 原始圖片　　　　　　　　❸ 深藍色的標題 1

❷ 圖片加上透明度參數 0.5　❹ 深藍色的標題 1 加上透明度參數 0.5

8.2 字型屬性

8.2.1 font-family (文字字型)

我們可以使用 font-family 屬性設定 HTML 元素的文字字型，其語法如下：

```
font-family: 字型名稱 1[, 字型名稱 2[, 字型名稱 3...]]
```

下面是一個例子，它將段落的文字字型設定為「標楷體」。若用戶端沒有安裝此字型，就設定為第二順位的「微軟正黑體」；若用戶端仍沒有安裝此字型，就設定為系統預設的字型，通常是「細明體」或「新細明體」。

\Ch08\font1.html

```
<!DOCTYPE html>
<html>
  <head>
    <meta charset="utf-8">
    <style>
      p {font-family: 標楷體 , 微軟正黑體 ;} ❶
    </style>
  </head>
  <body>
    <p> 雲母屏風燭影深，長河漸落曉星沉。<br>
        嫦娥應悔偷靈藥，碧海青天夜夜心。</p>
  </body>
</html>
```

❶ 設定段落的文字字型 (標楷體)

❷ 瀏覽結果

8-8

8.2.2　font-size（文字大小）

我們可以使用 font-size 屬性設定 HTML 元素的文字大小，其語法如下，有長度 (length)、絕對大小 (absolute size)、相對大小 (relative size)、百分比 (percentage) 等四種設定值：

```
font-size: 長度 | 絕對大小 | 相對大小 | 百分比
```

雖然 HTML 提供的 <font> 和 <basefont> 元素可以用來設定文字的字型、大小與色彩，不過，W3C 已經將這兩個元素標示為 Deprecated（建議勿用），並鼓勵網頁設計人員改用 CSS 提供的屬性來取代。

以長度設定文字大小

以長度設定文字大小是相當直覺的，但要注意其度量單位，例如下面的樣式規則是將段落的文字大小設定為 10 像素 (pixel)：

```
p {font-size: 10px;}
```

而下面的樣式規則是將標題 1 的文字大小設定為 1 公分：

```
h1 {font-size: 1cm;}
```

CSS 支援的度量單位如下，其中以 px（像素）最常見。

度量單位	說明
px	像素 (pixel)
pt	點 (point)，1 點相當於 1/72 英吋
pc	pica，1pica 相當於 1/6 英吋
em	所使用之字型的大寫英文字母 M 的寬度
ex	所使用之字型的小寫英文字母 x 的高度
in	英吋 (inch)
cm	厘米（公分）
mm	毫米（公厘）

以絕對大小設定文字大小

CSS 預先定義的絕對大小有 xx-small、x-small、small、medium（預設值）、large、x-large、xx-large 等 7 級大小，這些設定值與 HTML 字型大小的對照如下。

絕對大小設定值	xx-small	x-small	small	medium	large	x-large	xx-large	--
HTML 字型大小	1	--	2	3	4	5	6	7

原則上，這 7 級大小是以 medium 做為基準，每跳一級就縮小或放大 1.2 倍（在 CSS1 中則為 1.5 倍），而 medium 可能是瀏覽器預設的文字大小或目前的文字大小，例如下面的樣式規則是將標題 1 的文字大小設定為 xx-large：

```
h1 {font-size: xx-large;}
```

以相對大小設定文字大小

除了 CSS 預先定義的 7 級大小，我們也可以使用相對大小來設定文字大小。CSS 提供的相對大小有 smaller 和 larger 兩個設定值，分別表示比目前的文字大小縮小一級或放大一級。舉例來說，假設標題 1 目前的文字大小為 large，那麼下面的樣式規則是將標題 1 的文字大小設定為 large 放大一級，也就是 x-large：

```
h1 {font-size: larger;}
```

以百分比設定文字大小

我們也可以使用百分比來設定文字大小，這是以目前的文字大小做為基準。舉例來說，假設標題 1 目前的文字大小為 20px，那麼下面的樣式規則是將標題 1 的文字大小設定為 20px×75% ＝ 15px：

```
h1 {font-size: 75%;}
```

下面是一個例子，它示範了不同的文字大小。

`\Ch08\font2.html`

```html
<body>
  <p style="font-size: 20px;">生日快樂 Happy Birthday</p>
  <p style="font-size: 20pt;">生日快樂 Happy Birthday</p>
  <p style="font-size: xx-small;">生日快樂 Happy Birthday</p>
  <p style="font-size: x-small;">生日快樂 Happy Birthday</p>
  <p style="font-size: small;">生日快樂 Happy Birthday</p>
  <p style="font-size: medium;">生日快樂 Happy Birthday</p>
  <p style="font-size: large;">生日快樂 Happy Birthday</p>
  <p style="font-size: x-large;">生日快樂 Happy Birthday</p>
  <p style="font-size: xx-large;">生日快樂 Happy Birthday</p>
</body>
```

❶ 20px ❸ xx-small ❺ small ❼ large ❾ xx-large

❷ 20pt ❹ x-small ❻ medium ❽ x-large

8.2.3 font-style (文字樣式)

我們可以使用 font-style 屬性設定 HTML 元素的文字樣式，其語法如下：

```
font-style: normal | italic | oblique
```

- normal：正常（預設值）。

- italic：斜體（正常字型的手寫版本）。

- oblique：傾斜體（透過數學演算的方式將正常字型傾斜一個角度）。

下面是一個例子，它將段落的文字樣式設定為斜體。

\Ch08\font3.html

```html
<!DOCTYPE html>
<html>
  <head>
    <meta charset="utf-8">
    <style>
      p {font-style: italic;} ❶
    </style>
  </head>
  <body>
    <p> 雲母屏風燭影深，長河漸落曉星沉。<br>
        嫦娥應悔偷靈藥，碧海青天夜夜心。</p>
  </body>
</html>
```

❶ 設定段落的文字樣式（斜體） ❷ 瀏覽結果

8.2.4 font-weight（文字粗細）

我們可以使用 font-weight 屬性設定 HTML 元素的文字粗細，其語法如下：

```
font-weight: normal | bold | bolder | lighter | 100 | 200 | 300 | 400 |
             500 | 600 | 700 | 800 | 900
```

font-weight 屬性的設定值可以歸納為下列兩種類型：

✅ 絕對粗細：normal 表示正常（預設值），bold 表示加粗，另外還有 100、200、300、400（相當於 normal)、500、600、700（相當於 bold)、800、900 等 9 個等級，數字愈大，文字就愈粗。

✅ 相對粗細：bolder 和 lighter 所呈現的文字粗細是相對於目前的文字粗細而言，bolder 表示更粗，lighter 表示更細。

下面是一個例子，它示範了不同的文字粗細。

> \Ch08\font4.html

```html
<body>
  <h1 style="font-weight: bold;">Hello, world!</h1>
  <h1 style="font-weight: normal;">Hello, world!</h1>
  <h1 style="font-weight: bolder;">Hello, world!</h1>
</body>
```

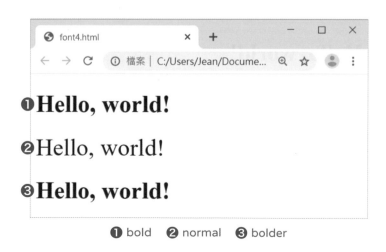

❶ bold　❷ normal　❸ bolder

8.2.5 font-variant（文字變化）

我們可以使用 font-variant 屬性設定 HTML 元素的文字變化，其語法如下：

```
font-variant: normal | small-caps
```

- ✅ normal：正常（預設值）。

- ✅ small-caps：小型大寫字（字體較小但全部大寫）。

雖然 CSS3 提供更多設定值，例如 all-small-caps、petite-caps、all-petite-caps、unicase、ordinal、slashed-zero 等，不過，目前主要瀏覽器尚未提供實作。

下面是一個例子，它示範了 normal 和 small-caps 兩個設定值的瀏覽結果。

`\Ch08\font5.html`

```
<body>
  <h1 style="font-variant: normal;">Hello, world!</h1>
  <h1 style="font-variant: small-caps;">Hello, world!</h1>
</body>
```

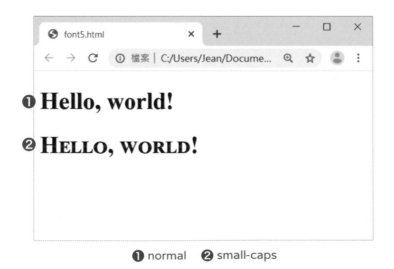

❶ normal　❷ small-caps

8.2.6　line-height（行高）

我們可以使用 line-height 屬性設定 HTML 元素的行高，其語法如下：

```
line-height: normal | 數字 | 長度 | 百分比
```

- ✅ normal：例如 line-height: normal 表示正常行高（預設值）。

- ✅ 數字：使用數字設定幾倍行高，例如 line-height: 2 表示兩倍行高。

- ✅ 長度：使用 px、pt、pc、em、ex、in、cm、mm 等度量單位設定行高，例如 line-height: 20px 表示行高為 20 像素。

- ✅ 百分比：例如 line-height: 150% 表示行高為目前行高的 1.5 倍。

下面是一個例子，它示範了正常行高和兩倍行高的瀏覽結果。

`\Ch08\font6.html`

```html
<body>
  <p style="line-height: normal;">雲母屏風燭影深，長河漸落曉星沉。<br>
    嫦娥應悔偷靈藥，碧海青天夜夜心。</p>
  <p style="line-height: 2;">冰簟銀床夢不成，碧天如水夜云輕。<br>
    雁聲遠過瀟湘去，十二樓中月自明。</p>
</body>
```

❶ 正常行高　　❷ 兩倍行高

8.2.7 font (字型速記)

font 屬性是綜合了 font-style、font-variant、font-weight、font-size、line-height、font-family 等屬性的速記,其語法如下:

```
font: [[<font-style> || <font-variant > || <font-weight>] <font-size>
       [/<line-height>] <font-family>] | caption | icon | menu |
       message-box | small-caption | status-bar
```

這些屬性值的中間以空白字元隔開,省略不寫的屬性值會視屬性的類型使用預設值,而 font-variant 屬性只能使用 normal 和 small-caps 兩個設定值。

至 於 caption、icon、menu、message-box、small-caption、status-bar 等設定值則是參照系統字型,分別代表按鈕等控制項、圖示標籤、功能表、對話方塊、小控制項、狀態列的字型。

下面是一個例子,它將段落設定成文字樣式為斜體、文字大小為 20 像素、行高為 25 像素、文字字型為標楷體。

\Ch08\font7.html

```
<body>                         ❶
  <p style="font: italic 20px/25px 標楷體 ;">
    雲母屏風燭影深,長河漸落曉星沉。<br>
    嫦娥應悔偷靈藥,碧海青天夜夜心。</p>
</body>
```

❶ 設定段落的文字樣式、大小、行高與字型　❷ 瀏覽結果

文字屬性

8.3.1　text-indent（首行縮排）

我們可以使用 text-indent 屬性設定 HTML 元素的首行縮排，其語法如下：

```
text-indent: 長度 | 百分比
```

- 長度：使用 px、pt、pc、em、ex、in、cm、mm 等度量單位設定首行縮排的長度，屬於固定長度，例如 p {text-indent: 20px;} 是將段落的首行縮排設定為 20 像素。

- 百分比：使用百分比設定首行縮排佔容器寬度的比例，例如 p {text-indent: 10%;} 是將段落的首行縮排設定為容器寬度的 10%。

下面是一個例子，它將段落的首行縮排設定為 1 公分。

\Ch08\text1.html

```
<body>                  ❶
  <p style="text-indent: 1cm;"> 庭院深深深幾許？楊柳堆煙，簾幕無重數。
    玉勒雕鞍遊冶處，樓高不見章台路。雨橫風狂三月暮，門掩黃昏，
    無計留春住。淚眼問花花不語，亂紅飛過鞦韆去。</p>
</body>
```

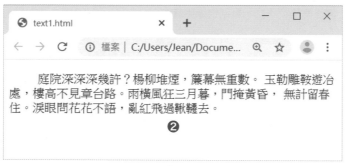

❶ 設定段落的首行縮排（1 公分）　❷ 瀏覽結果

8.3.2　text-align（文字對齊方式）

我們可以使用 text-align 屬性設定 HTML 元素的文字對齊方式，其語法如下：

```
text-align: start | end | left | right | center | justify | match-parent | start end
```

除了 CSS2.1 提供的 left（靠左）、right（靠右）、center（置中）、justify（左右對齊）等設定值，CSS3 還新增 match-parent（繼承父元素的對齊方式）、start（對齊一行的開頭）、end（對齊一行的結尾）、start end（對齊一行的頭尾）等設定值，文字方向由左至右者的預設值為 left。

下面是一個例子，它示範了文字靠左、靠右和置中的瀏覽結果。

\Ch08\text2.html

```html
<body>
  <p style="text-align: left;">庭院深深深幾許？楊柳堆煙，…。</p>
  <p style="text-align: right;">庭院深深深幾許？楊柳堆煙，…。</p>
  <p style="text-align: center;">庭院深深深幾許？楊柳堆煙，…。</p>
</body>
```

❶ 靠左　❷ 靠右　❸ 置中

8.3.3　letter-spacing（字母間距）

我們可以使用 letter-spacing 屬性設定 HTML 元素的字母間距，其語法如下：

```
letter-spacing: normal | 長度
```

- ✅ normal：例如 p {letter-spacing: normal;} 是將段落的字母間距設定為正常（預設值）。

- ✅ 長度：使用 px、pt、pc、em、ex、in、cm、mm 等度量單位設定字母間距的長度，例如 p {letter-spacing: 3px;} 是將段落的字母間距設定為 3 像素。

下面是一個例子，它示範了不同的字母間距。

`\Ch08\text3.html`

```html
<body>
  <p style="letter-spacing: normal;">Happy Birthday to You!</p>
  <p style="letter-spacing: 3px;">Happy Birthday to You!</p>
  <p style="letter-spacing: 0.25cm;">Happy Birthday to You!</p>
</body>
```

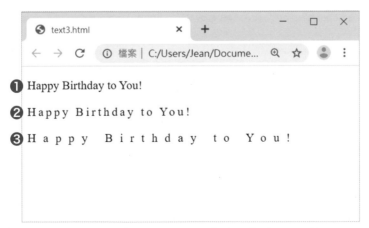

❶ 正常的字母間距　❷ 字母間距為 3 像素　❸ 字母間距為 0.25 公分

8-19

8.3.4　word-spacing（文字間距）

我們可以使用 word-spacing 屬性設定 HTML 元素的文字間距，其語法如下，「文字間距」是單字與單字的距離，而「字母間距」是字母與字母的距離，以 Tom Cat 為例，Tom、Cat 為單字，而 T、o、m、C、a、t 為字母：

```
word-spacing: normal | 長度 | 百分比
```

- normal：例如 p {word-spacing: normal;} 是將段落的文字間距設定為正常（預設值）。

- 長度：使用 px、pt、pc、em、ex、in、cm、mm 等度量單位設定文字間距的長度，例如 p {word-spacing: 8px;} 是將段落的文字間距設定為 8 像素。

- 百分比：例如 p {word-spacing: 200%;} 是將段落的文字間距設定為目前文字間距的兩倍。

下面是一個例子，它示範了不同的文字間距。

\Ch08\text4.html

```
<body>
  <p style="word-spacing: normal;">Happy Birthday to You!</p>
  <p style="word-spacing: 8px;">Happy Birthday to You!</p>
  <p style="word-spacing: 1cm;">Happy Birthday to You!</p>
</body>
```

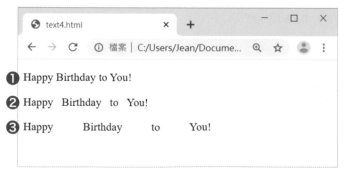

❶ 正常的文字間距　❷ 文字間距為 8 像素　❸ 文字間距為 1 公分

8.3.5 text-transform (大小寫轉換方式)

我們可以使用 text-transform 屬性設定 HTML 元素的大小寫轉換方式，其語法如下：

```
text-transform: none | capitalize | uppercase | lowercase | full-width
```

- ✔ none：無 (預設值)。

- ✔ capitalize：單字的第一個字母大寫。

- ✔ uppercase：全部大寫。

- ✔ lowercase：全部小寫。

- ✔ full-width：全形。

下面是一個例子，它示範了不同的大小寫轉換方式。

\Ch08\text5.html

```html
<body>
  <p style="text-transform: none;">Happy Birthday to You!</p>
  <p style="text-transform: capitalize;">Happy Birthday to You!</p>
  <p style="text-transform: uppercase;">Happy Birthday to You!</p>
  <p style="text-transform: lowercase;">Happy Birthday to You!</p>
</body>
```

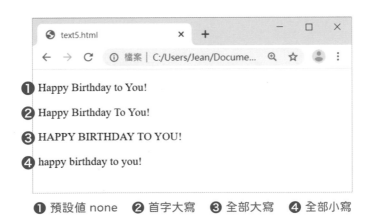

❶ 預設值 none　❷ 首字大寫　❸ 全部大寫　❹ 全部小寫

8.3.6　white-space（空白字元）

我們可以使用 white-space 屬性設定 HTML 元素的換行、定位點 / 空白、自動換行的顯示方式，其語法如下：

```
white-space: normal | pre | nowrap | pre-wrap | pre-line
```

這些設定值的顯示方式如下，Yes 表示會顯示在網頁上，No 表示不會。

	換行	定位點 / 空白	自動換行
normal	No	No	Yes
pre	Yes	Yes	No
nowrap	No	No	No
pre-wrap	Yes	Yes	Yes
pre-line	Yes	No	Yes

下面是一個例子，它會顯示段落裡面的換行與定位點 / 空白。

\Ch08\text6.html

```
<p style="white-space: pre;"> ❶
void main()
{
    printf("Hello, world!\n");
}
</p>
```

❶ 使用 pre 設定值　❷ 換行與定位點 / 空白都會顯示在網頁上

8.3.7 text-shadow（文字陰影）

我們可以使用 text-shadow 屬性設定 HTML 元素的文字陰影，其語法如下，若要設定多重陰影，以逗號隔開設定值即可：

```
text-shadow: none | [[ 水平位移 垂直位移 模糊 色彩 ] [,...]]
```

- ✅ none：無（預設值）。
- ✅ 水平位移：陰影在水平方向的位移為幾像素（若為負值，表示相反方向）。
- ✅ 垂直位移：陰影在垂直方向的位移為幾像素（若為負值，表示相反方向）。
- ✅ 模糊：陰影的模糊輪廓為幾像素。
- ✅ 色彩：陰影的色彩。

下面是一個例子，它示範了三種不同的文字陰影。

`\Ch08\text7.html`

```html
<body>
  <h1 style="text-shadow: 12px 8px 5px orange;">Hello, world!</h1>
  <h1 style="text-shadow: -12px -8px 5px orange;">Hello, world!</h1>
  <h1 style="text-shadow: 10px 10px 2px cyan, 20px 20px 2px silver;">
      Hello, world!</h1>
</body>
```

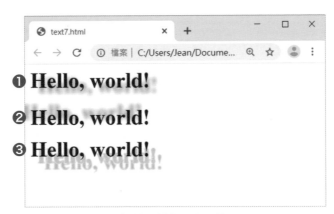

❶ 陰影的水平位移、垂直位移、模糊、色彩為 12px、8px、5px、橘色

❷ 陰影的水平位移和垂直位移也可以是負值　❸ 兩層陰影

8.3.8 text-decoration-line、text-decoration-style、text-decoration-color (文字裝飾線條、樣式與色彩)

我們可以使用下列幾個屬性設定 HTML 元素的文字裝飾：

✓ text-decoration-line：設定 HTML 元素的文字裝飾線條，其語法如下，有 none (無)、underline (底線)、overline (頂線)、line-through (刪除線)、blink (閃爍) 等設定值，預設值為 none：

```
text-decoration-line: none | [underline || overline || line-through || blink]
```

✓ text-decoration-style：設定 HTML 元素的文字裝飾樣式，其語法如下，有 solid (實線)、double (雙線)、dotted (點線)、dashed (虛線)、wavy (波浪) 等設定值，預設值為 solid：

```
text-decoration-style: solid | double | dotted | dashed | wavy
```

✓ text-decoration-color：設定 HTML 元素的文字裝飾色彩，其語法如下，色彩的設定值有第 8.1.1 節所介紹的幾種形式：

```
text-decoration-color: 色彩
```

下面是一個例子，它示範了三種不同的文字裝飾。

\Ch08\text8.html

```
<body>
  <h1 style="text-decoration-line: overline;
❶ text-decoration-style: dotted;
  text-decoration-color: red;">臨江仙 </h1>
  <h1 style="text-decoration-line: underline;
❷ text-decoration-style: wavy;
  text-decoration-color: cyan;">蝶戀花 </h1>
  <h1 style="text-decoration-line: line-through;
❸ text-decoration-style: solid;
  text-decoration-color: blue;">卜算子 </h1>
</body>
```

❶ 頂線、點線、紅色
❷ 底線、波浪、青色
❸ 刪除線、實線、藍色

8.3.9 text-decoration（文字裝飾速記）

text-decoration 屬性是綜合了 text-decoration-line、text-decoration-style、textdecoration-color 等屬性的速記，其語法如下：

```
text-decoration: <text-decoration-line> || <text-decoration-style> ||
                 <text-decoration-color>
```

下面是一個例子，它改寫自前一節的 \Ch08\text8.html。

`\Ch08\text9.html`

```
<body>
  <h1 style="text-decoration: overline dotted red;"> 臨江仙 </h1>
  <h1 style="text-decoration: underline wavy cyan;"> 蝶戀花 </h1>
  <h1 style="text-decoration: line-through solid blue;"> 卜算子 </h1>
</body>
```

8.4 清單屬性

8.4.1 list-style-type (項目符號與編號類型)

我們可以使用 list-style-type 屬性設定清單的項目符號與編號類型，其語法如下，預設值為 disc，表示實心圓點：

```
list-style-type: disc | circle | square | none | 編號
```

✅ 項目符號：這是使用無順序的圖案做為項目符號，設定值如下。

設定值	說明	設定值	說明
disc (預設值)	實心圓點 ●	square	實心方塊 ■
circle	空心圓點 ○	none	不顯示項目符號

✅ 編號：這是使用有順序的編號，設定值如下。

設定值	說明
decimal (預設值)	從 1 開始的阿拉伯數字，例如 1、2、3、...。
decimal-leading-zero	前面冠上 0 的阿拉伯數字，例如 01、02、03、...。
lower-roman	小寫羅馬數字，例如 i、ii、iii、iv、v...。
upper-roman	大寫羅馬數字，例如 I、II、III、IV、V...。
georgian	傳統喬治亞數字，例如 an、ban、gan、...。
armenian	傳統亞美尼亞數字。
lower-alpha、lower-latin	小寫英文字母，例如 a、b、c、...、z。
upper-alpha、upper-latin	大寫英文字母，例如 A、B、C、...、Z。
lower-greek	小寫希臘字母，例如 α、β、γ...。

註：還有一些是 CSS2.1 不支援，但 CSS3 支援的設定值，例如 hebrew (希伯來數字)、cjk-ideographic (中文數字)、hiragana (平假名)、katakana (片假名) 等。

下面是一個例子，其中第 10 ～ 16 行定義一組包含 5 個項目的清單，至於項目符號則是由第 06 行的樣式規則設定為 square，即實心方塊，而且該實心方塊不會隨著項目文字的放大或縮小而改變大小。

\Ch08\list1.html

```
01:<!DOCTYPE html>
02:<html>
03:  <head>
04:    <meta charset="utf-8">
05:    <style>
06:      ul {list-style-type: square;}  ❶
07:    </style>
08:  </head>
09:  <body>
10:    <ul>
11:      <li> 射鵰英雄傳 </li>
12:      <li> 天龍八部 </li>
13:      <li> 倚天屠龍記 </li>
14:      <li> 笑傲江湖 </li>
15:      <li> 鹿鼎記 </li>
16:    </ul>
17:  </body>
18:</html>
```

❶ 設定項目符號　❷ 瀏覽結果

下面是另一個例子，其中第 10 ~ 16 行定義一組包含 5 個項目的清單，至於編號則是由第 06 行的樣式規則設定為 upper-alpha，即大寫英文字母。

雖然 CSS3 支援 georgian、armenian、lower-latin、upper-latin、lower-greek 等特殊的編號方式，但瀏覽器不一定有提供實作，因此，建議您選擇多數瀏覽器有支援的編號方式，而且要以瀏覽器進行實際測試。

```
\Ch08\list2.html
01:<!DOCTYPE html>
02:<html>
03:  <head>
04:    <meta charset="utf-8">
05:    <style>
06:      ol {list-style-type: upper-alpha;} ❶
07:    </style>
08:  </head>
09:  <body>
10:    <ol>
11:      <li> 射鵰英雄傳 </li>
12:      <li> 天龍八部 </li>
13:      <li> 倚天屠龍記 </li>
14:      <li> 笑傲江湖 </li>
15:      <li> 鹿鼎記 </li>
16:    </ol>
17:  </body>
18:</html>
```

❶ 設定編號
❷ 瀏覽結果

8.4.2 list-style-image（圖片項目符號）

除了使用前一節所介紹的項目符號與編號，我們也可以使用 list-style-image 屬性設定圖片項目符號的圖檔名稱，其語法如下，預設值為 none（無）：

```
list-style-image: none | url( 圖檔名稱 )
```

下面是一個例子，其中第 10 ~ 14 行定義一組包含 3 個項目的清單，至於項目符號則是由第 06 行的樣式規則設定為 blockgrn.gif 圖檔，即 ◤。

\Ch08\list3.html

```
01:<!DOCTYPE html>
02:<html>
03:  <head>
04:    <meta charset="utf-8">
05:    <style>
06:      ul {list-style-image: url(blockgrn.gif);} ❶
07:    </style>
08:  </head>
09:  <body>
10:    <ul>
11:      <li> 魔戒首部曲：魔戒現身 </li>
12:      <li> 魔戒二部曲：雙城奇謀 </li>
13:      <li> 魔戒三部曲：王者再臨 </li>
14:    </ul>
15:  </body>
16:</html>
```

❶ 設定圖片項目符號
❷ 瀏覽結果

8.4.3 list-style-position (項目符號與編號位置)

在預設的情況下，項目符號與編號均位於項目文字區塊的外部，但有時我們可能會希望將項目符號與編號納入項目文字區塊，此時可以使用 list-style-position 屬性設定項目符號與編號位置，其語法如下：

```
list-style-position: outside | inside
```

- ✅ outside：項目符號與編號位於項目文字區塊的外部 (預設值)。
- ✅ inside：項目符號與編號位於項目文字區塊的內部。

下面是一個例子，它示範了 outside 和 inside 兩個設定值的瀏覽結果。

`\Ch08\list4.html`

```
01:<!DOCTYPE html>
02:<html>
03:  <head>
04:    <meta charset="utf-8">
05:    <style>
06:      ul {list-style: outside;}
07:      ul.compact {list-style: inside;}
08:    </style>
09:  </head>
10:  <body>
11:    <ul>
12:      <li> 台灣野鳥 </li>
13:    </ul>
14:    <ul class="compact">
15:      <li> 黑面琵鷺最早的棲息地是韓國及中國的北方沿海，但近年來它們覓著
16:            了一個新的棲息地，就是台灣的曾文溪口沼澤地。</li>
17:      <li> 八色鳥在每年的夏天會從東南亞地區飛到台灣繁殖下一代，由於羽色
18:            艷麗（八種顏色），可以說是山林中的漂亮寶貝。</li>
19:    </ul>
20:  </body>
21:</html>
```

✅ 06：針對 <ul> 元素定義一個樣式規則，將項目符號放在項目文字區塊的外部。

✅ 07：針對 class 屬性為 "compact" 的 <ul> 元素定義一個樣式規則，將項目符號放在項目文字區塊的內部。

✅ 11 ~ 13：這個項目符號清單將套用第 06 行所定義的樣式規則。

✅ 14 ~ 19：這個項目符號清單將套用第 07 行所定義的樣式規則，因為其 <ul> 元素的 class 屬性為 "compact"。

瀏覽結果如下圖，請您仔細比較 list-style-position 屬性為 outside 和 inside 的差別，兩者除了項目符號的位置不同之外，間距也不相同。

❶ 項目符號位於項目文字區塊的外部

❷ 項目符號位於項目文字區塊的內部

8.4.4　list-style（清單速記）

list-style 屬性是綜合了 list-style-type、list-style-image、list-style-position 等清單屬性的速記，其語法如下，若屬性值不只一個，中間以空白字元隔開即可，省略不寫的屬性值會使用預設值：

```
list-style: 屬性值 1 [ 屬性值 2 [...]]
```

下面是一個例子，由於找不到指定的圖檔 star.gif，所以會使用大寫羅馬數字。

\Ch08\list5.html

```html
<!DOCTYPE html>
<html>
  <head>
    <meta charset="utf-8">
    <style>
      ul {list-style: url(star.gif) upper-roman;}
    </style>
  </head>
  <body>
    <ul>
      <li> 魔戒首部曲：魔戒現身 </li>
      <li> 魔戒二部曲：雙城奇謀 </li>
      <li> 魔戒三部曲：王者再臨 </li>
    </ul>
  </body>
</html>
```

09

Box Model 與
定位方式

jQuery Mobile　　JavaScript

ootstrap5　　　　CSS3

HTML5　　　jQuery

9.1 Box Model

Box Model (方塊模式) 與定位方式 (positioning scheme) 是學習 CSS 不能錯過的主題，涵蓋了邊界、留白、框線、正常順序、相對定位、絕對定位、固定定位、文繞圖等重要的概念，而這些概念主導了網頁的編排與顯示方式。若您過去習慣使用表格控制網頁的編排，那麼請您多花點時間瞭解這些概念，您會發現，原來使用 CSS 控制網頁的編排與顯示方式會讓人更加得心應手。

Box Model 指的是 CSS 將每個 HTML 元素看成一個矩形方塊，稱為 Box，由內容 (content)、留白 (padding)、框線 (border) 與邊界 (margin) 所組成，如下圖，Box 決定了 HTML 元素的顯示方式，也決定了 HTML 元素彼此之間的互動方式。

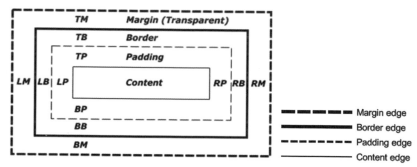

(參考來源：CSS 官方文件 https://www.w3.org/TR/CSS2/box.html)

內容 (content) 就是網頁上的資料，而留白 (padding) 是環繞在內容四周的部分，當我們設定 HTML 元素的背景時，背景色彩或背景圖片會顯示在內容與留白的部分；至於框線 (border) 則是加在留白外緣的線條，而且線條可以設定不同的寬度或樣式 (例如實線、雙線、虛線等)；還有在框線之外的是邊界 (margin)，這個透明的區域通常用來控制 HTML 元素彼此之間的距離。

在前面的示意圖中可以看到，留白、框線與邊界又有上 (top)、下 (bottom)、左 (left)、右 (right) 之分，因此，我們使用類似 TM、BM、LM、RM 等縮寫來表示 Top Margin (上邊界)、Bottm Margin (下邊界)、Left Margin (左邊界)、Right Margin (右邊界)，其它 TB、BB、LB、RB、TP、BP、LP、RP 請依此類推。

留白、框線與邊界的預設值均為 0，但可以使用 CSS 設定留白、框線與邊界在上、下、左、右各個方向的大小。此外，CSS 的寬度與高度指的是內容的寬度與高度，加上留白、框線與邊界後則是 HTML 元素的寬度與高度。以下圖為例，內容的寬度為 60 像素，留白的寬度為 8 像素，框線的寬度為 4 像素，邊界的寬度為 8 像素，則 HTML 元素的寬度為 60 ＋ (8 ＋ 4 ＋ 8)×2 ＝ 100 像素。

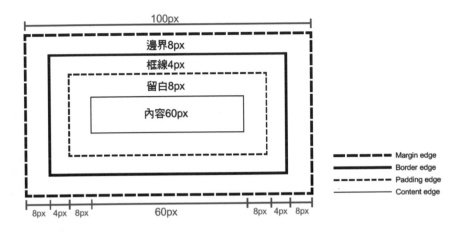

最後要說明何謂「邊界重疊」，這指的是當有兩個垂直邊界接觸在一起時，只會留下較大的那個邊界做為兩者的間距，如下圖。舉例來說，假設有連續多個段落，那麼第一段上方的間距就是第一段的上邊界，而第一段與第二段的間距因為第一段的下邊界與第二段的上邊界重疊，只會留下較大的那個邊界做為兩者的間距，其它依此類推，如此一來，不同段落的間距就能維持一致。

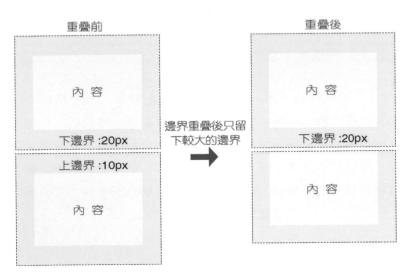

9.2 邊界屬性

我們可以使用下列屬性設定 HTML 元素的邊界：

☑ margin-top：設定 HTML 元素的上邊界，其語法如下，有「長度」、「百分比」、auto（自動）等設定值，預設值為 0：

```
margin-top: 長度 | 百分比 | auto
```

例如下面的第一個樣式規則是將段落的上邊界設定為容器寬度的 10%，而第二個樣式規則是將段落的上邊界設定為 50 像素：

```
p {margin-top: 10%;}
p {margin-top: 50px;}
```

☑ margin-bottom：設定 HTML 元素的下邊界，其語法如下，預設值為 0：

```
margin-bottom: 長度 | 百分比 | auto
```

☑ margin-left：設定 HTML 元素的左邊界，其語法如下，預設值為 0：

```
margin-left: 長度 | 百分比 | auto
```

☑ margin-right：設定 HTML 元素的右邊界，其語法如下，預設值為 0：

```
margin-right: 長度 | 百分比 | auto
```

☑ margin：這是綜合了前面四個邊界屬性的速記，其語法如下，設定值可以有一到四個，中間以空白字元隔開，當有一個值時，該值會套用到上下左右邊界；當有兩個值時，第一個值會套用到上下邊界，而第二個值會套用到左右邊界；當有三個值時，第一個值會套用到上邊界，第二個值會套用到左右邊界，而第三個值會套用到下邊界；當有四個值時，會分別套用到上右下左邊界：

```
margin: 設定值 1 [ 設定值 2 [ 設定值 3 [ 設定值 4]]]
```

下面是一個例子，它將第一段的上下邊界與左右邊界分別設定為 1cm 和 0.5cm，而第二段是採取預設的邊界為 0。為了清楚呈現出邊界，我們刻意將段落的背景色彩設定為淺黃色。

`\Ch09\margin.html`

```html
<!DOCTYPE html>
<html>
  <head>
    <meta charset="utf-8">
    <style>
      h1 {text-align: center;}
      p {background-color: lightyellow;}
    </style>
  </head>
  <body>
    <h1> 醉翁亭記 </h1>
    <p style="margin: 1cm 0.5cm;"> 環滁皆山也。其西南諸峰…。</p>
    <p> 若夫日出而林霏開，雲歸而巖穴暝，晦明變化者，…。</p>
  </body>
</html>
```

❶ 上下邊界與左右邊界分別為 1cm 和 0.5cm　　❷ 預設的邊界為 0

9.3 留白屬性

我們可以使用下列屬性設定 HTML 元素的留白:

- ✅ padding-top:設定 HTML 元素的上留白,其語法如下,有「長度」、「百分比」等設定值,預設值為 0:

  ```
  padding-top: 長度 | 百分比
  ```

  例如下面的第一個樣式規則是將段落的上留白設定為容器寬度的 2%,而第二個樣式規則是將段落的上留白設定為 10 像素:

  ```
  p {padding-top: 2%;}
  p {padding-top: 10px;}
  ```

- ✅ padding-bottom:設定 HTML 元素的下留白,其語法如下,預設值為 0:

  ```
  padding-bottom: 長度 | 百分比
  ```

- ✅ padding-left:設定 HTML 元素的左留白,其語法如下,預設值為 0:

  ```
  padding-left: 長度 | 百分比
  ```

- ✅ padding-right:設定 HTML 元素的右留白,其語法如下,預設值為 0:

  ```
  padding-right: 長度 | 百分比
  ```

- ✅ padding:這是綜合了前面四個留白屬性的速記,其語法如下,設定值可以有一到四個,中間以空白字元隔開,當有一個值時,該值會套用到上下左右留白;當有兩個值時,第一個值會套用到上下留白,而第二個值會套用到左右留白;當有三個值時,第一個值會套用到上留白,第二個值會套用到左右留白,而第三個值會套用到下留白;當有四個值時,會分別套用到上右下左留白:

  ```
  padding : 設定值 1 [ 設定值 2 [ 設定值 3 [ 設定值 4]]]
  ```

下面是一個例子，它將第一段的上下留白與左右留白分別設定為 0.5cm 和 1cm，而第二段是採取預設的留白為 0。為了清楚呈現出留白大小，我們刻意將段落的背景色彩設定為淺黃色。

\Ch09\padding.html

```html
<!DOCTYPE html>
<html>
  <head>
    <meta charset="utf-8">
    <style>
      h1 {text-align: center;}
      p {background-color: lightyellow;}
  </head>
  <body>
    <h1>醉翁亭記</h1>
    <p style="padding: 0.5cm 1cm;">環滁皆山也。其西南諸峰…。</p>
    <p>若夫日出而林霏開，雲歸而巖穴暝，晦明變化者，…。</p>
  </body>
</html>
```

❶ 上下留白與左右留白分別為 0.5cm 和 1cm　　❷ 預設的留白大小為 0

9.4 框線屬性

9.4.1 border-style (框線樣式)

我們可以使用下列屬性設定 HTML 元素的框線樣式：

● border-top-style：設定 HTML 元素的上框線樣式，其語法如下，有 none（ 無 ）、hidden（ 隱 藏 ）、dotted（ 點 線 ）、dashed（ 虛 線 ）、solid（ 實線 ）、double（ 雙線 ）、groove (3D 立體內凹)、ridge (3D 立體外凸)、inset（ 內凹 ）、outset（ 外凸 ）等設定值，預設值為 none，而 hidden 的效果和 none 一樣是不顯示框線，但可避免和表格元素的框線設定衝突：

```
border-top-style: 設定值
```

● border-bottom-style：設定 HTML 元素的下框線樣式，其語法如下：

```
border-bottom-style: 設定值
```

● border-left-style：設定 HTML 元素的左框線樣式，其語法如下：

```
border-left-style: 設定值
```

● border-right-style：設定 HTML 元素的右框線樣式，其語法如下：

```
border-right-style: 設定值
```

● border-style：這是綜合了前面四個框線樣式屬性的速記，其語法如下，設定值可以有一到四個，中間以空白字元隔開，當有一個值時，該值會套用到上下左右框線；當有兩個值時，第一個值會套用到上下框線，而第二個值會套用到左右框線；當有三個值時，第一個值會套用到上框線，第二個值會套用到左右框線，而第三個值會套用到下框線；當有四個值時，會分別套用到上右下左框線：

```
border-style: 設定值 1 [ 設定值 2 [ 設定值 3 [ 設定值 4]]]
```

框線樣式設定值的效果如下圖（參考來源：CSS 官方文件）。

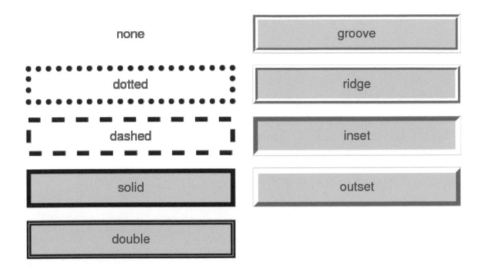

下面是一個例子，它在兩張圖片分別加上點狀框線和雙線框線。

\Ch09\border1.html

```
<body>
  <img src="cake.jpg" style="border-style: dotted;">
  <img src="cake.jpg" style="border-style: double;">
</body>
```

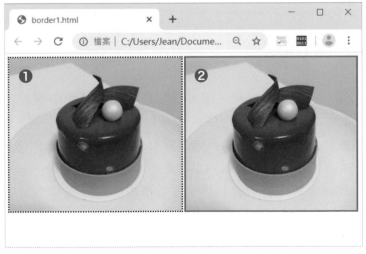

❶ 點狀框線　❷ 雙線框線

9.4.2 border-color (框線色彩)

我們可以使用下列屬性設定 HTML 元素的框線色彩：

✅ border-top-color：設定 HTML 元素的上框線色彩，其語法如下，色彩的設定值有第 8.1.1 節所介紹的幾種形式，而 transparent 表示透明，但仍具有寬度，預設值為 color 屬性的值 (即前景色彩)：

```
border-top-color: 色彩 | transparent
```

例如下面幾個樣式規則都是將段落的上框線色彩設定為紅色：

```
p {border-top-color: red;}
p {border-top-color: rgb(255, 0, 0);}
p {border-top-color: #ff0000;}
```

✅ border-bottom-color：設定 HTML 元素的下框線色彩，其語法如下：

```
border-bottom-color: 色彩 | transparent
```

✅ border-left-color：設定 HTML 元素的左框線色彩，其語法如下：

```
border-left-color: 色彩 | transparent
```

✅ border-right-color：設定 HTML 元素的右框線色彩，其語法如下：

```
border-right-color: 色彩 | transparent
```

✅ border-color：這是綜合了前面四個框線色彩屬性的速記，其語法如下，色彩的設定值可以有一到四個，中間以空白字元隔開，當有一個值時，該值會套用到上下左右框線；當有兩個值時，第一個值會套用到上下框線，而第二個值會套用到左右框線；當有三個值時，第一個值會套用到上框線，第二個值會套用到左右框線，而第三個值會套用到下框線；當有四個值時，會分別套用到上右下左框線：

```
border-color: 設定值 1 [ 設定值 2 [ 設定值 3 [ 設定值 4]]]
```

下面是一個例子，它在標題 1 與圖片分別加上綠色雙線框線和橘色實線框線。

請注意，在設定框線色彩的同時必須設定框線樣式，否則會看不到框線，因為框線樣式的預設值為 none（無），也就是不顯示框線。

`\Ch09\border2.html`

```html
<!DOCTYPE html>
<html>
  <head>
    <meta charset="utf-8">
  </head>
  <body>
    <h1 style="border-style: double; border-color: green;"> 美味的甜點 </h1>
    <img src="cake.jpg" style="border-style: solid; border-color: orange;">
  </body>
</html>
```

❶ 在標題 1 四周加上綠色雙線框線
❷ 在圖片四周加上橘色實線框線

9.4.3　border-width（框線寬度）

我們可以使用下列屬性設定 HTML 元素的框線寬度：

✔ border-top-width：設定 HTML 元素的上框線寬度，其語法如下，有 thin（細）、medium（中）、thick（粗）和「長度」等設定值，預設值為 medium，而長度的度量單位可以是 px、pt、pc、em、ex、in、cm、mm 等：

```
border-top-width: thin | medium | thick | 長度
```

例如下面的樣式規則是將段落的上框線寬度設定為粗：

```
p {border-top-width: thick;}
```

✔ border-bottom-width：設定 HTML 元素的下框線寬度，其語法如下：

```
border-bottom-width: thin | medium | thick | 長度
```

✔ border-left-width：設定 HTML 元素的左框線寬度，其語法如下：

```
border-left-width: thin | medium | thick | 長度
```

✔ border-right-width：設定 HTML 元素的右框線寬度，其語法如下：

```
border-right-width: thin | medium | thick | 長度
```

✔ border-width：這是綜合了前面四個框線寬度屬性的速記，其語法如下，設定值可以有一到四個，中間以空白字元隔開，當有一個值時，該值會套用到上下左右框線；當有兩個值時，第一個值會套用到上下框線，而第二個值會套用到左右框線；當有三個值時，第一個值會套用到上框線，第二個值會套用到左右框線，而第三個值會套用到下框線；當有四個值時，會分別套用到上右下左框線：

```
border-width: 設定值 1 [ 設定值 2 [ 設定值 3 [ 設定值 4]]]
```

下面是一個例子，它示範了不同的框線寬度。請注意，在設定框線寬度的同時必須設定框線樣式，否則會看不到框線，因為框線樣式的預設值為 none（無），也就是不顯示框線。此外，在沒有設定框線色彩的情況下，預設值是網頁的前景色彩，此例為黑色。

`\Ch09\border3.html`

```
<body>
  <img src="cake.jpg" style="border-style: solid; border-width: thin;">
  <img src="cake.jpg" style="border-style: solid; border-width: medium;"><br>
  <img src="cake.jpg" style="border-style: solid; border-width: thick;">
  <img src="cake.jpg" style="border-style: solid; border-width: 10px;">
</body>
```

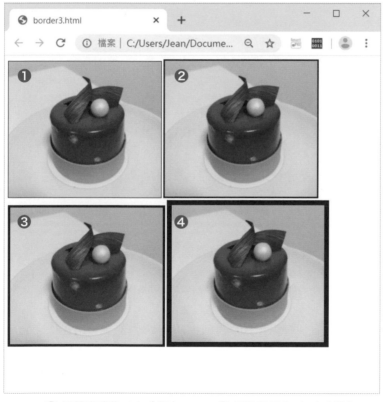

❶ 框線寬度為 thin（細）　　❸ 框線寬度為 thick（粗）

❷ 框線寬度為 medium（中）　❹ 框線寬度為 10 像素

9.4.4　border（框線屬性速記）

除了前面介紹的框線屬性，CSS 還提供下列框線屬性速記：

- border-top：設定 HTML 元素的上框線樣式、色彩與寬度，其語法如下，屬性值沒有順序之分，若屬性值不只一個，中間以空白字元隔開即可，省略不寫的屬性值會使用預設值：

```
border-top: <border-top-style> || <border-top-color> || <border-top-width>
```

  例如下面的樣式規則是將段落的上框線設定為藍色細虛線：

```
p {border-top: dashed blue thin;}
```

- border-bottom：設定 HTML 元素的下框線樣式、色彩與寬度，其語法如下：

```
border-bottom: <border-bottom-style> || <border-bottom-color> || <border-bottom-width>
```

- border-left：設定 HTML 元素的左框線樣式、色彩與寬度，其語法如下：

```
border-left: <border-left-style> || <border-left-color> || <border-left-width>
```

- border-right：設定 HTML 元素的右框線樣式、色彩與寬度，其語法如下：

```
border-right: <border-right-style> || <border-right-color> || <border-right-width>
```

- border：設定 HTML 元素的四周框線樣式、色彩與寬度，其語法如下：

```
border: <border-style> || <border-color> || <border-width>
```

下面是一個例子，它將標題 1 的四周框線設定為亮粉色 10 像素實線：

`\Ch09\border4.html`

```
<body>
  <h1 style="border: solid 10px hotpink;"> 蝶戀花 </h1>
</body>
```

9.4.5　border-radius（框線圓角）

我們可以使用下列屬性設定 HTML 元素的框線圓角：

✅ border-top-left-radius：設定 HTML 元素的框線左上角顯示成圓角，其語法如下，有「長度」、「百分比」等設定值：

```
border-top-left-radius: 長度 1 | 百分比 1 [ 長度 2 | 百分比 2]
```

當設定一個長度時，表示為圓角的半徑；當設定兩個長度時，表示為橢圓角水平方向的半徑及垂直方向的半徑，下面是 CSS 官方文件針對 border-top-left-radius: 55pt 25pt 所提供的示意圖。

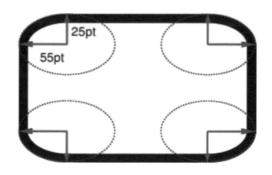

✅ border-top-right-radius：設定 HTML 元素的框線右上角顯示成圓角，其語法如下：

```
border-top-right-radius: 長度 1 | 百分比 1 [ 長度 2 | 百分比 2]
```

● border-bottom-right-radius：設定 HTML 元素的框線右下角顯示成圓角，其語法如下：

> border-bottom-right-radius: 長度 1 | 百分比 1 [長度 2 | 百分比 2]

● border-bottom-left-radius：設定 HTML 元素的框線左下角顯示成圓角，其語法如下：

> border-bottom-left-radius: 長度 1 | 百分比 1 [長度 2 | 百分比 2]

● border-radius：這是綜合了前面四個框線圓角屬性的速記，其語法如下，設定值可以有一到四個，中間以空白字元隔開，當有一個值時，該值會套用到框線四個角；當有兩個值時，第一個值會套用到框線左上角和右下角，而第二個值會套用到框線右上角和左下角；當有三個值時，第一個值會套用到框線左上角，第二個值會套用到框線右上角和左下角，而第三個值會套用到框線右下角；當有四個值時，會分別套用到框線左上角、右上角、右下角、左下角：

> border-radius: 設定值 1 [設定值 2 [設定值 3 [設定值 4]]]

下面是一個例子，它將標題 1 的四周框線設定為半徑 10 像素的圓角。

`\Ch09\border5.html`

```
<body>
  <h1 style="border: solid 10px hotpink; border-radius: 10px;"> 蝶戀花 </h1>
</body>
```

9.5 寬度與高度屬性

9.5.1 width、height (寬度與高度)

我們可以使用 width 和 height 屬性設定 HTML 元素的寬度與高度，其語法如下：

```
width: 長度 | 百分比 | auto
height: 長度 | 百分比 | auto
```

- 長度：使用 px、pt、pc、em、ex、in、cm、mm 等度量單位設定元素的寬度與高度，例如 width: 400px 表示寬度為 400 像素。

- 百分比：使用百分比設定元素的寬度與高度，例如 width: 50% 表示寬度為容器寬度的 50%，height: 75% 表示高度為容器高度的 75%。

- auto：由瀏覽器自動決定元素的寬度與高度。

下面是一個例子，它將段落的寬度與高度設定為 400 像素和 175 像素。

`\Ch09\width.html`

```html
<body>
  <p style="background-color: lightyellow; width: 400px; height: 175px;">
    環滁皆山也。其西南諸峰，林壑尤美。望之蔚然而深秀者，…。</p>
</body>
```

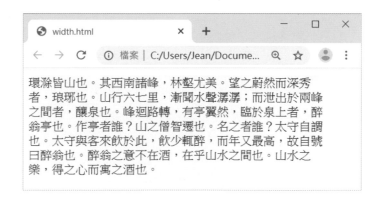

9.5.2 min-width、max-width（最小與最大寬度）

我們可以使用 min-width 和 max-width 屬性設定 HTML 元素的最小與最大寬度，其語法如下：

```
min-width: 長度 | 百分比 | auto | none
max-width: 長度 | 百分比 | auto | none
```

- ✅ 長度：使用 px、pt、pc、em、ex、in、cm、mm 等度量單位設定元素的最小與最大寬度，例如 min-width: 400px 表示最小寬度為 400 像素。

- ✅ 百分比：使用百分比設定元素的最小與最大寬度，例如 max-width: 50% 表示最大寬度為容器寬度的 50%。

- ✅ auto：由瀏覽器自動決定元素的最小與最大寬度。

- ✅ none：不限制元素的最小與最大寬度。

下面是一個例子，它將標題 1 的最大寬度設定為 450 像素，如此一來，當瀏覽器視窗放大時，標題 1 的寬度仍不會超過 450 像素。

`\Ch09\maxwidth.html`

```html
<body>
  <h1 style="background-color: lightgreen; max-width: 450px;">
    醉翁亭記 </h1>
</body>
```

9.5.3 min-height、max-height (最小與最大高度)

我們可以使用 min-height 和 max-height 屬性設定 HTML 元素的最小與最大高度，其語法如下：

```
min-height: 長度 | 百分比 | auto | none
max-height: 長度 | 百分比 | auto | none
```

✅ 長度：使用 px、pt、pc、em、ex、in、cm、mm 等度量單位設定元素的最小與最大高度，例如 min-height: 200px 表示最小高度為 200 像素。

✅ 百分比：使用百分比設定元素的最小與最大高度，例如 max-height: 75% 表示最大高度為容器高度的 75%。

✅ auto：由瀏覽器自動決定元素的最小與最大高度。

✅ none：不限制元素的最小與最大高度。

下面是一個例子，它將段落的最大高度設定為 100 像素，導致文章溢出段落的範圍，至於要如何解決，可以使用下一節所要介紹的 overflow 屬性。

\Ch09\maxheight.html

```
<body>
  <p style="background-color: lightyellow; width: 400px; max-height: 100px;">
    環滁皆山也。其西南諸峰，林壑尤美。望之蔚然而深秀者，…。</p>
</body>
```

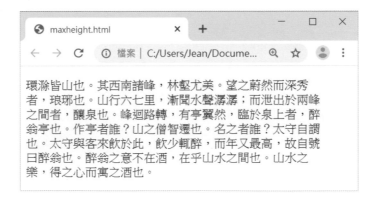

9.5.4 overflow（顯示或隱藏溢出的內容）

當元素的內容溢出元素的範圍時，我們可以使用 overflow 屬性設定要顯示或隱藏溢出的內容，其語法如下：

```
overflow: visible | hidden | scroll | auto
```

- ✅ visible：顯示溢出的內容（預設值）。

- ✅ hidden：隱藏溢出的內容。

- ✅ scroll：無論內容有無溢出元素的範圍，都會顯示捲軸。

- ✅ auto：當內容溢出元素的範圍時，就會自動顯示捲軸。

下面是一個例子，它先將段落的最大高度設定為 100 像素，然後將 overflow 屬性設定為 auto，因此，當文章超過段落的最大高度時，就會自動顯示捲軸，而不會顯示溢出的內容。

\Ch09\overflow.html

```
<body>
  <p style="background-color: lightyellow; width: 400px; max-height: 100px;
    overflow: auto;">環滁皆山也。其西南諸峰，林壑尤美。…。</p>
</body>
```

9.6 定位方式

在介紹定位方式 (positioning scheme) 之前，我們先來複習一下何謂「區塊層級」與「行內層級」。區塊層級 (block level) 指的是元素的內容在瀏覽器中會另起一行，例如 <div>、<p>、<h1> 等均是區塊層級元素，而 CSS 針對這類元素所產生的矩形方塊稱為 Block Box，由內容、留白、框線與邊界所組成。

相反的，行內層級 (inline level) 指的是元素的內容在瀏覽器中不會另起一行，例如 <span>、<i>、<b>、<img>、<a>、<sub>、<sup> 等均是行內層級元素，而 CSS 針對這類元素所產生的矩形方塊稱為 Inline Box，一樣是由內容、留白、框線與邊界所組成。

在正常順序中，Block Box 的位置取決於它在 HTML 原始碼出現的順序，並根據垂直順序一一顯示，而 Block Box 彼此之間的距離是以其上下邊界來計算；至於 Inline Box 的位置則是在水平方向排成一行，而 Inline Box 彼此之間的距離是以其左右留白、左右框線和左右邊界來計算。

9.6.1 display (HTML 元素的顯示層級)

雖然 HTML 元素已經有預設的顯示層級，但有時我們可能需要加以變更，此時可以使用 CSS 提供的 display 屬性，其語法如下：

```
display: 設定值
```

常見的設定值如下：

- none：不顯示元素，亦不佔用網頁的位置 (預設值)。
- block：將元素設定為區塊層級，可以設定寬度、高度、留白與邊界。
- inline：將元素設定為行內層級，無法設定寬度、高度、留白與邊界。
- inline-block：令區塊層級元素像行內層級元素一樣不換行，但可以設定寬度、高度、留白與邊界。

下面是一個例子，它示範了如何將圖片置中：

✅ 07：將圖片的寬度設定為容器寬度的 40%，而此例的容器就是網頁主體，因此，當瀏覽器的寬度改變時，圖片的寬度也會按比例縮放。

✅ 08：將圖片由預設的行內層級變更為區塊層級。

✅ 09：將上下邊界與左右邊界設定為 10 像素和自動，令圖片置中。

\Ch09\display.html

```
01:<!DOCTYPE html>
02:<html>
03:  <head>
04:    <meta charset="utf-8">
05:    <style>
06:      img {
07:        width: 40%;
08:        display: block;
09:        margin: 10px auto;
10:      }
11:    </style>
12:  </head>
13:  <body>
14:    <img src="cake.jpg">
15:  </body>
16:</html>
```

9.6.2 top、right、bottom、left (上右下左位移量)

我們可以使用 top、right、bottom、left 等屬性設定 Block Box 的上右下左位移量,其語法如下,「長度」、「百分比」、auto (自動) 等設定值,預設值為 auto:

```
top: 長度 | 百分比 | auto
right: 長度 | 百分比 | auto
bottom: 長度 | 百分比 | auto
left: 長度 | 百分比 | auto
```

下面是一個例子,它先使用 position: absolute 屬性將區塊設定為絕對定位,然後使用 top: 15%、right: 20%、bottom: 30% 和 left: 40% 四個屬性將區塊的上右下左位移量設定為網頁主體的 15%、20%、30% 和 40%。

\Ch09\top.html

```html
<!DOCTYPE html>
<html>
  <head>
    <meta charset="utf-8">
    <style>
      div {background: cyan; position: absolute;
        top: 15%; right: 20%; bottom: 30%; left: 40%;}
    </style>
  </head>
  <body>
    <div></div>
  </body>
</html>
```

我們會在下一節介紹如何使用 position 屬性設定 Box 的定位方式

9.6.3 position (Box 的定位方式)

我們可以使用 position 屬性設定 Box 的定位方式，Box 是 CSS 針對 HTML 元素所產生的矩形方塊，其語法如下：

```
position: static | relative | absolute | fixed
```

- ✓ static：正常順序 (預設值)。

- ✓ relative：相對定位，也就是相對於正常順序來做定位。

- ✓ absolute：絕對定位。

- ✓ fixed：固定定位，屬於絕對定位方式的另一種形式，它和絕對定位主要的差異在於 Box 會顯示在固定的位置，不會隨著內容捲動。

正常順序與相對定位

誠如我們在本節一開始所提到的，在正常順序 (normal flow) 中，Block Box 的位置取決於它在 HTML 原始碼出現的順序，並根據垂直順序一一顯示，而 Block Box 彼此之間的距離是以其上下邊界來計算。

至於 Inline Box 的位置則是在水平方向排成一行，而 Inline Box 彼此之間的距離是以其左右留白、左右框線和左右邊界來計算。

截至目前，我們所示範的例子都是採取正常順序，也就是沒有設定 Box 的定位方式，接著，我們要介紹另一種定位方式，叫做相對定位 (relative positioning)，這是相對於正常順序來做定位，也就是使用 top、right、bottom、left 等屬性設定 Box 的上右下左位移量。

舉例來說，假設 HTML 文件有三個 Inline Box，id 屬性的值分別為 myBox1、myBox2、myBox3，在正常順序中，其排列方式如下圖，也就是在水平方向排成一行，而且不會互相重疊。

myBox1　　　　myBox2　　　　myBox3

網頁內容

此時，若將 myBox2 的定位方式設定為相對定位，並使用 top 屬性設定 myBox2 的上緣比在正常順序中的位置下移 30 像素，以及使用 left 屬性設定 myBox2 的左緣比在正常順序中的位置右移 30 像素，如下：

```
#myBox2 {
  position: relative;
  top: 30px;
  left: 30px
}
```

排列方式將變成如下圖，改成相對定位之後的 Box 有可能會重疊到其它 Box。

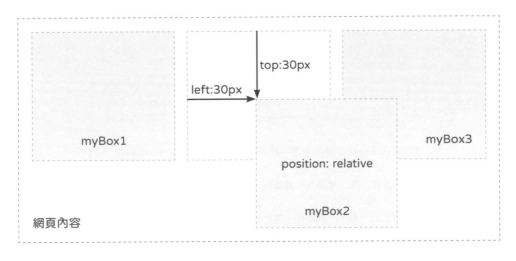

下面是一個例子，由於沒有設定三個註釋的定位方式，預設為正常順序，所以會緊跟著詞句在水平方向排成一行。

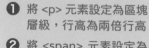
\Ch09\position1.html

```
01:<!DOCTYPE html>
02:<html>
03:  <head>
04:    <meta charset="utf-8">
05:    <style>
06: ❶ p {display: block; line-height: 2;}
07: ❷ span {display: inline;}
08: ❸ .note {font-size: 12px; color: blue;}
09:    </style>
10:  </head>
11:  <body>
12:    <p> 庭院深深深幾許？ 楊柳堆煙，簾幕無重數。
13: ❹ <span class="note"> 註釋 1：堆煙意指楊柳濃密 </span></p>
14:    <p> 玉勒雕鞍遊冶處，樓高不見章臺路。
15:      <span class="note"> 註釋 2：章台路意指歌妓聚居之所 </span></p>
16:    <p> 雨橫風狂三月暮，門掩黃昏，無計留春住。</p>
17:    <p> 淚眼問花花不語，亂紅飛過秋千去。
18:      <span class="note"> 註釋 3：亂紅意指落花 </span></p>
19:  </body>
20:</html>
```

❶ 將 <p> 元素設定為區塊層級，行高為兩倍行高

❷ 將 <span> 元素設定為行內層級

❸ 定義 .note 樣式規則，將文字設定為 12 像素、藍色

❹ 令 <span> 元素套用 .note 樣式規則

若要提升視覺效果，讓三個註釋相對於詞句本身再下移 10 像素，可以將第 08 行改寫成如下，先使用 position 屬性設定相對定位，接著使用 top 屬性設定三個註釋的上緣比在正常順序中的位置下移 10 像素，然後另存新檔為 \Ch09\position2.html。

```
05:    <style>
06:      p {display: block; line-height: 2;}
07:      span {display: inline;}
08:      .note {position: relative; top: 10px; font-size: 12px; color: blue;}
09:    </style>
```

瀏覽結果如下圖，仔細觀察就會發現三個註釋的位置改變了，它們均相對於詞句本身再下移 10 像素。

若要讓三個註釋相對於詞句本身再上移 10 像素，可以將 top: 10px 改為 top: -10px，換句話說，在使用 top、right、bottom、left 等屬性設定相對位移量時，不僅可以設定正值，也可以設定負值，只是負值的位移方向和正值相反。

絕對定位與固定定位

前面所介紹的相對定位仍屬於正常順序的一種，因為 HTML 元素的 Box 總是會在相對於正常順序的位置，而絕對定位 (absolute positioning) 就不同了，它會將 HTML 元素的 Box 從正常順序中抽離出來，顯示在指定的位置，而正常順序中的其它元素均會當它不存在。

絕對定位元素的位置是相對於包含該元素之區塊來做定位，我們一樣可以使用 top、right、bottom、left 等屬性設定其上右下左位移量，例如下圖的 myBox2 採取絕對定位，其上緣比包含 myBox1 的區塊下移 30 像素，而其左緣比包含 myBox1 的區塊右移 30 像素。

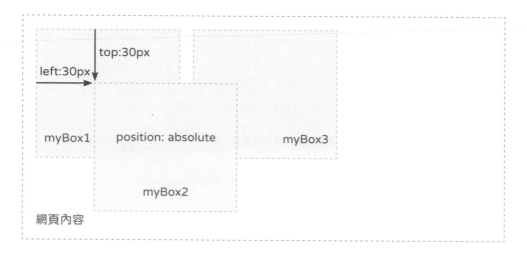

由於絕對定位元素是從正常順序中抽離出來，因此，它有可能會跟正常順序中的其它元素重疊，必須加以調整。至於哪個元素在上哪個元素在下，則取決於其堆疊層級 (stack level)，我們會在第 9.6.5 節說明如何設定重疊順序。

此外，還有另一種形式的絕對定位方式，叫做固定定位 (fixed positioning)，它和絕對定位主要的差異在於 HTML 元素的 Box 會顯示在固定的位置，不會隨著內容捲動。

下面是一個例子，其中兒歌的歌詞採取正常順序，圖片採取絕對定位，其上緣比網頁主體下移 20 像素，而其左緣比網頁主體右移 300 像素，同時會隨著內容捲動 (網頁圖片來源：Photo by Evie Shaffer from Pexels)。

```
01:<!DOCTYPE html>
02:<html>
03:  <head>
04:    <meta charset="utf-8">
05:    <style>
06: ❶  img {display: inline; position: absolute; top: 20px; left: 300px;}
07: ❷  p {display: block; width: 300px; white-space: pre-line;}
08:    </style>
09:  </head>
10:  <body>
11:    <img src="flowers.jpg">
12:    <h1> 妹妹背著洋娃娃 </h1>
13:    <p> 妹妹背著洋娃娃
14:        走到花園來看花
15:        娃娃哭了叫媽媽
16:        樹上小鳥笑哈哈 </p>
17:    <h1> 泥娃娃 </h1>
18:    <p> 泥娃娃
19:        泥娃娃
20:        一個泥娃娃
21:        也有那眉毛
22:        也有那眼睛
23:        眼睛不會眨
24:        泥娃娃
25:        泥娃娃
26:        一個泥娃娃
27:        也有那鼻子
28:        也有那嘴巴
29:        嘴巴不說話
30:        她是個假娃娃
31:        …
32:        永遠愛著她 </p>
33:  </body>
34:</html>
```

❶ 將 <img> 元素設定為行內層級，採取絕對定位，上位移為 20 像素、左位移為 300 像素
❷ 將 <p> 元素設定為區塊層級，寬度為 300 像素、顯示換行

● 移動捲軸將內容向下捲動　　● 圖片會隨著捲動

若要讓圖片顯示在固定的位置，不會隨著內容捲動，可以將第 06 行的 position 屬性設定為 fixed，改採取固定定位，然後另存新檔為 \Ch09\ position4.html。

```
05:    <style>
06:      img {display: inline; position: fixed; top: 20px; left: 300px;}
07:      p {display: block; width: 300px; white-space: pre-line;}
08:    </style>
```

● 移動捲軸將內容向下捲動　　● 圖片不會隨著捲動

9.6.4 float、clear (文繞圖、解除文繞圖)

我們可以使用 float 屬性將一個正常順序中的元素放在容器的左側或右側，而容器裡面的其它元素會環繞在該元素周圍，其語法如下，這個效果就像排版軟體中的「文繞圖」。不過，CSS 所說的圖並不一定侷限於圖片，它可以是包含任何文字或圖片的 Block Box 或 Inline Box：

```
float: none | left | right
```

- ✅ none：不做文繞圖 (預設值)。
- ✅ left：將元素放在容器的左側做文繞圖。
- ✅ right：將元素放在容器的右側做文繞圖。

下面是一個例子，為了讓您容易瞭解，我們直接使用圖片來做示範，您也可以換用其它區塊試試看。

\Ch09\float1.html

```
01:<!DOCTYPE html>
02:<html>
03:  <head>
04:    <meta charset="utf-8">
05:    <title> 文繞圖 </title>
06:    <style>
07:      img {float: none;}        將圖片的文繞圖設定為 none ( 無 )，
                                    此為預設值，省略不寫亦可
08:    </style>
09:  </head>
10:  <body>
11:    <img src="jp2.jpg" width="300">
12:    <h1> 豪斯登堡 </h1>
13:    <p> 豪斯登堡位於日本九州，一處重現中古世紀歐洲街景的渡假勝地，
14:        命名由來是荷蘭女王陛下所居住的宮殿豪斯登堡宮殿。</p>
15:    <p> 園內風景怡人俯拾皆畫，還有『ONE PIECE 航海王』
16:        的世界，乘客可以搭上千陽號來一趟冒險之旅。</p>
17:  </body>
18:</html>
```

瀏覽結果如下圖，由於第 07 行設定圖片不做文繞圖，因此，圖片會在正常順序中佔有一個空間，而圖片後面的資料會根據垂直順序一一顯示。

若將第 07 行改寫成如下，令圖片靠左文繞圖，那麼圖片會放在容器的左側（此例的容器就是網頁主體），而圖片後面的資料會從圖片的右邊開始顯示：

```
07:     img {float: left;}
```

相反的，若將第 07 行改寫成如下，令圖片靠右文繞圖，那麼圖片會放在容器的右側（此例的容器就是網頁主體），而圖片後面的資料會從圖片的左邊開始顯示：

```
07:        img {float: right;}
```

在我們將 Box 設定為文繞圖後，緊鄰著該 Box 的 Inline Box 預設會嵌入其旁邊的位置做繞圖的動作，但有時基於實際的版面需求，我們可能不希望 Inline Box 做繞圖的動作，此時可以使用 clear 屬性設定 Inline Box 的哪一邊不要緊鄰著文繞圖 Box，也就是解除該邊繞圖的動作，其語法如下：

```
clear: none | left | right | both
```

✅ none：不解除文繞圖（預設值）。

✅ left：解除左邊繞圖的動作。

✅ right：解除右邊繞圖的動作。

✅ both：解除兩邊繞圖的動作。

一旦我們清除 Inline Box 某一邊繞圖的動作，該 Inline Box 上方的邊界會變大，進而將 Inline Box 向下推擠，以閃過被設定為文繞圖的 Box。

下面是一個例子，其中第 07 行將圖片設定為靠左文繞圖，而第 15 行解除第二段左邊繞圖的動作，使得第二段被向下推擠以閃過圖片。您可以仔細比較這個例子的瀏覽結果和 \Ch09\float1.html 的瀏覽結果，兩者主要的差別在於第二段是否有解除左邊繞圖的動作。

`\Ch09\float2.html`

```
01:<!DOCTYPE html>
02:<html>
03:  <head>
04:    <meta charset="utf-8">
05:    <title> 文繞圖 </title>
06:    <style>
07:      img {float: left;}  ❶
08:    </style>
09:  </head>
10:  <body>
11:    <img src="jp2.jpg" width="300">
12:    <h1> 豪斯登堡 </h1>
13:    <p> 豪斯登堡位於日本九州，一處重現中古世紀歐洲街景的渡假勝地，
14:         命名由來是荷蘭女王陛下所居住的宮殿豪斯登堡宮殿。</p>
15:    <p style="clear: left;"> 園內風景怡人俯拾皆畫，還有『ONE PIECE 航海王』
16:         的世界，乘客可以搭上千陽號來一趟冒險之旅。</p>
17:  </body>
18:</html>
```

❶ 將圖片設定為靠左文繞圖
❷ 解除第二段左邊繞圖的動作
❸ 第二段被向下推擠以閃過圖片

9.6.5 z-index（重疊順序）

由於絕對定位元素是從正常順序中抽離出來，因此，它有可能會跟正常順序中的其它元素重疊，此時，我們可以使用 z-index 屬性設定 HTML 元素的重疊順序，其語法如下，預設值為 auto，而「整數」的數字愈大，重疊順序就愈上面：

```
z-index: auto | 整數
```

下面是一個例子，由於圖片和標題 1 的 z-index 屬性分別為 1、2，所以數字較大的標題 1 會重疊在圖片上面。

\Ch09\zindex.html

```
<!DOCTYPE html>
<html>
  <head>
    <meta charset="utf-8">
  </head>
  <body>
    <img src="jp2.jpg" style="position: absolute; top: 10px; left: 10px; z-index: 1;">
    <h1 style="background-color: rgba(255, 255, 0, 0.3); width: 472px;
      position: absolute; top: 100px; left: 10px; z-index: 2;">豪斯登堡 </h1>
  </body>
</html>
```

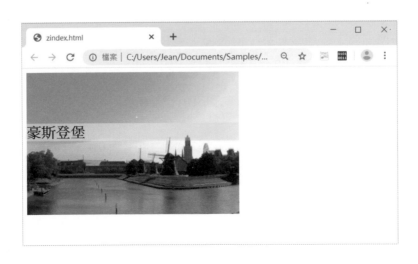

9.6.6 visibility (顯示或隱藏 Box)

我們可以使用 visibility 屬性設定要顯示或隱藏 Box，其語法如下，預設值為 visible，表示顯示，hidden 表示隱藏，而 collapse 表示隱藏表格的行列：

```
visibility: visible | hidden | collapse
```

下面是一個例子，它會顯示兩個不同背景色彩的標題 1。

```
<h1 style="background-color: lightpink;"> 臨江仙 </h1>
<h1 style="background-color: lightblue;"> 卜算子 </h1>
```

若在第一行加上 visibility: hidden，如下，則會隱藏第一個標題 1：

```
<h1 style="background-color: lightpink; visibility: hidden;"> 臨江仙 </h1>
```

雖然第一個標題 1 被隱藏起來，但畫面上還是保留有空位，若要連空位都隱藏起來，可以再加上 display: none 屬性，如下：

```
<h1 style="background-color: lightpink; visibility: hidden; display: none;"> 臨江仙 </h1>
```

9.6.7 box-shadow (Box 陰影)

我們可以使用 box-shadow 屬性設定 Box 陰影,其語法如下,若要設定多重陰影,以逗號隔開設定值即可:

```
text-shadow: none | [[ 水平位移 垂直位移 模糊 色彩 ] [,...]]
```

- none:無(預設值)。

- 水平位移:陰影在水平方向的位移為幾像素(若為負值,表示相反方向)。

- 垂直位移:陰影在垂直方向的位移為幾像素(若為負值,表示相反方向)。

- 模糊:陰影的模糊輪廓為幾像素。

- 色彩:陰影的色彩。

下面是一個例子,它示範了兩種不同的 Box 陰影。

\Ch09\boxshadow.html

```
<body>
  <h1 style="width: 400px; background-color: lightpink;
    box-shadow: 10px 10px 5px lightgray;"> 臨江仙 </h1>
  <h1 style="width: 400px; background-color: lightblue;
    box-shadow: 10px 10px 5px lightgray, 20px 20px 20px lightyellow;"> 卜算子 </h1>
</body>
```

❶ 一層陰影(淺灰色)　❷ 兩層陰影(淺灰色和淺黃色)

9.6.8　vertical-align（垂直對齊）

我們可以使用 vertical-align 屬性設定行內層級元素的垂直對齊方式，其語法如下：

```
vertical-align: baseline | sub | super | text-top | text-bottom | middle |
                top | bottom | 長度 | 百分比
```

- ✅ baseline：將元素對齊父元素的基準線（預設值）。
- ✅ sub：將元素對齊父元素的下標。
- ✅ super：將元素對齊父元素的上標。
- ✅ text-top：將元素對齊整行文字的頂端。
- ✅ text-bottom：將元素對齊整行文字的底部。
- ✅ middle：將元素對齊整行文字的中間。
- ✅ top：將元素對齊整行元素的頂端。
- ✅ bottom：將元素對齊整行元素的底部。
- ✅ 長度：將元素往上移指定的長度，若為負值，表示往下移。
- ✅ 百分比：將元素往上移指定的百分比，若為負值，表示往下移。

下面是一個例子，它示範了幾種不同的垂直對齊方式。

\Ch09\vertical1.html　　　　　　　　　　　　　　　　　（下頁續 1/2）

```html
<!DOCTYPE html>
<html>
  <head>
    <meta charset="utf-8">
    <style>
      #img1 {vertical-align: text-top;}
      #img2 {vertical-align: text-bottom;}
      #img3 {vertical-align: middle;}
      #img4 {vertical-align: 30px;}
    </style>
```

```
  </head>
  <body>
    <p> 航海王 <img id="img1" src="piece1.jpg" width="100px"> 喬巴 </p>
    <p> 航海王 <img id="img2" src="piece1.jpg" width="100px"> 喬巴 </p>
    <p> 航海王 <img id="img3" src="piece1.jpg" width="100px"> 喬巴 </p>
    <p> 航海王 <img id="img4" src="piece1.jpg" width="100px"> 喬巴 </p>
  </body>
</html>
```

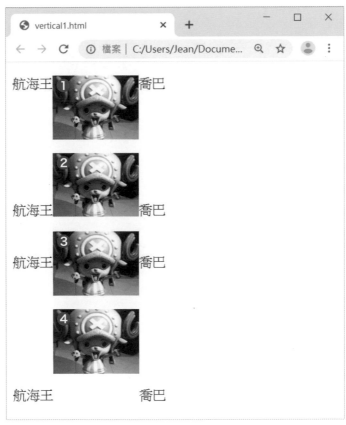

❶ 圖片對齊整行文字的頂端

❷ 圖片對齊整行文字的底部

❸ 圖片對齊整行文字的中間

❹ 圖片向上移 30 像素

下面是另一個例子，它示範了如何設定下標及上標。提醒您，vertical-align 屬性不會改變元素的文字大小，若有需要，可以搭配 font-size 屬性設定文字大小。

\Ch09\vertical2.html

```html
<!DOCTYPE html>
<html>
  <head>
    <meta charset="utf-8">
  </head>
  <body>
    <h1>H<span style="vertical-align: sub;">2</span>0</h1>
    <h1>H<span style="vertical-align: sub; font-size: 16px;">2</span>0</h1>
    <h1>X<span style="vertical-align: supper;">2</span>Y</h1>
    <h1>X<span style="vertical-align: supper; font-size: 16px;">2</span>Y</h1>
  </body>
</html>
```

瀏覽結果如下圖，其中第二、四個的下標及上標有另外使用 font-size 屬性將文字縮小，以提升視覺效果。

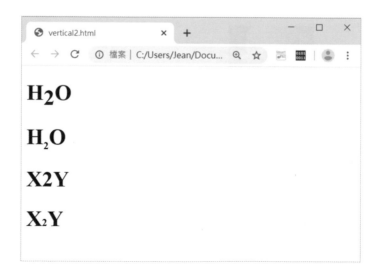

10

背景、漸層與表格

jQuery Mobile

JavaScript

ootstrap5

CSS3

HTML5

jQuery

10.1 背景屬性

10.1.1 background-image (背景圖片)

我們可以使用 background-image 屬性設定 HTML 元素的背景圖片，其語法如下，預設值為 none (無)，若要設定多張背景圖片，以逗號隔開設定值即可：

```
background-image: none | url( 圖檔名稱 )
```

下面是一個例子，它將網頁的背景圖片設定為 flowers.jpg 圖檔，由於圖檔比較小無法填滿網頁，所以會自動在水平及垂直方向重複排列以填滿網頁 (網頁圖片來源：Photo by Evie Shaffer from Pexels)。

```
\Ch10\bg1.html
<!DOCTYPE html>
<html>
  <head>
    <meta charset="utf-8">
  </head>
  <body style="background-image: url(flowers.jpg);">
  </body>
</html>
```

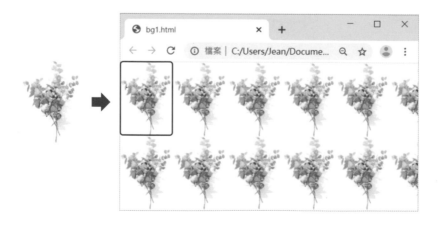

我們也可以結合背景色彩與背景圖片，下面是一個例子，它結合了原木色的背景色彩與條紋的背景圖片 line.png (24bit 透明 PNG 格式)。

`\Ch10\bg2.html`

```
<body style="background-color: burlywood; background-image: url(line.png);">
</body>
```

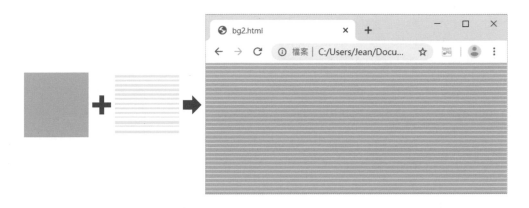

我們還可以設定多張背景圖片，下面是一個例子，它結合了 line.png 和 bg02.gif 兩張背景圖片，仔細觀察就可以看到 bg02.gif 上面有著細細的白色條紋。

`\Ch10\bg3.html`

```
<body style="background-image: url(line.png), url(bg02.gif);">
</body>
```

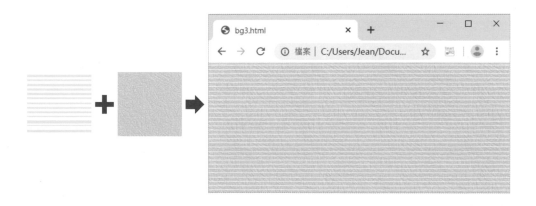

下面是另一個例子，它示範了如何設定表格的背景圖片。

\Ch10\bg4.html

```html
<!DOCTYPE html>
<html>
  <head>
    <meta charset="utf-8">
    <style>
      .head {background-image: url(bg01.gif);}    /* 設定標題列的背景圖片 */
      .odd  {background-image: url(bg02.gif);}    /* 設定奇數列的背景圖片 */
      .even {background-image: url(bg03.gif);}    /* 設定偶數列的背景圖片 */
    </style>
  </head>
  <body>
    <table>
      <tr class="head">
        <th> 歌曲名稱 </th>
        <th> 演唱者 </th>
      </tr>
      <tr class="odd">
        <td> 阿密特 </td>
        <td> 張惠妹 </td>
      </tr>
      <tr class="even">
        <td> 大藝術家 </td>
        <td> 蔡依林 </td>
      </tr>
      <tr class="odd">
        <td> 我願意 </td>
        <td> 王菲 </td>
      </tr>
      <tr class="even">
        <td> 浪子回頭 </td>
        <td> 茄子蛋 </td>
      </tr>
        ...
    </table>
  </body>
</html>
```

10.1.2 background-repeat (背景圖片重複排列方式)

當我們使用 background-image 屬性設定 HTML 元素的背景圖片時，預設會自動在水平及垂直方向重複排列以填滿指定的元素，但有時我們可能會希望自行設定重複排列方式，例如不要重複排列或只在水平或垂直方向重複排列，此時可以使用 background-repeat 屬性，其語法如下，預設值為 repeat：

```
background-repeat: repeat | no-repeat | repeat-x | repeat-y | space | round
```

此外，CSS3 允許我們使用多張背景圖片，若要設定多張背景圖片的重複排列方式，以逗號隔開設定值即可。

✅ repeat：在水平及垂直方向重複排列背景圖片以填滿指定的元素，下面是一個例子，它將區塊的背景圖片設定為 f.gif，這是一個粉紅色的花朵圖案，瀏覽結果如下圖，仔細觀察會發現，雖然花朵圖案會在水平及垂直方向重複排列以填滿區塊，不過，這樣並無法保證右邊界和下邊界的花朵圖案能夠完整顯示出來。

\Ch10\bgrepeat.html

```
<div style="border: solid 1px pink; background-image: url(f.gif);
  background-repeat: repeat;">
  <h1> 臨江仙 </h1>
  <h1> 蝶戀花 </h1>
</div>
```

● no-repeat：不要重複排列背景圖片，下面是一個例子。

```
<div style="border: solid 1px pink; background-image: url(f.gif);
  background-repeat: no-repeat;">
  <h1> 臨江仙 </h1>
  <h1> 蝶戀花 </h1>
</div>
```

● repeat-x：在水平方向重複排列背景圖片，下面是一個例子。

```
<div style="border: solid 1px pink; background-image: url(f.gif);
  background-repeat: repeat-x;">
  <h1> 臨江仙 </h1>
  <h1> 蝶戀花 </h1>
</div>
```

● repeat-y：在垂直方向重複排列背景圖片，下面是一個例子。

```
<div style="border: solid 1px pink; background-image: url(f.gif);
  background-repeat: repeat-y;">
  <h1> 臨江仙 </h1>
  <h1> 蝶戀花 </h1>
</div>
```

● space：在水平及垂直方向重複排列背景圖片，同時調整背景圖片的間距，以填滿指定的元素並將背景圖片完整顯示出來，下面是一個例子。

```
<div style="border: solid 1px pink; background-image: url(f.gif);
  background-repeat: space;">
  <h1> 臨江仙 </h1>
  <h1> 蝶戀花 </h1>
</div>
```

✓ round：在水平及垂直方向重複排列背景圖片，同時調整背景圖片的大小，以填滿指定的元素並將背景圖片完整顯示出來，下面是一個例子，您可以拿 round 跟 repeat 和 space 兩個設定值的瀏覽結果做比較，這樣就能清楚看出其中的差異。

```
<div style="border: solid 1px pink; background-image: url(f.gif);
   background-repeat: round;">
   <h1> 臨江仙 </h1>
   <h1> 蝶戀花 </h1>
</div>
```

10.1.3　background-position (背景圖片起始位置)

有時為了增添變化，我們可能會希望自行設定背景圖片從 HTML 元素的哪個位置開始顯示，而不是千篇一律地從左上方開始顯示，此時可以使用 background-position 屬性，其語法如下，預設值為 0% 0%，也就是從 HTML 元素的左上角開始顯示背景圖片：

```
background-position: [ 長度 | 百分比 | left | center | right]
                     [ 長度 | 百分比 | top | center | bottom]
```

此外，CSS3 允許我們使用多張背景圖片，若要設定多張背景圖片的起始位置，以逗號隔開設定值即可。

background-position 屬性有下列幾種設定值：

✓ 長度：使用 px、pt、pc、em、ex、in、cm、mm 等度量單位設定背景圖片從 HTML 元素的哪個位置開始顯示，下面是一個例子。

\Ch10\bgposition1.html

```
<body>
  <div style="border: solid 1px pink; width: 500px; background-image: url(f.jpg);    ❶
    background-repeat: no-repeat; background-position: 9cm 1.5cm;">
                          ❷                                ❸
    <pre>
    泥娃娃　泥娃娃　一個泥娃娃
    也有那眉毛　也有那眼睛
    眼睛不會眨
    泥娃娃　泥娃娃　一個泥娃娃
    也有那鼻子　也有那嘴巴
    嘴巴不說話
    她是個假娃娃
    不是個真娃娃
    她沒有親愛的媽媽
    …
    永遠愛著她 </pre>
  </div>
</body>
```

❶ 背景圖片為 f.jpg

❷ 不要重複排列

❸ 從區塊的水平方向 9 公分及垂直方向 1.5 公分處開始顯示

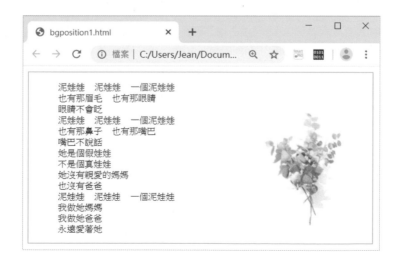

百分比:使用區塊寬度與高度的百分比設定背景圖片從 HTML 元素的哪個位置開始顯示,例如 0% 0% 表示左上角、50% 50% 表示正中央、100% 100% 表示右下角,下面是一個例子。

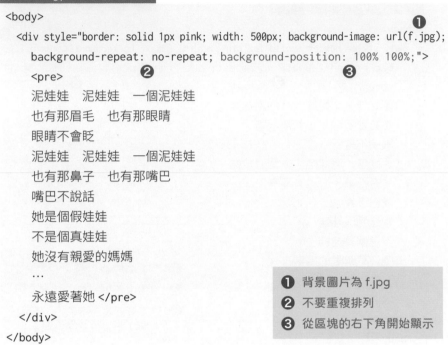

```
\Ch10\bgposition2.html

<body>
  <div style="border: solid 1px pink; width: 500px; background-image: url(f.jpg);    ❶
    background-repeat: no-repeat; background-position: 100% 100%;">
    <pre>                 ❷                                        ❸
    泥娃娃　泥娃娃　一個泥娃娃
    也有那眉毛　也有那眼睛
    眼睛不會眨
    泥娃娃　泥娃娃　一個泥娃娃
    也有那鼻子　也有那嘴巴
    嘴巴不說話
    她是個假娃娃
    不是個真娃娃
    她沒有親愛的媽媽
    …
    永遠愛著她 </pre>
  </div>
</body>
```

❶ 背景圖片為 f.jpg
❷ 不要重複排列
❸ 從區塊的右下角開始顯示

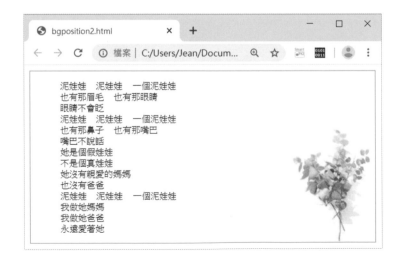

✅ left | center | right | top | center | bottom：使用 left、center、right 三個水平方向起始點及 top、center、bottom 三個垂直方向起始點，設定背景圖片從 HTML 元素的哪個位置開始顯示，其組合如下圖，若在設定起始點時省略第二個值，則預設為 center，下面是一個例子。

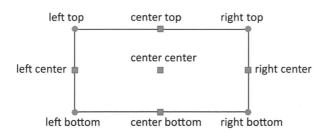

註：center 會以圖片中心對齊基準點，其它值則是以圖片邊緣對齊基準點。

\Ch10\bgposition3.html

```
<body>
  <div style="border: solid 1px pink; width: 500px; background-image: url(f.jpg);  ❶
    background-repeat: no-repeat; background-position: right top;">
    <pre>              ❷                                    ❸
    泥娃娃　泥娃娃　一個泥娃娃
    …
    永遠愛著她 </pre>
  </div>
</body>
```

❶ 背景圖片為 f.jpg
❷ 不要重複排列
❸ 從區塊的右上角開始顯示

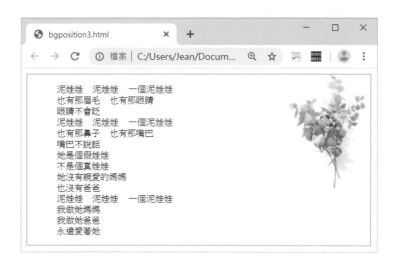

10.1.4 background-attachment
（背景圖片是否隨著內容捲動）

我們可以使用 background-attachment 屬性設定背景圖片是否隨著內容捲動，其語法如下，預設值為 scroll，表示背景圖片會隨著內容捲動，而 fixed 表示背景圖片是在固定位置，不會隨著內容捲動：

```
background-attachment: scroll | fixed
```

下面是一個例子（網頁圖片來源：Photo by Evie Shaffer from Pexels)。

\Ch10\bgattachment.html

```
<!DOCTYPE html>
<html>
  <head>
    <meta charset="utf-8">
    <style>
      body {
    ❶ background-image: url(flowers.jpg);
    ❷ background-repeat: no-repeat;
    ❸ background-position: right top;
    ❹ background-attachment: fixed;
      }
      p {white-space: pre-line;}
    </style>
  </head>
  <body>
    <h1> 妹妹背著洋娃娃 </h1>
    <p> 妹妹背著洋娃娃
        走到花園來看花
        娃娃哭了叫媽媽
        樹上小鳥笑哈哈 </p>
    <h1> 泥娃娃 </h1>
    <p> 泥娃娃
        …
        永遠愛著她 </p>
  </body>
</html>
```

❶ 背景圖片為 flowers.jpg
❷ 不要重複排列
❸ 從網頁的右上角開始顯示
❹ 背景圖片是在固定位置

在這個例子中，我們將網頁內容設計得比較長，瀏覽結果如下圖，當我們將內容向下捲動時，背景圖片是在固定位置，也就是瀏覽器的右上角，不會隨著內容捲動。

❶ 移動捲軸將內容向下捲動　❷ 背景圖片不會隨著捲動

此外，CSS3 允許我們使用多張背景圖片，若要設定多張背景圖片是否隨著內容捲動，以逗號隔開設定值即可。

10.1.5 background-clip (背景顯示區域)

我們可以使用 background-clip 屬性設定背景色彩或背景圖片的顯示區域，其語法如下，若要設定多張背景圖片的顯示區域，以逗號隔開設定值即可：

```
background-clip: border-box | padding-box | content-box
```

- ✅ border-box：背景會描繪到框線的部分 (預設值)。

- ✅ padding-box：背景會描繪到留白的部分。

- ✅ content-box：背景會描繪到內容的部分。

下面是一個例子，為了展現 background-clip 屬性的效果，我們在標題 1 使用 border 屬性設定寬度為 30 像素、半透明的框線，以及使用 padding 屬性設定寬度為 20 像素的留白，然後將 background-clip 屬性設定為 content-box，令背景圖片描繪到內容的部分，得到如下圖的瀏覽結果。

\Ch10\bgclip.html

```
01:<body>
02:  <h1 style="border: solid 30px rgba(255,153,255,0.5); padding:20px;
03:    background-image: url(f.gif); background-clip: content-box;"> 臨江仙 </h1>
04:</body>
```

若將 background-clip 屬性設定為 padding-box，令背景圖片描繪到留白的部分，則會得到如下圖的瀏覽結果。

```
02:   <h1 style="border: solid 30px rgba(255,153,255,0.5); padding:20px;
03:     background-image: url(f.gif); background-clip: padding-box;"> 臨江仙 </h1>
```

若將 background-clip 屬性設定為 border-box，令背景圖片描繪到框線的部分，則會得到如下圖的瀏覽結果。

```
02:   <h1 style="border: solid 30px rgba(255,153,255,0.5); padding:20px;
03:     background-image: url(f.gif); background-clip: border-box;"> 臨江仙 </h1>
```

10.1.6　background-origin（背景顯示位置基準點）

我們可以使用 background-origin 屬性設定背景色彩或背景圖片的顯示位置基準點，其語法如下，若要設定多張背景圖片的顯示位置基準點，以逗號隔開設定值即可：

```
background-origin: border-box | padding-box | content-box
```

- ✅　border-box：背景從框線的部分開始描繪。

- ✅　padding-box：背景從留白的部分開始描繪（預設值）。

- ✅　content-box：背景從內容的部分開始描繪。

下面是一個例子，為了展現 background-origin 屬性的效果，我們在標題 1 使用 border 屬性設定寬度為 30 像素、半透明的框線，以及使用 padding 屬性設定寬度為 20 像素的留白，然後將 background-origin 屬性設定為 content-box，令背景圖片從內容的部分開始描繪，得到如下圖的瀏覽結果。

```
\Ch10\bgorigin.html
01:<body>
02:  <h1 style="border: solid 30px rgba(255,153,255,0.5); padding: 20px;
03:    background-image: url(f.gif); background-repeat: no-repeat;
04:    background-origin: border-box;"> 臨江仙 </h1>
05:</body>
```

若將 background-origin 屬性設定為 padding-box，令背景圖片從留白的部分開始描繪，則會得到如下圖的瀏覽結果。

```
02:   <h1 style="border: solid 30px rgba(255,153,255,0.5); padding: 20px;
03:     background-image: url(f.gif); background-repeat: no-repeat;
04:     background-origin: padding-box;">臨江仙 </h1>
```

若將 background-origin 屬性設定為 border-box，令背景圖片從框線的部分開始描繪，則會得到如下圖的瀏覽結果。

```
02:   <h1 style="border: solid 30px rgba(255,153,255,0.5); padding: 20px;
03:     background-image: url(f.gif); background-repeat: no-repeat;
04:     background-origin: border-box;">臨江仙 </h1>
```

10.1.7 background-size (背景圖片大小)

我們可以使用 background-size 屬性設定背景圖片的大小，其語法如下，預設值為 auto (自動)，若要設定多張背景圖片的大小，以逗號隔開設定值即可：

```
background-size: [ 長度 | 百分比 | auto] | contain | cover
```

- ✅ [長度 | 百分比 | auto]：使用 px、pt、pc、em、ex、in、cm、mm 等度量單位或百分比設定背景圖片的寬度與高度，例如 background-size: 100px 50px 表示寬度與高度為 100 像素和 50 像素。
- ✅ contain：背景圖片的大小剛好符合 HTML 元素的區塊範圍。
- ✅ cover：背景圖片的大小覆蓋整個 HTML 元素的區塊範圍。

下面是一個例子，它將兩個標題 1 群組成一個區塊，為了展現出區塊範圍，所以先使用 border 屬性設定 1 像素的藍色框線，然後使用 background-size 屬性將區塊的背景圖片大小為 auto，瀏覽結果如下圖，此時的背景圖片為原始大小。

\Ch10\bgsize.html

```
<body>
  <div style=" border: solid 1px blue; background-image: url(f2.gif);
    background-repeat: no-repeat; background-size: auto;">
    <h1> 臨江仙 </h1>
    <h1> 蝶戀花 </h1>
  </div>
</body>
```

臨江仙

蝶戀花

若將 background-size 屬性設定為 100px auto，令背景圖片的寬度為 100 像素，高度為 auto（自動），也就是高度按原圖比例自動縮放，則會得到如下圖的瀏覽結果。

若將 background-size 屬性設定為 contain，令背景圖片的大小剛好符合區塊範圍，則會得到如下圖的瀏覽結果。

若將 background-size 屬性設定為 cover，令背景圖片的大小覆蓋整個區塊範圍，則會得到如下圖的瀏覽結果。

10.1.8　background（背景屬性速記）

background 屬性是綜合了 background-color、background-image、
background-repeat、background-attachment、background-position、
background-clip、background-origin、background-size 等背景屬性的速記，
其語法如下，若要設定多張背景圖片的背景屬性，以逗號隔開設定值即可：

> background：屬性值 1 [屬性值 2 [屬性值 3 [...]]]

這些屬性值的中間以空白隔開，沒有順序之分，只有背景圖片大小是以 / 隔
開，接續在背景圖片起始位置的後面，預設值則視個別的屬性而定，下面是
一些例子：

```
01:body {background: rgba(255, 0, 0, 0.3);}
02:body {background: url("flowers.jpg") no-repeat fixed;}
03:body {background: url("flowers.jpg") no-repeat 50% 50%;}
04:body {background: url("flowers.jpg") no-repeat right bottom;}
05:div  {background: url("bg03.gif") no-repeat padding-box;}
06:div  {background: url("bg03.gif") no-repeat left top / 100px 200px;}
```

- ✅ 01：將網頁主體的背景色彩設定為紅色並加上透明度參數 0.3。

- ✅ 02：將網頁主體的背景圖片設定為 flowers.jpg、不要重複排列、不會
  隨著內容捲動。

- ✅ 03：將網頁主體的背景圖片設定為 flowers.jpg、不要重複排列、從正
  中央開始顯示。

- ✅ 04：將網頁主體的背景圖片設定為 flowers.jpg、不要重複排列、從右
  下角開始顯示。

- ✅ 05：將 <div> 區塊的背景圖片設定為 bg03.gif、不重複排列、背景圖
  片從留白的部分開始描繪。

- ✅ 06：將 <div> 區塊的背景圖片設定為 bg03.gif、不重複排列、從左上
  方開始顯示、背景圖片的寬度與高度為 100 像素和 200 像素。

10.2 漸層屬性

10.2.1 linear-gradient()（線性漸層）

我們可以使用 linear-gradient() 設定線性漸層，其語法如下：

`linear-gradient( 角度 | 方向 , 色彩停止點 1 , 色彩停止點 2, ...)`

✅ 角度 | 方向：使用度數設定線性漸層的角度，例如 90deg（90 度）表示由左往右，0deg（0 度）表示由下往上；或者，也可以使用 to [left | right] || [top | bottom] 設定線性漸層的方向，例如 to left 表示由右往左漸層，to top 表示由下往上漸層。

✅ 色彩停止點：包括色彩的值與位置，中間以空白字元隔開，例如 yellow 0% 表示起點為黃色，orange 100% 表示終點為橘色。

下面是一個例子，它示範了三種不同的線性漸層效果。

`\Ch10\gradient1.html`

```
<h1 style="background: linear-gradient(0deg, yellow, orange);"> 春曉 </h1>
<h1 style="background: linear-gradient(to top right, red, white, blue);"> 送別 </h1>
<h1 style="background: linear-gradient(90deg, yellow 0%, orange 100%);"> 紅豆 </h1>
```

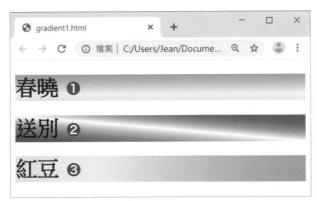

❶ 黃色由下往上漸層到橘色　　❸ 黃色起點由左往右漸層到橘色終點
❷ 紅白藍三色由左下往右上漸層

10.2.2 radial-gradient() (放射漸層)

我們可以使用 radial-gradient() 設定放射漸層，其語法如下：

```
linear-gradient( 形狀 大小 位置 , 色彩停止點 1 , 色彩停止點 2, ...)
```

- 形狀：漸層的形狀可以是 circle (圓形) 或 ellipse (橢圓形)。
- 大小：使用下列設定值設定漸層的大小。

設定值	說明
長度	以度量單位設定圓形或橢圓形的半徑。
closest-side	從圓形或橢圓形的中心點到區塊最近邊的距離當作半徑。
farthest-side	從圓形或橢圓形的中心點到區塊最遠邊的距離當作半徑。
closest-corner	從圓形或橢圓形的中心點到區塊最近角的距離當作半徑。
farthest-corner	從圓形或橢圓形的中心點到區塊最遠角的距離當作半徑。

- 位置：在 at 後面加上 left、right、bottom、center 設定漸層的位置。
- 色彩停止點：包括色彩的值與位置，中間以空白字元隔開，例如 yellow 0% 表示起點為黃色，orange 100% 表示終點為橘色。

下面是一個例子，它示範了兩種不同的放射漸層效果。

\Ch10\gradient2.html

```html
<h1 style="background: radial-gradient(circle, yellow, orange);"> 春曉 </h1>
<h1 style="background: radial-gradient(at right, white, lightgreen);"> 送別 </h1>
```

10.2.3 repeating-linear-gradient()、repeating-radial-gradient()（重複漸層）

我們可以使用 repeating-linear-gradient() 設定重複線性漸層，其語法和 linear-gradient() 相同。

此外，我們也可以使用 repeating-radial-gradient() 設定重複放射漸層，其語法和 radial-gradient() 相同。

下面是一個例子，它示範了幾種不同的重複漸層效果，您可以試著自己變換不同的色彩停止點，看看效果有何不同。

\Ch10\gradient3.html

```
<h1 style="background: repeating-linear-gradient(to right, yellow 0%,
  orange 20%);"> 春曉 </h1>
<h1 style="background: repeating-linear-gradient(to top right, red 0%,
  white 25%, blue 50%);"> 送別 </h1>
<h1 style="background:repeating-radial-gradient(orange, yellow 20px,
  orange 40px);"> 紅豆 </h1>
<h1 style="background:repeating-radial-gradient(circle, red, yellow,
  lightgreen 100%, yellow 150%, red 200%);"> 雜詩 </h1>
```

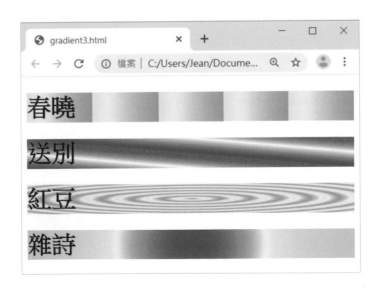

10.3 表格屬性

10.3.1 caption-side (表格標題位置)

我們可以使用 caption-side 屬性設定表格標題元素的位置，其語法如下，預設值為 top，表示位於表格上方，而 bottom 表示位於表格下方：

```
caption-side: top | bottom
```

下面是一個例子，它將表格標題設定在表格下方。

\Ch10\table1.html

```
<!DOCTYPE html>
<html>
  <head>
    <meta charset="utf-8">
    <style>
      caption {caption-side: bottom;}
      th {background-color: #99ccff; padding: 5px}
      td {background-color: #ddeeff; padding: 5px; text-align: center;}
    </style>
  </head>
  <body>
    <table>
      <caption> 熱門點播 </caption>
      <tr>
        <th> 歌曲名稱 </th><th> 演唱者 </th>
      </tr>
      <tr>
        <td> 阿密特 </td><td> 張惠妹 </td>
      </tr>
      <tr>
        <td> 大藝術家 </td><td> 蔡依林 </td>
      </tr>
    </table>
  </body>
</html>
```

歌曲名稱	演唱者
阿密特	張惠妹
大藝術家	蔡依林
熱門點播	

10.3.2　border-collapse（表格框線模式）

我們可以使用 border-collapse 屬性設定表格元素的框線模式，其語法如下：

```
border-collapse: separate | collapse
```

- ✅ separate：「框線分開」模式（預設值）。

- ✅ collapse：「框線重疊」模式。

下面是一個例子，它將表格設定為「框線分開」模式，所以表格與儲存格之間的框線會分隔開來，而顯示紅色和藍色的框線。

\Ch10\table2.html

```
01:<!DOCTYPE html>
02:<html>
03:  <head>
04:    <meta charset="utf-8">
05:    <style>
06:      table {border: 2px solid red; border-collapse: separate;}
07:      th, td {border: 2px solid blue;}
08:    </style>
09:  </head>
10:  <body>
11:    <table>
12:      <caption> 熱門點播 </caption>
13:      <tr>
14:        <th> 歌曲名稱 </th><th> 演唱者 </th>
15:      </tr>
16:      <tr>
17:        <td> 阿密特 </td><td> 張惠妹 </td>
18:      </tr>
19:      <tr>
20:        <td> 大藝術家 </td><td> 蔡依林 </td>
21:      </tr>
22:    </table>
23:  </body>
24:</html>
```

熱門點播	
歌曲名稱	**演唱者**
阿密特	張惠妹
大藝術家	蔡依林

若將第 06 行改寫成如下，令表格採取「框線重疊」模式：

```
06:      table {border: 2px solid red; border-collapse: collapse;}
```

瀏覽結果如下圖，表格與儲存格之間的框線會重疊在一起，而顯示藍色的框線。

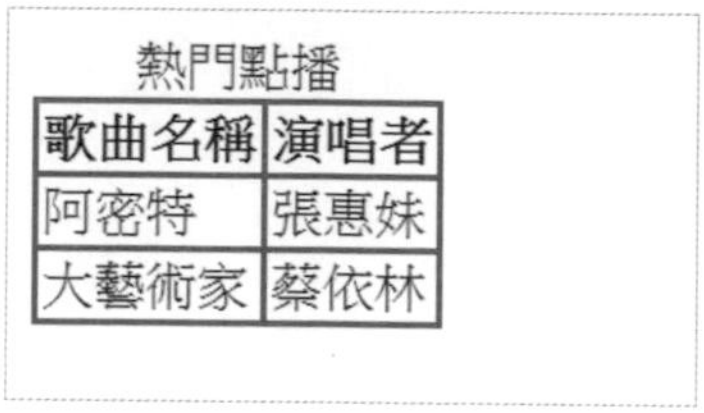

10.3.3　table-layout（表格版面編排方式）

我們可以使用 table-layout 屬性設定表格元素的版面編排方式，其語法如下，預設值為 auto（自動），表示儲存格的寬度取決於其內容的長度，而 fixed（固定）表示儲存格的寬度取決於表格的寬度、欄的寬度及框線：

```
table-layout: auto | fixed
```

舉例來說，在 \Ch10\table2.html 中，儲存格的寬度是取決於其內容的長度，若將第 06 行改寫成如下，令表格的寬度為 140 像素、版面編排方式為 fixed（固定），然後另存新檔為 \Ch10\table3.html：

```
06:      table {border: 2px solid red; width: 140px; table-layout: fixed;}
```

瀏覽結果如下圖，儲存格的寬度是取決於表格的寬度、欄的寬度及框線。

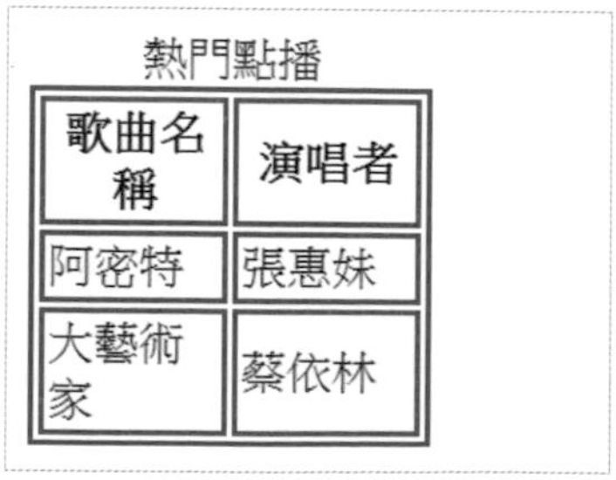

10.3.4 empty-cells (顯示或隱藏空白儲存格)

我們可以使用 empty-cells 屬性設定在「框線分開」模式下，是否顯示空白儲存格的框線與背景，其語法如下，預設值為 show，表示顯示，而 hide 表示隱藏：

```
empty-cells: show | hide
```

下面是一個例子，其中第 21 ~ 23 行是定義一列空白儲存格，由於第 07 行有加上 empty-cells: show，所以瀏覽結果會顯示空白儲存格的框線與背景，如圖❶，若改為 empty-cells: hide，則瀏覽結果會隱藏空白儲存格的框線與背景，如圖❷。

\Ch10\table4.html

```
01:<!DOCTYPE html>
02:<html>
03:   <head>
04:     <meta charset="utf-8">
05:     <style>
06:       table {border: 2px solid red;}
07:       th, td {border: 2px solid blue; empty-cells: show;}
08:     </style>
09:   </head>
10:   <body>
11:     <table>
12:       <tr>
13:         <th> 歌曲名稱 </th><th> 演唱者 </th>
14:       </tr>
15:       <tr>
16:         <td> 阿密特 </td><td> 張惠妹 </td>
17:       </tr>
18:       <tr>
19:         <td> 大藝術家 </td><td> 蔡依林 </td>
20:       </tr>
21:       <tr>
22:         <td></td><td></td>
23:       </tr>
24:     </table>
25:   </body>
26:</html>
```

10.3.5 border-spacing (表格框線間距)

我們可以使用 border-spacing 設定在「框線分開」模式下的表格框線間距，其語法如下：

border-spacing: 長度

下面是一個例子，它將表格框線間距設定為 10 像素。

\Ch10\table5.html

```html
<!DOCTYPE html>
<html>
  <head>
    <meta charset="utf-8">
    <style>
      table {border: 2px solid red; border-spacing: 10px;}
      th, td {border:2px solid blue}
    </style>
  </head>
  <body>
    <table>
      <caption> 熱門點播 </caption>
      <tr>
        <th> 歌曲名稱 </th>
        <th> 演唱者 </th>
      </tr>
      <tr>
        <td> 阿密特 </td>
        <td> 張惠妹 </td>
      </tr>
      <tr>
        <td> 大藝術家 </td>
        <td> 蔡依林 </td>
      </tr>
    </table>
  </body>
</html>
```

11

變形、轉場
與媒體查詢

11.1 變形處理

CSS3 針對變形處理提供數個屬性，例如 transform、transform-origin、transform-box、transform-style、perspective、perspective-origin、backface-visibility 等。本節將介紹已經成為候選推薦的 transform 和 transform-origin 兩個屬性，至於其它屬性，有興趣的讀者可以參考 CSS3 官方文件 https://www.w3.org/TR/css-transforms-1/ 和 https://www.w3.org/TR/css-transforms-2/。

11.1.1 transform (2D、3D 變形處理)

我們可以使用 transform 屬性進行位移、縮放、旋轉、傾斜等變形處理，其語法如下，預設值為 none（無），而變形函數又有 2D 和 3D 之分：

```
transform: none | 變形函數
```

2D 變形函數	變形處理
translate(x[, y]) translateX(x) translateY(y)	根據參數 x 所指定的水平差距和參數 y 所指定的垂直差距進行位移，若沒有參數 y，就採取 0；translateX(x) 相當於 translate(x, 0)；translateY(y) 相當於 translate(0, y)。
scale(x[, y]) scaleX(x) scaleY(y)	根據參數 x 所指定的水平縮放倍率和參數 y 所指定的垂直縮放倍率進行縮放，若沒有參數 y，就採取和參數 x 相同的值；scaleX(x) 相當於 scale(x, 1)；scaleY(y) 相當於 scale(1, y)。
rotate($angle$)	以 transform-origin 屬性的值（預設值為正中央）為原點往順時針方向旋轉參數 $angle$ 所指定的角度，例如 rotate(90deg) 是以正中央為原點往順時針方向旋轉 90 度。
skew($angleX$[, $angleY$]) skewX($angleX$) skewY($angleY$)	在 X 軸及 Y 軸方向傾斜參數 $angleX$ 和參數 $angleY$ 所指定的角度，若沒有參數 $angleY$，就採取 0；skewX($angleX$) 相當於 skew($angleX$, 0)；skewY($angleY$) 相當於 skew(0, $angleY$)。
matrix(a, b, c, d, e, f)	根據參數所指定的矩陣進行變形處理，該矩陣為 $\begin{bmatrix} a & c & e \\ b & d & f \\ 0 & 0 & 1 \end{bmatrix}$。

3D 變形函數	變形處理
translate3d(x, y, z)、translateZ(z)	3D 位移
scale3d($x, y, z, angle$)、scaleZ(z)	3D 縮放
rotate3d($x, y, z, angle$)、rotateX($angle$)、rotateY($angle$)、rotateZ($angle$)	3D 旋轉
perspective()	3D 透視投影
matrix3d()	3D 變形處理

下面是一個例子，其中區塊只有設定寬度、高度、前景色彩和背景色彩，尚未設定任何變形處理，瀏覽結果如下圖。

\Ch11\transform.html

```
01:<!DOCTYPE html>
02:<html>
03:  <head>
04:    <meta charset="utf-8">
05:    <title> 變形處理 </title>
06:    <style>
07:      div {
08:        width: 200px; height: 50px;
09:        color: white; background-color: darkturquoise;
10:      }
11:    </style>
12:  </head>
13:  <body>
14:    <div></div>
15:  </body>
16:</html>
```

若在第 06 ~ 11 行加入下面的 translate() 變形函數,將區塊水平位移 100 像素和垂直位移 50 像素,瀏覽結果如下圖,紅色虛線表示區塊在位移之前的位置。

```
<style>
  div {
    width: 200px; height: 50px;
    color: white; background-color: darkturquoise;
    transform: translate(100px, 50px);      /* 位移量也可以是負值,表示相反方向 */
  }
</style>
```

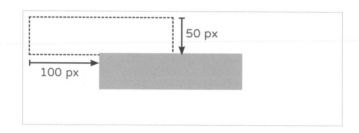

若在第 06 ~ 11 行加入下面的 scale() 變形函數,將區塊水平縮放 0.5 倍和垂直縮放 0.5 倍,瀏覽結果如下圖,紅色虛線表示區塊在縮放之前的位置。

```
<style>
  div {
    width: 200px; height: 50px;
    color: white; background-color: darkturquoise;
    transform: scale(0.5, 0.5);
  }
</style>
```

若在第 06 ~ 11 行加入下面的 skew() 變形函數，將區塊以正中央為原點往左水平傾斜 20 度，瀏覽結果如下圖，紅色虛線表示區塊在傾斜之前的位置。

```
<style>
  div {
    width: 200px; height: 50px;
    color: white; background-color: darkturquoise;
    transform: skew(20deg, 0);    /* 度數也可以是負值，表示相反方向 */
  }
</style>
```

若在第 06 ~ 11 行加入下面的 rotate() 變形函數，將區塊以正中央為原點往順時針方向旋轉 5 度，瀏覽結果如下圖，紅色虛線表示區塊在旋轉之前的位置。

```
<style>
  div {
    width: 200px; height: 50px;
    color: white; background-color: darkturquoise;
    transform: rotate(5deg);      /* 度數也可以是負值，表示相反方向 */
  }
</style>
```

11.1.2　transform-origin（變形處理原點）

我們可以使用 transform-origin 屬性設定變形處理原點，其語法如下，第一個值為水平位置，第二個值為垂直位置，預設值為 50% 50%，表示正中央：

```
transform-origin: [ 長度 | 百分比 | left | center | right]
                  [ 長度 | 百分比 | top | center | bottom]
```

下面是一個例子，它先將區塊的變形處理原點設定為左下角，然後往順時針方向旋轉 30 度，瀏覽結果如下圖，紅色虛線表示區塊在旋轉之前的位置。

`\Ch11\transformorigin.html`

```html
<!DOCTYPE html>
<html>
  <head>
    <meta charset="utf-8">
    <title> 變形處理 </title>
    <style>
      div {
        width: 200px; height: 50px;
        color: white; background-color: darkturquoise;
        transform-origin: left bottom;      /* 將變形處理原點設定為左下角 */
        transform: rotate(30deg);           /* 往順時針方向旋轉 30 度 */
      }
    </style>
  </head>
  <body>
    <div></div>
  </body>
</html>
```

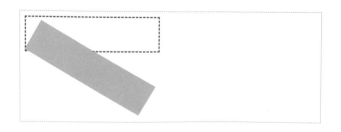

11.2 轉場效果

轉場 (transition) 指的是以動畫的方式改變屬性的值，也就是讓元素從一種樣式轉換成另一種樣式，例如當指標移到按鈕時，按鈕的背景色彩會從紅色逐漸轉換成綠色；或是當指標移到圖片時，圖片會從小逐漸變大。

CSS3 針對轉場效果提供數個屬性，以下有進一步的說明。

transition-property

transition-property 屬性用來設定要進行轉場的屬性，其語法如下：

```
transition-property: none | all | 屬性
```

- ✅ none（無）：沒有屬性要進行轉場。
- ✅ all（全部）：所有屬性都要進行轉場（預設值）。
- ✅ 屬性：只有指定的屬性要進行轉場，例如 transition-property: color, background-color 表示要進行轉場的是 color 和 background-color 兩個屬性。

transition-timing-function

transition-timing-function 屬性用來設定轉場的變化方式，其語法如下：

```
transition-timing-function: ease | ease-in | ease-out | ease-in-out | linear
```

- ✅ ease：開始到結束是採取逐漸加速到中間再逐漸減速（預設值）。
- ✅ ease-in：開始到結束是採取由慢到快的速度。
- ✅ ease-out：開始到結束是採取由快到慢的速度。
- ✅ ease-in-out：開始到結束是採取由慢到快再到慢的速度。
- ✅ linear：開始到結束是採取均勻的速度，例如 transition-timing-function: linear 表示以均勻的速度進行轉場。

transition-duration

transition-duration 屬性用來設定完成轉場所需要的時間,其語法為下:

```
transition-duration: 時間
```

轉場的持續時間以 s(秒)或 ms(毫秒)為單位,例如 transition-duration: 5s 表示要在 5 秒內完成轉場。

transition-delay

transition-delay 屬性用來設定開始轉場的延遲時間,其語法如下:

```
transition-delay: 時間
```

轉場的延遲時間以 s(秒)或 ms(毫秒)為單位,例如 transition-delay: 200ms 表示要先等 200 毫秒才開始轉場。

transition

transition 屬性是前面四個屬性的速記,其語法如下:

```
transition: <transition-property> || <transition-timing-function> ||
            <transition-duration> || <transition-delay>
```

屬性值的中間以空白隔開,省略不寫的屬性值會使用預設值,若有兩個時間,則前者為完成時間,後者為延遲時間。若要設定多個屬性的轉場效果,中間以逗號隔開。

下面是一個例子,我們先將超連結的外觀設定成黃底黑字,然後設定當指標移到超連結時,會以動畫的方式逐漸轉換成綠底白字。

請注意,transition: background-color 3s 0s, color 2s 1s; 表示要進行轉場的是 background-color 和 color 兩個屬性,其中 background-color 3s 0s 表示要在 3 秒內轉換背景色彩,沒有延遲時間,而 color 2s 1s 表示要先等 1 秒才開始轉場,而且要在 2 秒內轉換前景色彩。

\Ch11\transition.html

```html
<!DOCTYPE html>
<html>
  <head>
    <meta charset="utf-8">
    <title> 轉場效果 </title>
    <style>
      /* 將超連結的外觀設定成黃底黑字 */
      a {
        width: 75px; padding: 10px;
        text-decoration: none;
        background-color: yellow; color: black;
        border-radius: 10px;
      }
      /* 當指標移到超連結時，會以動畫的方式逐漸轉換成綠底白字 */
      a:hover {
        background-color: green; color: white;
        transition: background-color 3s 0s, color 2s 1s;
      }
    </style>
  </head>
  <body>
    <a href="login.html"> 登入系統 </a>
  </body>
</html>
```

❶ 一開始為黃底黑字　❷ 當指標移到時會逐漸轉換成綠底白字

11.3 媒體查詢

HTML 和 CSS 允許網頁設計人員針對不同的媒體類型量身訂做不同的樣式，常見的媒體類型如下，預設值為 all。

媒體類型	說明
all	全部裝置 (預設值)。
screen	螢幕 (例如瀏覽器)。
print	列印裝置 (包含使用預覽列印所產生的文件，例如 PDF 檔)。
speech	語音合成器。

我們可以將媒體查詢撰寫在 <link> 元素的 media 屬性，或將媒體查詢撰寫在 <style> 元素裡面的 @import 指令或 @media 指令，例如下面的敘述是使用 <link> 元素的 media 屬性設定當媒體類型為 screen 時，就套用 screen.css 檔所定義的樣式表；而當媒體類型為 print 時，就套用 print. css 檔所定義的樣式表：

```
<link rel="stylesheet" type="text/css" media="screen" href="screen.css">
<link rel="stylesheet" type="text/css" media="print" href="print.css">
```

例如下面的敘述是使用 @media 指令設定當媒體類型為 screen 時，就將標題 1 顯示為綠色；而當媒體類型為 print 時，就將標題 1 列印為紅色：

```
@media screen {
  h1 {color: green;}
}
@media print {
  h1 {color: red;}
}
```

例如下面的敘述是使用 @import 指令設定當媒體類型為 screen 時，就套用 screen.css 檔的樣式表：

```
@import url("screen.css") screen;
```

隨著愈來愈多使用者透過行動裝置上網，網頁設計人員經常需要根據 PC 或行動裝置的特徵來設計不同的樣式。CSS3 Media Queries 模組中常見的媒體特徵如下，詳細規格可以參考 CSS3 官方文件 https://www.w3.org/TR/css3-mediaqueries/。

特徵與設定值	說明	min/max prefixes
width: 長度	可視區域的寬度 (包含捲軸)	Yes
height: 長度	可視區域的高度	Yes
device-width: 長度	裝置螢幕的寬度	Yes
device-height: 長度	裝置螢幕的高度	Yes
orientation: portrait | landscape	裝置的方向 (portrait 表示直向，landscape 表示橫向)	No
aspect-ratio: 比例	可視區域的寬高比 (例如 16/9 表示 16:9)	Yes
device-aspect-ratio: 比例	裝置螢幕的長寬比 (例如 1280/720 表示水平及垂直方向為 1280 像素和 720 像素)	Yes
color: 正整數或 0	裝置螢幕的色彩位元數目，0 表示非彩色裝置	Yes
color-index: 正整數或 0	裝置螢幕的色彩索引位元數目，0 表示非彩色裝置	Yes
resolution: 解析度	裝置螢幕的解析度，以 dpi (dots per inch) 或 dpcm (dots per centimeter) 為單位	Yes
pointer: none | coarse | fine any-pointer: none | coarse | fine	使用者是否有指向裝置，none 表示無；coarse 表示精確度較差，例如觸控螢幕；fine 表示精確度較佳，例如滑鼠	No
hover: none | hover any-hover: none | hover	是否能將指標停留在元素，none 表示不能，hover 表示能	No

註：在 min/max prefixes 欄位中，Yes 表示可以加上前置詞 min- 或 max- 取得特徵的最小值或最大值，例如 min-width 表示可視區域的最小寬度，而 max-width 表示可視區域的最大寬度。

下面是一個例子，我們撰寫三個媒體查詢：

✅ 06 ~ 08：當可視區域小於等於 480 像素時（例如手機），就將網頁背景設定為亮粉色。

✅ 10 ~ 12：當可視區域介於 481 ~ 768 像素時（例如平板電腦），就將網頁背景設定為橘色。

✅ 14 ~ 16：當可視區域大於等於 769 像素時（例如桌機或筆電），就將網頁背景設定為深天空藍色。

這些媒體查詢使用 and 運算子連接多個媒體特徵，表示在它們均成立的情況下才套用指定的樣式。

\Ch11\media.html

```
01:<!DOCTYPE html>
02:<html>
03:  <head>
04:    <meta charset="utf-8">
05:    <style>
06:      @media screen and (max-width: 480px){
07:        body {background: hotpink;}
08:      }
09:
10:      @media screen and (min-width: 481px) and (max-width: 768px){
11:        body {background: orange;}
12:      }
13:
14:      @media screen and (min-width: 769px) {
15:        body {background: deepskyblue;}
16:      }
17:    </style>
18:  </head>
19:  <body>
20:  </body>
21: </html>
```

瀏覽結果如下圖,當瀏覽器寬度小於等於 480 像素時,網頁背景為亮粉色,隨著瀏覽器寬度超過 480 像素和 768 像素,就會變成橘色和深天空藍色。

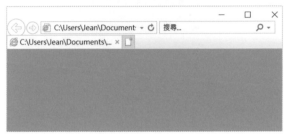

此外,我們也可以根據不同的裝置套用不同的樣式表,以下面的敘述為例,第 01 行是設定當可視區域小於等於 480 像素時(例如手機),就套用 S.css 樣式表,第 02 ~ 03 行是設定當可視區域介於 481 ~ 768 像素時(例如平板電腦),就套用 M.css 樣式表,而第 04 ~ 05 行是當可視區域大於等於 769 像素時(例如桌機或筆電),就套用 L.css 樣式表。

```
01:<link rel="stylesheet" type="text/css" href="S.css" media="screen">
02:<link rel="stylesheet" type="text/css" href="M.css" media="screen and
03:    (min-width: 481px) and (max-width:768px)">
04:<link rel="stylesheet" type="text/css" href="L.css" media="screen and
05:    (min-width: 769px)">
```

MEMO

12

JavaScript
基本語法

12.1 撰寫第一個 JavaScript 程式

JavaScript 是一種應用廣泛的瀏覽器端 Script，多數瀏覽器均內建 JavaScript 直譯器。JavaScript 和 HTML、CSS 可以說是網頁設計的黃金組合，其中 JavaScript 用來定義網頁的行為，例如即時更新社群網站動態、即時更新地圖、廣告輪播等。

12.1.1 方式一：嵌入 JavaScript 程式

我們可以使用 <script> 元素在 HTML 文件中嵌入 JavaScript 程式，下面是一個例子，它會在對話方塊中顯示 "Hello, JavaScript!"。

```
\Ch12\JShello1.html
01:<!DOCTYPE html>
02:<html>
03:  <head>
04:    <meta charset="utf-8">
05:    <title> 我的網頁 </title>
06:    <script language="javascript">
07:      <!--
08:        alert("Hello, JavaScript!");❶
09:      -->
10:    </script>
11:  </head>
12:  <body>
13:  </body>
14:</html>
```

❶ 嵌入 JavaScript 程式
❷ 顯示對話方塊

- 06 ~ 10：這是 JavaScript 程式碼，前後以開始標籤 <script> 和結束標籤 </script> 標示起來。由於多數瀏覽器預設的 Script 為 JavaScript，因此，language="javascript" 屬性可以省略不寫。

- 07、09：註解標籤是針對不支援 JavaScript 的瀏覽器所設計，一旦遇到這種瀏覽器，JavaScript 程式碼會被當作註解，而不會產生錯誤。由於多數瀏覽器均內建 JavaScript 直譯器，因此，註解標籤可以省略不寫。

- 08：呼叫 JavaScript 的內建函式 alert()，在網頁上顯示對話方塊，而且該函式的參數會顯示在對話方塊，此例為 "Hello, JavaScript!"。

我們通常是將 JavaScript 程式碼放在 HTML 文件的標頭，也就是放在 <head> 元素裡面，而且是放在 <meta>、<title> 等元素後面，確保 JavaScript 程式碼在網頁顯示出來之前，已經完全下載到瀏覽器。

當然，我們也可以視實際情況將 JavaScript 程式碼塊放在 HTML 文件的其它位置，只要記住一個原則，就是 HTML 文件的載入順序是由上至下，由左至右，先載入的敘述會先執行。舉例來說，我們可以將 \Ch12\JShello1.html 的 JavaScript 程式碼移到 HTML 文件的主體，如下，執行結果是相同的。

`\Ch12\JShello2.html`

```
<!DOCTYPE html>
<html>
  <head>
    <meta charset="utf-8">
    <title> 我的網頁 </title>
  </head>
  <body>
    <script language="javascript">
      <!--
        alert("Hello, JavaScript!");
      -->
    </script>
  </body>
</html>
```

12.1.2 方式二：使用 JavaScript 事件處理程式

除了前一節所介紹的方式之外，我們也可以使用 HTML 元素的事件屬性設定由 JavaScript 撰寫的事件處理程式。

下面是一個例子，它會透過 <body> 元素的 onload 事件屬性設定當瀏覽器發生 load 事件時（即載入網頁），就呼叫 JavaScript 的內建函式 alert()，在對話方塊中顯示 "Hello, JavaScript!"。

有關其它事件的類型，以及如何撰寫事件處理程式，我們會在第 13 章做進一步的說明。

```
\Ch12\JShello3.html
```

```html
<!DOCTYPE html>
<html>
  <head>
    <meta charset="utf-8">
    <title> 我的網頁 </title>
  </head>
  <body onload="javascript: alert('Hello, JavaScript!');"> ❶
  </body>
</html>
```

❶ 設定事件處理程式　　❷ 顯示對話方塊

12.1.3 方式三：載入外部的 JavaScript 程式

我們可以將 JavaScript 程式放在獨立的外部檔案，然後使用 <script> 元素的 src 屬性設定 JavaScript 檔案路徑，將 JavaScript 程式載入 HTML 文件。

下面是一個例子，它將 JavaScript 程式放在 FirstJavaScript.js 檔案，副檔名 .js 是要讓 JavaScript 直譯器識別，然後在 HTML 文件中載入 JavaScript 程式。

`\Ch12\FirstJavaScript.js`

```
alert("Hello, JavaScript!");
```

`\Ch12\JShello4.html`

```
<!DOCTYPE html>
<html>
  <head>
    <meta charset="utf-8">
    <title> 我的網頁 </title>
    <script src="FirstJavaScript.js" language="javascript"></script> ❶
  </head>
  <body>
  </body>
</html>
```

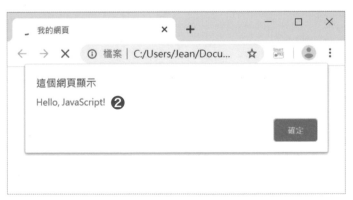

❶ 載入外部的 JavaScript 程式   ❷ 顯示對話方塊

12.2 JavaScript 程式碼撰寫慣例

在開始介紹 JavaScript 程式碼撰寫慣例之前,我們先來說明什麼叫做「程式」,所謂程式 (program) 是由一行一行的敘述或陳述式 (statement) 所組成,而敘述或陳述式又是由「關鍵字」、「特殊字元」或「識別字」所組成。

- 關鍵字 (keyword):又稱為保留字 (reserved word),它是由 JavaScript 所定義,包含特定的意義與用途,程式設計人員必須遵守 JavaScript 的規定來使用關鍵字,否則會產生錯誤。舉例來說,function 是 JavaScript 用來宣告函式的關鍵字,所以不能使用 function 宣告一般的變數。

- 特殊字元 (special character):JavaScript 有不少特殊字元,例如標示敘述結尾的分號 (;)、標示字串的單引號 (') 或雙引號 (")。

- 識別字 (identifier):程式設計人員可以自行定義新字做為變數或函式的名稱,例如 userName、studentID 等,這些新字就叫做識別字。

原則上,敘述是程式中最小的可執行單元,而多個敘述可以構成函式、流程控制、類別等較大的可執行單元,稱為程式區塊 (code block)。

英文字母有大小寫之分

JavaScript 和 CSS 一樣會區分英文字母的大小寫,這點和 HTML 不同,例如 ID 和 id 是兩個不同的變數,因為大寫的 ID 和小寫的 id 不同。

敘述結尾加上分號、一行一個敘述

JavaScript 並沒有硬性規定要在敘述結尾加上分號,以及一行一個敘述,但是請您遵守這個不成文規定,養成良好的程式撰寫習慣,例如將下面三個敘述寫成三行就比全部寫在同一行來得容易閱讀。

```
var x = 1;                    var x = 1; var y = 2; var z = 3;
var y = 2;
var z = 3;
```

空白

JavaScript 會忽略多餘的空白，例如 x = 1; 和 x ＝ 1; 的意義相同。

縮排

程式區塊每增加一個縮排層級就加上 2 個空白字元，不建議使用 [Tab] 鍵。

註解

JavaScript 提供兩種註解符號，其中 // 為單行註解，/* */ 為多行註解，當直譯器遇到 // 符號時，會忽略從該 // 符號到該行結尾之間的敘述，不會加以執行；而當直譯器遇到 /* */ 符號時，會忽略從 /* 符號到 */ 符號之間的敘述，不會加以執行，例如：

```
// 這是單行註解
/* 這是
      多行註解 */
```

命名規則

當您要自訂識別字時（例如變數名稱、函式名稱等），請遵守下列規則：

- 第一個字元可以是英文字母、底線 (_) 或錢字符號 ($)，其它字元可以是英文字母、底線 (_)、錢字符號 ($) 或數字，英文字母要區分大小寫。

- 不能使用 JavaScript 關鍵字，以及內建函式、內建物件等的名稱。

- 變數名稱與函式名稱建議採取字中大寫，也就是以小寫字母開頭，之後每換一個單字就以大寫開頭，例如 userPhoneNumber、studentID、showMessage()。

- 常數名稱採取全部大寫和單字間以底線隔開，例如 PI、TAX_RATE。

- 類別名稱建議採取字首大寫，也就是以大寫字母開頭，之後每換一個單字就以大寫開頭，例如 ClubMember。

- 事件處理函式名稱以 on 開頭，例如 onclick()。

12.3 型別

型別 (type) 指的是資料的種類，JavaScript 將資料分為數種型別，例如 10 是數值、'Hello, world!' 是字串，而 true（真）或 false（假）是布林。

相較於 C、C++、C#、Java 等強型別 (strongly typed) 程式語言，JavaScript 對於型別的使用規定是比較寬鬆的，屬於弱型別 (weakly typed) 程式語言。程式設計人員在宣告變數的時候無須指定型別，就算變數一開始先用來儲存數值，之後改用來儲存字串或布林等不同型別的資料，也不會發生語法錯誤。

JavaScript 的型別分為基本型別 (primitive type) 與物件型別 (object type) 兩種類型，基本型別指的是單純的值（例如數值、字串等），不是物件，也沒有提供方法；而物件型別會參照某個資料結構，裡面包含資料和用來操作資料的方法。

類型	型別
基本型別	數值 (number)，例如 1、3.14、-5、-0.32。
	字串 (string)，例如 'Today is Monday.'、" 生日 "。
	布林 (boolean)，例如 true 或 false。
	undefined（尚未定義值），例如有宣告變數但沒有設定變數的值。
	null（空值），表示沒有值或沒有物件。
物件型別	例如函式 (function)、陣列 (array)、物件 (object) 等。

12.3.1 數值 (number)

JavaScript 的數值採取 IEEE 754 Double 格式，這是一種 64 位元雙倍精確浮點數表示法，正數範圍是 $4.94065645841246544 \times 10^{-324}$ ~$1.79769313486231570 \times 10^{308}$，負數範圍是 $-1.79769313486231570 \times 10^{308}$ ~$-4.94065645841246544 \times 10^{-324}$。

諸如 1、100、3.14、-2.48 等數值都是屬於數值型別 (number)，也可以使用科學記法，例如 1.2e5、1.2E5 表示 1.2×10^5，3.84e-3、3.84E-3 表示 3.84×10^{-3}，注意不能使用千分位符號，例如 1,000,000 是不合法的。

此外，JavaScript 提供下列幾個特殊的數值：

- ✅ NaN：Not a Number（非數值），表示不當數值運算，例如將 0 除以 0、將數值乘以字串。

- ✅ Infinity：正無限大，例如將任意正數除以 0。

- ✅ -Infinity：負無限大，例如將任意負數除以 0。

除了十進位數值之外，JavaScript 亦接受二、八、十六進位數值，如下：

- ✅ 二進位數值：在數值的前面冠上前置詞 0b 或 0B 做為區分，例如 0b1100 或 0B1100 就相當於 12。

- ✅ 八進位數值：在數值的前面冠上前置詞 0o 或 0O 做為區分，例如 0o11 或 0O11 就相當於 9。

- ✅ 十六進位數值：在數值的前面冠上前置詞 0x 或 0X 做為區分，例如 0x1A 或 0X1A 就相當於 26。

12.3.2 字串 (string)

「字串」是由一連串字元所組成，包含文字、數字、符號等。JavaScript 提供字串型別 (string)，並規定字串的前後必須加上單引號 (') 或雙引號 (") 做為標示，但兩者不可混用，例如：

正確的字串表示方式	錯誤的字串表示方式	
✓ 'birthday'	✗ 'birthday"	← ' 和 " 不可混用
✓ " 生日 "	✗ " 生日 '	← " 和 ' 不可混用
✓ "I'm Jonny."	✗ 'I'm Jonny.'	← ' 不能包在 '' 裡面
✓ 'I am "Jonny".'	✗ "I am "Jonny"."	← " 不能包在 "" 裡面
✓ 'Happy birthday to you.'	✗ 'Happy birthday to you.'	← 字串必須寫成一行

跳脫字元

對於一些無法直接輸入的字元，例如換行、[Tab] 鍵，或諸如 '、"、\ 等特殊符號，我們可以使用跳脫字元 (escaping character) 來表示，常見的如下。

跳脫字元	意義	跳脫字元	意義
\'	單引號 (')	\b	倒退鍵 (Backspace)
\"	雙引號 (")	\f	換頁 (Formfeed)
\\	反斜線 (\)	\r	歸位 (Carriage Return)
\n	換行 (Linefeed)	\t	[Tab] 鍵 (Horizontal Tab)
\xXX	Latin-1 字元 (XX 為十六進位表示法)，例如 \x41 表示 A		
\uXXXX	Unicode 字元 (XXXX 為十六進位表示法)，例如 \u0041 表示 A		

12.3.3 布林型別 (boolean)

布林型別 (boolean) 只有 true（真）和 false（假）兩種邏輯值，當要表示的資料只有對或錯、是或否、有或沒有等兩種選擇時，就可以使用布林型別。布林型別經常用來表示運算式成立與否或情況滿足與否，例如 1 < 2 會得到 true，表示 1 小於 2 是真的，而 1 > 2 會得到 false，表示 1 大於 2 是假的。當布林和數值進行運算時，true 會被轉換成 1，而 false 會被轉換成 0，例如 1 + true 會得到 2。

12.3.4 undefined

undefined 表示尚未定義值，例如沒有宣告傳回值的函式會傳回 undefined。

12.3.5 null

null 表示空值、沒有值或沒有物件。舉例來說，假設我們宣告一個函式用來傳回國文分數，但執行過程中卻沒有成功取得國文分數，此時函式會傳回 null，表示沒有對應的值存在。

12.4 變數

在程式的執行過程中，往往需要儲存一些資料，此時，我們可以使用變數 (variable) 來儲存這些資料。

舉例來說，假設要撰寫一個程式根據半徑計算圓面積，已知公式為圓周率 ×(半徑)^2，那麼我們可以使用一個變數來儲存半徑，而且變數的值可以變更，這樣就能計算不同半徑的圓面積，例如半徑為 10 的圓面積是 3.14159×10×10，結果為 314.159，而半徑為 5 的圓面積是 3.14159×5×5，結果為 78.53975。

在替變數命名時，請遵守第 12.2 節所提出的命名規則，其中比較重要的是第一個字元可以是英文字母、底線 (_) 或錢字符號 ($)，其它字元可以是英文字母、底線 (_)、錢字符號 ($) 或數字，英文字母要區分大小寫，而且不能使用 JavaScript 關鍵字，以及內建函式、內建物件等的名稱。

我們可以使用 var 關鍵字宣告變數，JavaScript 屬於動態型別程式語言，所以在宣告變數時無須設定型別。以下面的敘述為例，第一個敘述是宣告一個名稱為 userName 的變數，而第二個敘述是使用指派運算子 (=) 將變數的值設定為 " 小丸子 "，此時，直譯器會自動將變數視為字串型別：

```
var userName;
userName = " 小丸子 ";
```

這兩個敘述可以合併成一個敘述，也就是在宣告變數的同時設定初始值：

```
var userName = " 小丸子 ";
```

此外，我們也可以一次宣告多個變數，中間以逗號隔開，例如：

```
var x, y, z;
```

建議您在第一次宣告變數時記得要寫出 var 關鍵字，不要省略不寫，日後存取此變數時則無須重複寫出 var 關鍵字。養成使用變數之前先宣告的好習慣，對於您學習其它程式語言是有幫助的。

常數（constant）和變數一樣可以用來儲存資料，差別在於常數不能重複宣告，也不能重複設定值，正因為這些特點，我們可以使用常數儲存一些不會隨著程式的執行而改變的資料。

舉例來說，假設要撰寫一個程式根據半徑計算圓面積，已知公式為圓周率 $\times$（半徑）^{2}，那麼我們可以使用一個常數來儲存圓周率 3.14159，這樣就能以常數代替一長串的數字，減少重複輸入的麻煩。

在開始使用常數之前，我們要宣告常數，例如下面的第一個敘述是宣告一個名稱為 PI 的常數，而第二個敘述是宣告 ID1 和 ID2 兩個常數，中間以逗號隔開：

```
const PI = 3.14159;
const ID1 = 1, ID2 = 2;
```

下面是一個例子，它會顯示半徑為 10 的圓面積，其中第 06 行將圓周率 PI 宣告為常數，日後若需要變更 PI 的值，例如將 3.14159 變更為 3.14，只要修改第 06 行即可。

\Ch12\const.html

```
01:<!DOCTYPE html>
02:<html>
03:  <head>
04:    <meta charset="utf-8">
05:    <script>
06:      const PI = 3.14159;
07:      var radius = 10;
08:      var area = PI * radius * radius;
09:      alert(area);
10:    </script>
11:  </head>
12:  <body>
13:  </body>
14:</html>
```

12.6 運算子

運算子 (operator) 是一種用來進行運算的符號,而運算元 (operand) 是運算子進行運算的對象,我們將運算子與運算元所組成的敘述稱為運算式 (expression),例如 10 + 20 是一個運算式,其中 + 是加法運算子,而 10 和 20 是運算元。

12.6.1 算術運算子

算術運算子可以用來進行算術運算,JavaScript 提供如下的算術運算子。

運算子	語法	說明	範例	傳回值
+(加法)	x + y	x 加上 y	5 + 3	8
-(減法)	x - y	x 減去 y	5 - 3	2
*(乘法)	x * y	x 乘以 y	5 * 3	15
/(除法)	x / y	x 除以 y	5 / 3	1.6666666666666667
			0 / 0	NaN
%(餘數)	x % y	x 除以 y 的餘數	5 % 3	2
			5.21 % 3	2.21
**(指數)	x ** y	x 的 y 次方	5 ** 2	25

- ✅ + 運算子也可以用來表示正數值,例如 +5 表示正整數 5;- 運算子也可以用來表示負數值,例如 -5 表示負整數 5。

- ✅ 當 -、*、/、%、** 等運算子的任一運算元為字串時,直譯器會試著將字串轉換成數值,例如 '50' - '10' 會得到 40,因為字串 '50' 和字串 '10' 會先被轉換成數值 50 和數值 10,然後進行減法運算。

- ✅ 當數值和布林進行算術運算時,true 會被轉換成 1,而 false 會被轉換成 0,例如 10 + true 會得到 11,而 10 + false 會得到 10。

- ✅ + 運算子也可以用來連接字串,下一節有進一步的說明。

12.6.2 字串運算子

字串運算子 (+) 可以用來將兩個字串連接成一個字串,例如 'abc' + 'de' 會得到 'abcde',而 3 + 'abc' 會得到 '3abc',3 + '10' 會得到 '310',因為數值 3 會先被轉換成字串 '3',然後將兩個字串連接成一個字串。

12.6.3 遞增 / 遞減運算子

遞增運算子 (++) 可以用來將運算元的值加 1,其語法如下,第一種形式的遞增運算子出現在運算元前面,表示運算結果為運算元遞增之後的值;第二種形式的遞增運算子出現在運算元後面,表示運算結果為運算元遞增之前的值:

```
++ 運算元
運算元 ++
```

例如:

```
var X = 10;      // 宣告一個名稱為 X、初始值為 10 的變數
alert(++X);      // 先將變數 X 的值遞增 1,之後再顯示出來而得到 11
var Y = 5;       // 宣告一個名稱為 Y、初始值為 5 的變數
alert(Y++);      // 先顯示變數 Y 的值為 5,之後再將變數 Y 的值遞增 1
```

遞減運算子 (--) 可以用來將運算元的值減 1,其語法如下,第一種形式的遞增運算子出現在運算元前面,表示運算結果為運算元遞減之後的值;第二種形式的遞增運算子出現在運算元後面,表示運算結果為運算元遞減之前的值:

```
-- 運算元
運算元 --
```

例如:

```
var X = 10;      // 宣告一個名稱為 X、初始值為 10 的變數
alert(--X);      // 先將變數 X 的值遞減 1,之後再顯示出來而得到 9
var Y = 5;       // 宣告一個名稱為 Y、初始值為 5 的變數
alert(Y--);      // 先顯示變數 Y 的值為 5,之後再將變數 Y 的值遞減 1
```

12.6.4 比較運算子

比較運算子可以用來比較兩個運算元的大小或相等與否，若結果為真，就傳回 true，否則傳回 false。JavaScript 提供如下的比較運算子，運算元可以是數值、字串、布林或物件。

運算子	語法	說明 / 範例 / 傳回值
== （等於）	x == y	若 x 的值等於 y，就傳回 true，否則傳回 false，例如 (18 + 3) == 21 會傳回 true，而 5 == '5' 也會傳回 true，因為 '5' 會先被轉換成數值 5。
!= （不等於）	x != y	若 x 的值不等於 y，就傳回 true，否則傳回 false，例如 (18 + 3) != 21 會傳回 false。
< （小於）	x < y	若 x 的值小於 y，就傳回 true，否則傳回 false，例如 (18 + 3) < 21 會傳回 false。
<= （小於等於）	x <= y	若 x 的值小於等於 y，就傳回 true，否則傳回 false，例如 (18 + 3) <= 21 會傳回 true。
> （大於）	x > y	若 x 的值大於 y，就傳回 true，否則傳回 false，例如 (18 + 3) > 21 會傳回 false。
>= （大於等於）	x >= y	若 x 的值大於等於 y，就傳回 true，否則傳回 false，例如 (18 + 3) >= 21 會傳回 true。
=== （嚴格等於）	x === y	若 x 的值和型別等於 y，就傳回 true，否則傳回 false，例如 5 === '5' 會傳回 false，因為型別不同。
!== （嚴格不等於）	x !== y	若 x 的值或型別不等於 y，就傳回 true，否則傳回 false，例如 5 !== '5' 會傳回 true，因為型別不同。

當兩個字串在比較是否相等時，大小寫會被視為不同，例如 'ABC' == 'aBC' 和 'ABC' === 'aBC' 均會傳回 false；當兩個字串在比較大小時，大小順序取決於其 Unicode 碼，例如 'ABC' > 'aBC' 會傳回 false，因為 'A' 的 Unicode 值為 41，而 'a' 的 Unicode 碼為 61。

12.6.5 邏輯運算子

邏輯運算子可以用來針對比較運算式或布林進行邏輯運算，JavaScript 提供如下的邏輯運算子。

運算子	語法	說明
&& (邏輯 AND)	x && y	將 x 和 y 進行邏輯交集，若兩者的值均為 true (即兩個條件均成立)，就傳回 true，否則傳回 false。
|| (邏輯 OR)	x || y	將 x 和 y 進行邏輯聯集，若兩者的值至少有一個為 true (即至少一個條件成立)，就傳回 true，否則傳回 false。
! (邏輯 NOT)	!x	將 x 進行邏輯否定 (將值轉換成相反值)，若 x 的值為 true，就傳回 false，否則傳回 true。

我們可以根據兩個運算元的值，將邏輯運算子的運算結果歸納如下。

x	y	x && y	x || y	!x
true	true	true	true	false
true	false	false	true	false
false	true	false	true	true
false	false	false	false	true

下面是一些例子：

```
(5 > 4) && (3 > 2)      // 5 > 4 為 true，3 > 2 為 true，true && true 會得到 true
(5 > 4) && (3 < 2)      // 5 > 4 為 true，3 < 2 為 false，true && false 會得到 false
(5 > 4) || (3 < 2)      // 5 > 4 為 true，3 < 2 為 false，true || false 會得到 true
(5 < 4) || (3 < 2)      // 5 < 4 為 false，3 < 2 為 false，false || false 會得到 false
!(5 > 4)                // 5 > 4 為 true，!true 會得到 false
!(5 < 4)                // 5 < 4 為 false，!false 會得到 true
!((5 > 4) && (3 > 2))   // (5 > 4) && (3 > 2) 為 true，!true 會得到 false
!((5 > 4) || (3 < 2))   // (5 > 4) || (3 < 2) 為 true，!true 會得到 false
```

12.6.6 位元運算子

位元運算子可以用來進行位元運算，JavaScript 提供如下的位元運算子。由於這需要二進位運算的基礎，建議初學者簡略看過就好。

運算子	語法	說明
& (AND)	x & y	將 x 和 y 的每個位元進行 AND 運算（位元結合），若兩者對應的位元均為 1，AND 運算就是 1，否則是 0，例如 10 & 6 會得到 2，因為 1010 & 0110 會得到 0010，即 2。
| (OR)	x | y	將 x 和 y 的每個位元進行 OR 運算（位元分離），若兩者對應的位元至少有一個為 1，OR 運算就是 1，否則是 0，例如 10 | 6 會得到 14，因為 1010 | 0110 會得到 1110，即 14。
^ (XOR)	x ^ y	將 x 和 y 的每個位元進行 XOR 運算（位元互斥），若兩者對應的位元一個為 1 一個為 0，XOR 運算就是 1，否則是 0，例如 10 ^ 6 會得到 12，因為 1010 ^ 0110 會得到 1100，即 12。
~ (NOT)	~x	將 x 的每個位元進行 NOT 運算（位元否定），當位元為 1 時，NOT 運算就是 0，當位元為 0 時，NOT 運算就是 1，例如 ~10 會得到 -11，因為 10 的二進位值是 1010，~10 的二進位值是 0101，而 0101 在 2's 補數表示法中就是 -11。
<<	x << y （左移）	將 x 的每個位元向左移動 y 個位元，空餘的位數以 0 填滿，例如 9<<2 會得到 36，因為 1001 向左移動 2 個位元會得到 100100，即 36。
>>	x >> y （有號右移）	將 x 的每個位元向右移動 y 個位元，空餘位數以最高位補滿，例如 9>>2 會得到 2，因為 1001 向右移動 2 個位元會得到 0010，即 2，而 -9>>2 會得到 -3，因為最高位用來表示正負號的位元被保留了。
>>>	x >>> y （無號右移）	將 x 的每個位元向右移動 y 個位元，空餘的位數以 0 填滿，例如 19>>>2 得到 4，因為 10011 向右移動 2 個位元會得到 0100，即 4。對於非負數值來說，無號右移和有號右移的結果相同。

12.6.7 指派運算子

指派運算子可以用來指派值給變數，JavaScript 提供如下的指派運算子。

運算子	語法	說明
=	x = y	將 y 指派給 x，也就是將 x 的值設定為 y 的值。
+=	x += y	相當於 x = x + y，+ 為加法運算子或字串連接運算子。
-=	x -= y	相當於 x = x - y，- 為減法運算子。
*=	x *= y	相當於 x = x * y，* 為乘法運算子。
/=	x /= y	相當於 x = x / y，/ 為除法運算子。
%=	x %= y	相當於 x = x % y，% 為餘數運算子。
**=	x **= y	相當於 x = x ** y，** 為指數運算子。
&=	x &= y	相當於 x = x & y，& 為位元 AND 運算子。
|=	x |= y	相當於 x = x | y，| 為位元 OR 運算子。
^=	x ^= y	相當於 x = x ^ y，^ 為位元 XOR 運算子。
<<=	x <<= y	相當於 x = x << y，<< 為左移運算子。
>>=	x >>= y	相當於 x = x >> y，>> 為有號右移運算子。
>>>=	x >>>= y	相當於 x = x >>> y，>>> 為無號右移運算子。

12.6.8 條件運算子

?: 條件運算子的語法如下，若條件運算式的結果為 true，就傳回運算式 1 的值，否則傳回運算式 2 的值，例如 10 > 2? "Yes" : "No" 會傳回 "Yes"：

條件運算式 ? 運算式 1 : 運算式 2

12.6.9 型別運算子

typeof 型別運算子可以傳回資料的型別，例如 typeof(" 生日 ")、typeof(-35.789)、typeof(true) 會傳回 "string"、"number"、"boolean"。

12.6.10　運算子的優先順序

當運算式中有多個運算子時，JavaScript 會依照如下的優先順序高者先執行，相同者則按出現順序由左到右依序執行。若要改變預設的優先順序，可以加上小括號，JavaScript 就會優先執行小括號內的運算式。

類型	運算子
成員運算子　　　　　　　　**高**	.、[]
函式呼叫、建立物件	()、new
單元運算子	!、~、-、+、++、--、typeof
乘 / 除 / 餘數 / 指數運算子	*、/、%、**
加 / 減運算子	+、-
移位運算子	<<、>>、>>>
比較運算子	<、<=、>、>=
等於運算子	==、!=、===、!==
位元 AND 運算子	&
位元 XOR 運算子	^
位元 OR 運算子	|
邏輯 AND 運算子	&&
邏輯 OR 運算子	||
條件運算子	?:
指派運算子　　　　　　　　**低**	=、*=、/=、%=、**=、+=、-=、<<=、>>=、>>>=、&=、^=、|=

舉例來說，假設運算式為 25 < 10 + 3 * 4，首先執行乘法運算子，3 * 4 會得到 12，接著執行加法運算子，10 + 12 會得到 22，最後執行比較運算子，25 < 22 會得到 false。

若加上小括號，結果可能就不同了，假設運算式為 25 < (10 + 3) * 4，首先執行小括號內的 10 + 3 會得到 13，接著執行乘法運算子，13 * 4 會得到 52，最後執行比較運算子，25 < 52 會得到 true。

我們在前面所示範的例子都是很單純的程式，它們的執行方向都是從第一行敘述開始，由上往下依序執行，不會轉彎或跳行，但大部分的程式並不會這麼單純，它們可能需要針對不同的情況做不同的處理，以完成更多任務，於是就需要流程控制 (flow control) 來協助控制程式的執行方向。

JavaScript 的流程控制分成下列兩種類型：

- 選擇結構 (decision structure)：用來檢查條件式，然後根據結果為 true 或 false 去執行不同的敘述，例如 if、switch。

- 迴圈結構 (loop structure)：用來重複執行指定的敘述，例如 for、while、do…while、for…in。

12.7.1　if

if 可以用來檢查條件式，然後根據結果為 true 或 false 去執行不同的敘述，又分成 if、if…else、if…else if 等類型。

if (若…就…)

if 的語法如下，若條件式的結果為 true，就執行敘述，換句話說，若條件式的結果為 false，就不執行敘述：

```
if（條件式）{
  敘述；
}
```

大括號用來標示敘述的開頭與結尾，若敘述只有一行，那麼大括號可以省略不寫，如下：

```
if（條件式）敘述；
```

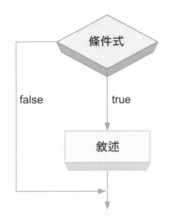

下面是一個例子，若輸入的數字大於等於 60，條件式 (X >= 60) 會傳回 true，於是執行 if 後面的敘述，而顯示「及格！」；相反的，若輸入的數字小於 60，條件式 (X >= 60) 會傳回 false，於是跳出 if 結構，而不會顯示「及格！」。

\Ch12\if1.html

```
<!DOCTYPE html>
<html>
  <head>
    <meta charset="utf-8">
    <script>
      var X = prompt(" 輸入 0 ~ 100 的數字 ", "");
      if (X >= 60) alert(" 及格！");
    </script>
  </head>
</html>
```

prompt() 是 JavaScript 的內建函式，它會顯示對話方塊要求輸入資料，然後傳回所輸入的資料，第一個參數是對話方塊中的提示文字，第二個參數是欄位預設的輸入值

❶ 輸入大於等於 60 的數字　❷ 按 [確定]　❸ 顯示「及格！」

if...else (若...就...否則...)

if...else 的語法如下，若條件式的結果為 true，就執行敘述 1，否則執行敘述 2，所以敘述 1 和敘述 2 只有一組會被執行。

```
if ( 條件式 ) {
   敘述 1;
}
else {
   敘述 2;
}
```

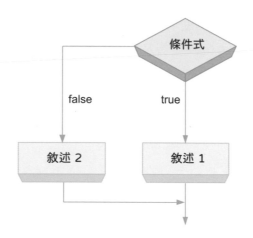

下面是一個例子，若輸入的數字大於等於 60，條件式 (X >= 60) 會傳回 true，於是執行 if 後面的敘述，而顯示「及格！」；相反的，若輸入的數字小於 60，條件式 (X >= 60) 會傳回 false，於是執行 else 後面的敘述，而顯示「不及格！」。

❶ 輸入小於 60 的數字　❷ 按 [確定]　❸ 顯示「不及格！」

```
\Ch12\if2.html
<!DOCTYPE html>
<html>
  <head>
    <meta charset="utf-8">
    <script>
      var X = prompt(" 輸入 0 ~ 100 的數字 ", "");
      if (X >= 60)
        alert(" 及格！ ");
      else
        alert(" 不及格！ ");
    </script>
  </head>
</html>
```

if...else if (若…就…否則 若…就…否則…)

if...else if 的語法如下，一開始先檢查條件式 1，若結果為 true，就執行敘述 1，否則檢查條件式 2，若結果為 true，就執行敘述 2，…，依此類推，若所有條件式的結果均為 false，就執行敘述 N+1，所以敘述 1 ~ 敘述 N+1 只有一組會被執行。

```
if ( 條件式 1) {
   敘述 1;
}
else if ( 條件式 2) {
   敘述 2;
}
…
else {
   敘述 N+1;
}
```

if...else if 就是巢狀的 if...else，看似複雜但實用性也最高，因為 if...else if 可以處理多個條件式，而 if 和 if...else 只能處理一個條件式。

除了 if 之外，接下來要介紹的 switch、for、while、do...while 等也都能使用巢狀結構，只是層次盡量不要太多，而且要利用縮排來提高可讀性。

下面是一個例子，它會要求輸入 0 到 100 之間的數字，若數字大於等於 90，就顯示「優等！」；若數字小於 90 大於等於 80，就顯示「甲等！」；若數字小於 80 大於等於 70，就顯示「乙等！」；若數字小於 70 大於等於 60，就顯示「丙等！」，否則顯示「不及格！」。

\Ch12\if3.html

```html
<!DOCTYPE html>
<html>
  <head>
    <meta charset="utf-8">
    <script>
      var X = prompt(" 輸入 0 ~ 100 的數字 ", "");
      if (X >= 90)
        alert(" 優等！ ");
      else if (X < 90 && X >= 80)
        alert(" 甲等！ ");
      else if (X < 80 && X >= 70)
        alert(" 乙等！ ");
      else if (X < 70 && X >= 60)
        alert(" 丙等！ ");
      else
        alert(" 不及格！ ");
    </script>
  </head>
</html>
```

❶ 輸入 0 到 100 之間的數字 　❷ 按 [確定] 　❸ 顯示對應的等第

12.7.2 swtich

switch 結構可以根據運算式的值去執行不同的敘述，其語法如下，首先將運算式當作比較對象，接下來依序比較它有沒有等於哪個 case 後面的值，若有，就執行該 case 的敘述，然後執行 break 指令跳出 switch 結構，若沒有，就執行 default 的敘述，然後執行 break 指令跳出 switch 結構。

switch 結構的 case 區塊或 default 區塊的後面都要加上 break 指令，用來跳出 switch 結構。至於 if...else 結構則不需要加上 break 指令，因為在 if 區塊或 else 區塊執行完畢後，就會自動跳出 if...else 結構。

```
switch ( 運算式 ) {
  case 值 1:
    敘述 1;
    break;
  case 值 2:
    敘述 2;
    break;
  ...
  default:
    敘述 N+1;
    break;
}
```

下面是一個例子，它會要求輸入 1 到 5 的數字，然後顯示對應的英文「ONE」、「TWO」、「THREE」、「FOUR」、「FIVE」，否則顯示「輸入超過範圍！」。

❶ 輸入 1 到 5 的數字　　❷ 按 [確定]　　❸ 顯示對應的英文

\Ch12\switch.html

```
01:<!DOCTYPE html>
02:<html>
03:  <head>
04:    <meta charset="utf-8">
05:    <script>
06:      var number = prompt(" 輸入 1 ~ 5 的數字 ", "");
07:      switch(number) {
08:        case "1":                    // 當輸入 1 時
09:          alert("ONE");
10:          break;
11:        case "2":                    // 當輸入 2 時
12:          alert("TWO");
13:          break;
14:        case "3":                    // 當輸入 3 時
15:          alert("THREE");
16:          break;
17:        case "4":                    // 當輸入 4 時
18:          alert("FOUR");
19:          break;
20:        case "5":                    // 當輸入 5 時
21:          alert("FIVE");
22:          break;
23:        default:                     // 當輸入 1 ~ 5 以外時
24:          alert(" 輸入超過範圍！ ");
25:          break;
26:      }
27:    </script>
28:  </head>
29:</html>
```

此例所輸入的數字為 2，它會被當作 switch 結構的比較對象（第 07 行），接下來依序比較它有沒有等於哪個 case 後面的值，發現等於 case '2': （第 11 行），於是執行 case '2': 的敘述，顯示「TWO」（第 12 行），然後執行 break 指令跳出 switch 結構（第 13 行），不會再去執行第 14 ~ 26 行。

12.7.3 for

for 迴圈可以重複執行指定的敘述，其語法如下，由於我們通常會使用變數來控制 for 迴圈的執行次數，所以 for 迴圈又稱為計數迴圈，而此變數稱為計數器：

```
for ( 初始化運算式 ; 條件式 ; 迭代器 ) {
   敘述;
}
```

在進入 for 迴圈時，會先執行初始化運算式將計數器加以初始化，接著檢查條件式，若結果為 false，就跳出迴圈，若結果為 true，就執行迴圈內的敘述，完畢後執行迭代器將計數器加以更新，接著再度檢查條件式，若結果為 false，就跳出迴圈，若結果為 true，就重複執行迴圈內的敘述，完畢後執行迭代器將計數器加以更新，接著再度檢查條件式，...，如此周而復始，直到條件式的結果為 false 才跳出迴圈。若要在中途強制跳出迴圈，可以使用 break 指令。

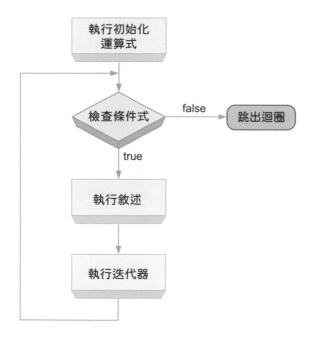

下面是一個例子，它會計算 1 ~ 10 的整數總和，然後顯示結果為 55。

\Ch12\for.html

```
01:<script>
02:  var total = 0;
03:  for (var i = 1; i <= 10; i++) {
04:    total = total + i;
05:  }
06:  alert(total);
07:</script>
```

這個網頁顯示

55

確定

- 02：宣告變數 total 用來存放總和，初始值設定為 0。

- 03 ~ 05：var i = 1; 是宣告變數 i 做為計數器，初始值設定為 1，而 i <= 10; 是做為條件式，只要變數 i 小於等於 10 就會重複執行迴圈內的敘述，至於 i++ 則是做為迭代器，迴圈每重複一次就將變數 i 的值遞增 1。

    這個 for 迴圈的執行次數為 10 次，針對每一次的執行，第 04 行 total = total + i; 左右兩邊的 total 和 i 的值如下。

迴圈的執行次數	右邊的 total	i	左邊的 total	迴圈的執行次數	右邊的 total	i	左邊的 total
第一次	0	1	1	第六次	15	6	21
第二次	1	2	3	第七次	21	7	28
第三次	3	3	6	第八次	28	8	36
第四次	6	4	10	第九次	36	9	45
第五次	10	5	15	第十次	45	10	55

12.7.4 while

有別於 for 迴圈是以計數器控制迴圈的執行次數，while 迴圈則是以條件式是否成立做為執行迴圈的依據，只要條件式成立，就會繼續執行迴圈，所以又稱為條件式迴圈 (conditional loop)。

while 迴圈的語法如下，在進入 while 迴圈時，會先檢查條件式，若結果為 false 表示不成立，就跳出迴圈，若結果為 true 表示成立，就執行迴圈內的敘述，然後返回迴圈的開頭再度檢查條件式，…，如此周而復始，直到條件式的結果為 false 才跳出迴圈。若要在中途強制跳出迴圈，可以使用 break 指令。

while 迴圈的條件式彈性很大，只要條件式的傳回值為 false，就會結束迴圈，無須限制迴圈執行的次數。

```
while（條件式）{
    敘述；
}
```

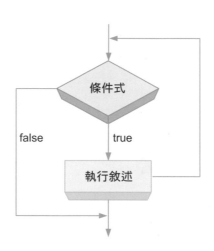

下面是一個例子，它會要求使用者猜數字，正確的數字為 6，若輸入的數字大於 6，就顯示「太大了！請重新輸入！」，然後要求繼續猜；若輸入的數字小於 6，就顯示「太小了！，請重新輸入！」，然後要求繼續猜；若輸入的數字是 6，就顯示「答對了！」。

\Ch12\while.html

```html
<!DOCTYPE html>
<html>
  <head>
    <meta charset="utf-8">
    <script>
      var number = prompt(' 輸入 1 ~ 10 的數字 ', '');
      while (number != 6) {
        if (number > 6) {
          alert(' 太大了！請重新輸入！ ');
          number = prompt(' 輸入 1 ~ 10 的數字 ', '');
        }
        else if (number < 6) {
          alert(' 太小了！請重新輸入！ ');
          number = prompt(' 輸入 1 ~ 10 的數字 ', '');
        }
      }
      alert(' 答對了！ ');
    </script>
  </head>
</html>
```

❶ 輸入 2　　❷ 按 [確定]　　❸ 顯示「太小了！請重新輸入！」

❹ 輸入 6　　❺ 按 [確定]　　❻ 顯示「答對了！」

12.7.5 do...while

do...while 迴圈也是以條件式是否成立做為執行迴圈的依據，其語法如下：

```
do {
    敘述 ;
} while( 條件式 );
```

在進入 do...while 迴圈時，會先執行迴圈內的敘述，完畢後碰到 while，再檢查條件式，若結果為 false 表示不成立，就跳出迴圈，若結果為 true 表示成立，就返回 do，再度執行迴圈內的敘述，...，如此周而復始，直到條件式的結果為 false 才跳出迴圈。若要在中途強制跳出迴圈，可以使用 break 指令。

do...while 迴圈和 while 迴圈類似，主要的差別在於能夠確保敘述至少會被執行一次，即使條件式不成立。

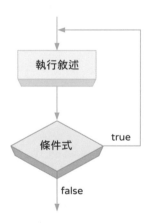

請留意迴圈的結束條件，避免陷入無窮迴圈，例如下面的敘述就是一個無窮迴圈，程式會一直執行迴圈無法跳出，此時可以關閉瀏覽器來終止程式：

```
do {
    alert("Hello!");
} while(1);
```

我們可以使用 do...while 迴圈將第 12.7.4 節的例子改寫成如下，執行結果是相同的。

\Ch12\do.html

```html
<!DOCTYPE html>
<html>
  <head>
    <meta charset="utf-8">
    <script>
      do {
        var number = prompt(' 輸入 1 ~ 10 的數字 ', '');
        if (number > 6)
          alert(" 太大了！請重新輸入！ ");
        else if (number < 6)
          alert(" 太小了！請重新輸入！ ");
      } while(number != 6)
      alert(" 答對了！ ");
    </script>
  </head>
</html>
```

12.7.6　for...in

for...in 是設計給陣列或集合等物件使用的 for 迴圈，可以用來取得物件的全部屬性，然後針對每個屬性執行指定的敘述，其語法如下，其中變數用來暫時儲存屬性的鍵。若要在中途強制跳出迴圈，可以使用 break 指令：

```
for ( 變數 in 物件 ) {
  敘述 ;
}
```

陣列或集合和變數一樣可以用來存放資料，不同的是一個變數只能存放一個資料，而一個陣列或集合可以存放多個資料。有關陣列的存取方式，我們會在第 12.9 節做進一步的說明。

下面是一個例子，它一開始先宣告一個名稱為 Students 的陣列並設定初始值，裡面總共有三個元素，初始值分別為 " 小丸子 "、" 小玉 "、" 花輪 "，然後使用 for...in 迴圈顯示陣列各個元素的值。

\Ch12\forin.html

```
<script>
  // 宣告包含三個元素的陣列
  var Students = new Array(" 小丸子 ", " 小玉 ", " 花輪 ");
  for (var i in Students) {
    alert(Students[i]);
  }
</script>
```

for (var i in Students) 敘述中的變數 i 代表的是 Students 陣列的索引，在第一次執行此敘述時，變數 i 代表的是第 1 個元素的索引 0，於是顯示 Students[0]，即「小丸子」；繼續，在第二次執行此敘述時，變數 i 代表的是第 2 個元素的索引 1，於是顯示 Students[1]，即「小玉」；最後，在第三次執行此敘述時，變數 i 代表的是第 3 個元素的索引 2，於是顯示 Students[2]，即「花輪」，由於這是最後一個元素，所以在顯示完畢後就會跳出 for...in 迴圈。

12.7.7 break 與 continue 指令

原則上,在我們撰寫迴圈後,程式就會依照設定將迴圈執行完畢,不會中途跳出迴圈。不過,有時我們可能需要在迴圈內檢查某些條件式,一旦成立就強制跳出迴圈,此時可以使用 break 指令。

以下面的敘述為例,執行結果會顯示 6,因為第 03 ~ 06 行的 for 迴圈並沒有執行到 10 次,當第 04 行檢查到變數 i 大於 3 時,就會執行 break 指令強制跳出迴圈,所以第 05 行只有執行 3 次,也就是變數 total 的值為 1 加 2 加 3 等於 6。

\Ch12\break.html

```
01:<script>
02:  var total = 0;
03:  for (var i = 1; i <= 10; i++) {
04:    if (i > 3) break;
05:    total += i;
06:  }
07:  alert(total);
08:</script>
```

> 這個網頁顯示
>
> 6
>
> 確定

此外,JavaScript 還提供另一個經常使用於迴圈的 continue 指令,用來在迴圈內跳過後面的敘述,直接返回迴圈的開頭。

以下面的敘述為例,執行結果會顯示 10,因為在執行到第 03 行時,只要 i 小於 10,就會跳過 continue; 後面的敘述,直接返回迴圈的開頭,直到 i 大於等於 10,才會執行第 04 行在對話方塊中顯示 10。

\Ch12\continue.html

```
01:<script>
02:  for (var i = 1; i <= 10; i++) {
03:    if (i < 10) continue;
04:    alert(i);
05:  }
06:</script>
```

> 這個網頁顯示
>
> 10
>
> 確定

12.8 函式

函式 (function) 是將一段具有某種功能或重複使用的敘述寫成獨立的程式單元，然後給予名稱，供後續呼叫使用，以簡化程式提高可讀性。有些程式語言將函式稱為方法 (method)、程序 (procedure) 或副程式 (subroutine)，例如 JavaScript 和 Python 是將物件所提供的函式稱為「方法」。

函式可以執行一般動作，也可以處理事件，前者稱為一般函式 (general function)，而後者稱為事件函式 (event function)。舉例來說，我們可以針對網頁上某個按鈕的 onclick 屬性撰寫事件函式，假設該函式的名稱為 showMsg()，一旦使用者按一下這個按鈕，就會呼叫 showMsg() 函式。

原則上，事件函式通常處於閒置狀態，直到為了回應使用者或系統所觸發的事件時才會被呼叫；相反的，一般函式與事件無關，程式設計人員必須自行撰寫程式碼來呼叫一般函式。

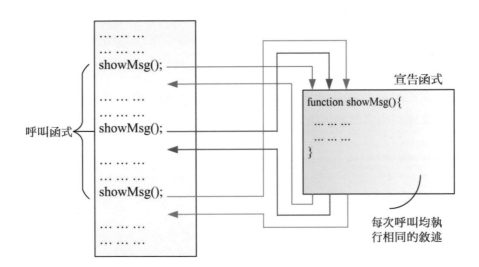

JavaScript 除了允許使用者自訂函式，也提供許多內建函式，只是大部分內建函式隸屬於物件，故又稱為「方法」，我們在前幾節所使用的 alert()、prompt() 函式就是 JavaScript 的內建函式。

12.8.1 使用者自訂函式

JavaScript 的內建函式通常是針對常見的用途所提供，不一定能夠滿足所有需求，若要客製化一些功能，就要自行宣告函式。

我們可以使用 function 關鍵字宣告函式，其語法如下：

```
function 函式名稱 ( 參數 1, 參數 2, ...) {
    敘述 ;
    return 傳回值 ;
}
```

- 函式名稱的命名規則和變數相同，一般建議採取「動詞＋名詞」、字中大寫的格式，例如 showMessage、getArea。

- 參數 (parameter) 用來傳遞資料給函式，可以有 0 個、1 個或多個。若沒有參數，小括號仍須保留；若有多個參數，中間以逗號隔開。

- 函式主體用來執行動作，可以有 1 個或多個敘述。

- 傳回值是函式執行完畢的結果，可以有 0 個、1 個或多個，會傳回給呼叫函式的地方。若沒有傳回值，return 指令可以省略不寫，此時會傳回預設的 undefined；若有多個傳回值，可以利用陣列或物件來達成。

例如下面的敘述是宣告一個名稱為 sum、有兩個參數、有一個傳回值的函式，它會傳回兩個參數的總和：

```
function sum(a, b) {
    return a + b;
}
```

而下面的敘述是宣告一個名稱為 showMsg、沒有參數、也沒有傳回值的函式：

```
function showMsg() {
    var userName = prompt(" 請輸入您的大名 ", "");
    alert(userName + " 您好！歡迎光臨！ ");
}
```

請注意，一般函式必須加以呼叫才會執行，呼叫語法如下，若沒有參數，小括號仍須保留；若有參數，參數的個數及順序都必須正確：

函式名稱 (參數 1, 參數 2, ...);

下面是一個例子，其中第 07 ~ 10 行是宣告一個名稱為 showMsg、沒有參數、也沒有傳回值的函式，而第 12 行是呼叫該函式，如此一來，當使用者載入網頁時，就會顯示對話方塊要求輸入姓名，進而顯示歡迎訊息，若將第 12 行省略不寫，該函式將不會執行。

```
\Ch12\func1.html
01:<!DOCTYPE html>
02:<html>
03:  <head>
04:    <meta charset="utf-8">
05:    <script>
06:      // 宣告函式
07:      function showMsg() {
08:        var userName = prompt(" 請輸入您的大名 ", "");
09:        alert(userName + " 您好！歡迎光臨！ ");
10:      }
11:      // 呼叫函式
12:      showMsg();
13:    </script>
14:  </head>
15:  <body>
16:  </body>
17:</html>
```

❶ 輸入姓名　❷ 按 [確定]　❸ 顯示歡迎訊息

我們也可以在 HTML 程式碼中呼叫函式，下面是一個例子，它會透過 <body> 元素的 onload 事件屬性設定當瀏覽器發生 load 事件時（即載入網頁），就呼叫 showMsg() 方法。

\Ch12\func2.html

```
01:<!DOCTYPE html>
02:<html>
03:  <head>
04:    <meta charset="utf-8">
05:    <script>
06:      // 宣告函式
07:      function showMsg() {
08:        var userName = prompt(" 請輸入您的大名 ", "");
09:        alert(userName + " 您好！歡迎光臨！ ");
10:      }
11:    </script>
12:  </head>
13:  <body onload="javascript: showMsg();">
14:  </body>
15:</html>
```

❶ 輸入姓名　❷ 按 [確定]　❸ 顯示歡迎訊息

NOTE

● 當函式裡面沒有 return 指令或 return 指令後面沒有任何值時，我們習慣說它沒有傳回值，但嚴格來說，它其實是傳回預設的 undefined。

● 當函式有傳回值時，return 指令通常寫在函式的結尾，若寫在函式的中間，那麼後面的敘述就不會被執行，這點要特別注意。

12.8.2 函式的參數

我們可以透過參數 (parameter) 傳遞資料給函式，若有多個參數，中間以逗號隔開，而在呼叫有參數的函式時，參數的個數及順序都必須正確，若沒有指定參數的值，則預設值為 undefined。

下面是一個例子，當瀏覽器載入網頁時，會顯示對話方塊要求輸入攝氏溫度，然後轉換為華氏溫度，再將結果顯示出來。我們將轉換的動作撰寫成名稱為 C2F 的函式，同時有一個名稱為 degreeC 的參數 (第 07 行)，然後根據公式將參數由攝氏溫度轉換為華氏溫度 (第 08 行)，再將結果顯示出來 (第 09 行)。

\Ch12\func3.html

```
01:<!DOCTYPE html>
02:<html>
03:  <head>
04:    <meta charset="utf-8">
05:    <script>
06:      // 宣告名稱為 C2F、參數為 degreeC 的函式
07:      function C2F(degreeC) {
08:        var degreeF = degreeC * 1.8 + 32;
09:        alert(" 攝氏 " + degreeC + " 度可以轉換為華氏 " + degreeF + " 度 ");
10:      }
11:      var temperature = prompt(" 請輸入攝氏溫度 ", "");
12:      // 呼叫函式時將攝氏溫度當作參數傳入
13:      C2F(temperature);
14:    </script>
15:  </head>
16:</html>
```

❶ 輸入攝氏溫度　❷ 按 [確定]　❸ 顯示轉換結果

12.8.3 函式的傳回值

原則上,在函式裡面的敘述執行完畢之前,程式的控制權都不會離開函式,不過,有時我們可能需要提早離開函式,返回呼叫函式的地方,此時可以使用 return 指令;或者,當我們需要從函式傳回資料時,可以使用 return 指令,後面加上傳回值,注意 return 指令和傳回值不可以分行。

舉例來說,我們可以將 \Ch12\func3.html 改寫成如下,執行結果是相同的。由於 C2F() 函式的 return degreeF = degreeC * 1.8 + 32; 敘述(第 07 行)會傳回攝氏溫度轉換為華氏溫度的結果,因此,我們在第 10 行呼叫 C2F() 函式並將傳回值指派給變數 result,然後在第 11 行呼叫 alert() 將結果顯示出來。

```
\Ch12\func4.html
01:<!DOCTYPE html>
02:<html>
03:  <head>
04:    <meta charset="utf-8">
05:    <script>
06:      function C2F(degreeC) {
07:        return degreeF = degreeC * 1.8 + 32;   // 傳回轉換完畢的結果
08:      }
09:      var temperature = prompt(" 請輸入攝氏溫度 ", "");
10:      var result = C2F(temperature);             // 將傳回值指派給變數 result
11:      alert(" 攝氏 " + temperature + " 度可以轉換為華氏 " + result + " 度 ");
12:    </script>
13:  </head>
14:</html>
```

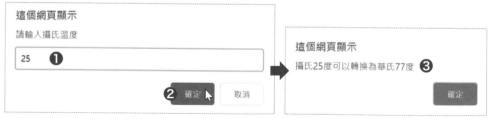

❶ 輸入攝氏溫度　　❷ 按 [確定]　　❸ 顯示轉換結果

12.9 陣列

12.9.1 一維陣列

我們可以使用 Array 物件建立陣列，陣列和變數一樣是用來存放資料，不同的是陣列雖然只有一個名稱，卻可以用來存放多個資料。

陣列所存放的每個資料叫做元素 (element)，至於陣列是如何區分它所存放的多個資料呢？答案是使用索引 (index、subscript)，索引是一個數字，JavaScript 預設是以索引 0 代表陣列的第一個元素，索引 1 代表陣列的第二個元素，...，依此類推，索引 n - 1 則代表陣列的第 n 個元素。

當陣列的元素個數為 n 時，表示陣列的長度 (length) 為 n，而且除了一維陣列 (one-dimension、one-rank) 之外，JavaScript 也允許我們使用多維陣列 (multi-dimension、multi-rank)，其中以二維陣列 (two-dimension、two-rank) 較為常見。

以下面的敘述為例，我們先宣告一個名稱為 studentNames、包含 5 個元素的一維陣列，然後一一設定各個元素的值，注意索引的前後要以中括號括起來：

```
var studentNames = new Array(5);
studentNames[0] = " 小丸子 ";
studentNames[1] = " 花輪 ";
studentNames[2] = " 小玉 ";
studentNames[3] = " 美環 ";
studentNames[4] = " 丸尾 ";
```

我們也可以在宣告一維陣列的同時設定各個元素的值，例如：

```
var studentNames = new Array(" 小丸子 ", " 花輪 ", " 小玉 ", " 美環 ", " 丸尾 ");
```

我們還可以將上面的敘述簡寫成如下：

```
var studentNames = [" 小丸子 ", " 花輪 ", " 小玉 ", " 美環 ", " 丸尾 "];
```

下面是一個例子，它使用一個包含 7 個元素的一維陣列來存放飲料的名稱，然後以表格形式顯示出來。請注意，在第 11 ~ 14 行的 for 迴圈中，我們是透過 Array 物件的 length 屬性取得陣列的元素個數。

\Ch12\array1.html

```
01:<!DOCTYPE html>
02:<html>
03:  <head>
04:    <meta charset="utf-8">
05:  </head>
06:  <body>
07:    <table border="1">
08:      <script>
09:        var drinkNames = new Array("卡布奇諾咖啡", "拿鐵咖啡", "血腥瑪莉",
10:          "長島冰茶", "愛爾蘭咖啡", "藍色夏威夷", "英式水果冰茶");
11:        for(var i = 0; i < drinkNames.length; i++) {
12:          document.write("<tr><td>飲料 " + (i + 1) + "</td>");
13:          document.write("<td>" + drinkNames[i] + "</td></tr>");
14:        }
15:      </script>
16:    </table>
17:  </body>
18:</html>
```

12.9.2 多維陣列

前面所介紹的陣列屬於一維陣列，事實上，我們還可以宣告多維陣列，而且最常見的就是二維陣列。以下面的成績單為例，由於總共有 m 列 n 行，因此，我們可以宣告一個 m×n 的二維陣列來存放這個成績單，如下：

	第 0 行	第 1 行	第 2 行	……	第 n-1 行
第 0 列		國語	自然	……	數學
第 1 列	王小美	85	88	……	77
第 2 列	孫小偉	99	86	……	89
……	……	……	……	……	……
第 m-1 列	張婷婷	75	92	……	86

m×n 二維陣列有兩個索引，第一個索引是從 0 到 m - 1（共 m 個），第二個索引是從 0 到 n - 1（共 n 個），若要存取二維陣列，必須同時使用這兩個索引。以上面的成績單為例，我們可以使用二維陣列的兩個索引表示成如下：

	第 0 行	第 1 行	第 2 行	……	第 n-1 行
第 0 列	[0][0]	[0][1]	[0][2]	……	[0][n-1]
第 1 列	[1][0]	[1][1]	[1][2]	……	[1][n-1]
第 2 列	[2][0]	[2][1]	[2][2]	……	[2][n-1]
……	……	……	……	……	……
第 m-1 列	[m-1][0]	[m-1][1]	[m-1][2]	……	[m-1][n-1]

由上表可知，「王小美」這筆資料是存放在二維陣列內索引為 [1][0] 的位置，而「王小美」的數學分數是存放在二維陣列內索引為 [1][n - 1] 的位置；同理，「張婷婷」這筆資料是存放在二維陣列內索引為 [m-1][0] 的位置，而「張婷婷」的數學分數是存放在二維陣列內索引為 [m-1][n - 1] 的位置。

雖然 JavaScript 沒有直接支援多維陣列，但允許 Array 物件的元素為另一個 Array 物件，所以我們還是能夠順利使用二維陣列。

下面是一個例子，它使用一個二維陣列來存放學生的姓名與分數，然後以表格形式顯示出來。

\Ch12\array2.html

```
<!DOCTYPE html>
<html>
  <head>
    <meta charset="utf-8">
  </head>
  <body>
    <table border="1">
      <script>
        // 宣告一個包含 4 個元素的一維陣列，用來表示四個學生
        var Students = new Array(4);
        // 宣告一維陣列的每個元素都是另一個一維陣列，用來存放姓名與分數
        for(var i = 0; i < Students.length; i++)
          Students[i] = new Array(2);
        // 一一設定二維陣列的值
        Students[0][0] = " 小丸子 ";
        Students[1][0] = " 花輪 ";
        Students[2][0] = " 小玉 ";
        Students[3][0] = " 美環 ";
        Students[0][1] = 80;
        Students[1][1] = 95;
        Students[2][1] = 92;
        Students[3][1] = 88;
        // 使用巢狀迴圈顯示二維陣列的值
        for(var i = 0; i < Students.length; i++) {
          document.write("<tr>");
          for(var j = 0; j < Students[i].length; j++)
            document.write("<td>" + Students[i][j] + "</td>");
          document.write("</tr>");
        }
      </script>
    </table>
  </body>
</html>
```

亦可寫成如下：
Students = [[" 小丸子 ", 80], [" 花輪 ", 95], [" 小玉 ", 92], [" 美環 ", 88]];

13

物件、DOM
與事件處理

jQuery Mobile
JavaScript
bootstrap 5
CSS3
HTML 5
jQuery

13.1 認識物件

在開始介紹物件之前，我們先來說明物件導向的觀念。物件導向 (OO，Object Oriented) 是軟體發展過程中極具影響性的突破，愈來愈多程式語言強調其物件導向的特性，JavaScript 也不例外。

物件導向的優點是物件可以在不同的應用程式中被重複使用，Windows 作業系統本身就是一個物件導向的例子。您在 Windows 作業系統中所看到的東西，包括視窗、按鈕、對話方塊、功能表、捲軸、表單、控制項、資料庫等，均屬於物件。您可以將這些物件放進自己撰寫的程式，然後視實際情況變更物件的屬性 (例如標題列的文字、按鈕的大小、對話方塊的類型等)，而不必再為這些物件撰寫冗長的程式碼。

下面是幾個常見的名詞：

- 物件 (object) 或實體 (instance) 就像在生活中所看到的各種物體，例如房子、電腦、手機、冰箱、汽車、電視等，而物件可能又是由許多子物件所組成，比方說，電腦是一種物件，而電腦又是由 CPU、主記憶體、硬碟、主機板等子物件所組成；又比方說，Windows 作業系統中的視窗是一種物件，而視窗又是由標題列、功能表列、工具列、狀態列等子物件所組成。在 JavaScript 中，物件是資料與程式碼的組合，它可以是整個應用程式或應用程式的一部分。

- 屬性 (property) 或欄位 (field) 是用來描述物件的特質，比方說，電腦是一個物件，而電腦的 CPU 等級、主記憶體容量、硬碟容量、製造廠商等用來描述電腦的特質就是這個物件的屬性；又比方說，Windows 作業系統中的視窗是一個物件，而它的大小、位置等用來描述視窗的特質就是這個物件的屬性。

- 方法 (method) 是用來執行物件的動作，比方說，電腦是一個物件，而開機、關機、執行應用程式等動作就是這個物件的方法；又比方說，JavaScript 的 document 物件提供 write() 方法可以讓網頁設計人員將參數所指定的字串輸出至瀏覽器。

欄位
CPU_Type：Corei7
Manufacture：ASUS

方法
Boot（關機）
Shutdown（關機）
Execute（執行）

✅ 事件（event）是在某些情況下發出訊號警告您，比方說，當您發動汽車卻沒有關好車門時，汽車會發出嗶嗶聲警告您，這就是一個事件；又比方說，當使用者按一下網頁上的按鈕時，就會產生一個 click 事件，然後網頁設計人員可以針對該事件撰寫處理程式，例如將資料傳回 Web 伺服器。

✅ 類別（class）是物件的分類，就像物件的藍圖，隸屬於相同類別的物件具有相同的屬性與方法，但屬性的值則不一定相同。比方說，假設「汽車」是一個類別，它有「廠牌」、「顏色」、「型號」等屬性，以及「開門」、「關門」、「發動」等方法，那麼一部白色 BMW 520 汽車就是隸屬於「汽車」類別的一個物件，其「廠牌」屬性的值為 BMW，「顏色」屬性的值為白色，「型號」屬性的值為 520。除了這些屬性，還有「開門」、「關門」、「發動」等方法，至於其它車種（例如 BENZ）則為汽車類別的其它物件。

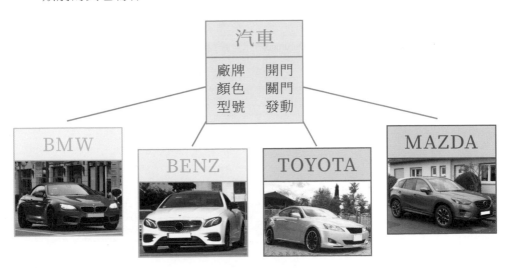

對 JavaScript 來說，物件是屬性、方法與事件的集合，代表某個東西，例如網頁上的表單、圖片、表格、超連結等元素，透過這些物件，網頁設計人員就可以存取網頁上某個元素的屬性與方法。

舉例來說，JavaScript 有一個名稱為 window 的物件，代表一個瀏覽器視窗 (window)、標籤頁 (tab) 或框架 (frame)，而 window 物件有一個名稱為 status 的屬性，代表瀏覽器視窗的狀態列文字。假設要將狀態列文字設定為「歡迎光臨 ~~~~」，那麼可以寫成 window.status = " 歡迎光臨 ~~~~";，其中小數點 (.) 是用來存取物件的屬性與方法。

`\Ch13\status.html`

```html
<!DOCTYPE html>
<html>
  <head>
    <meta charset="utf-8">
    <script>
      window.status = " 歡迎光臨 ~~~~";
    </script>
  </head>
  <body>
  </body>
</html>
```

我們在前一章已經介紹過 JavaScript 的核心部分，包括型別、變數、常數、運算子、流程控制、函式等，而在本章中，我們將著重於 JavaScript 在瀏覽器端的應用，也就是如何利用 JavaScript 讓靜態的 HTML 文件具有動態效果，其中最重要的就是 window 物件。

事實上，JavaScript 的物件均隸屬於 window 物件，包括我們在前一章所宣告的變數、函式及 alert()、prompt() 等函式亦隸屬於 window 物件。由於它是全域物件 (global object)，同時也是預設物件，因此，window 關鍵字可以省略不寫。舉例來說，當我們呼叫 alert()、prompt() 等函式時，可以只寫出 alert()、prompt()，而不必寫出 window.alert()、window.prompt()，這類的函式就是所謂的全域函式 (global function)。

window 物件包含許多子物件，這些子物件可以歸納為下列三種類型：

- 標準內建物件：這指的是真正屬於 JavaScript 所內建的物件，與網頁、瀏覽器或其它環境無關，也就是說，無論我們使用 JavaScript 做任何應用（不限定是網頁程式設計），都可以透過這些物件存取資料或進行運算，例如 Array、Boolean、Date、Error、Function、Global、Math、Number、Object、RegExp、String 等物件。

- 環境物件：我們可以透過環境物件存取瀏覽器或使用者螢幕的資訊，例如 location、navigator、screen、history 等物件。

- document 物件：這個物件代表的是 HTML 文件本身，我們可以透過它存取 HTML 文件的元素，例如表單、圖片、表格、超連結等。

JavaScript 與 HTML5 API

除了內建的物件之外，JavaScript 還可以透過 HTML5 提供的 API (Application Programming Interface，應用程式介面) 撰寫出許多強大的功能，例如繪圖、影音多媒體、拖放操作、地理定位、跨文件通訊、背景執行等。

13.2 window 物件

誠如前一節所言，window 物件代表一個瀏覽器視窗 (window)、標籤頁 (tab) 或框架 (frame)，JavaScript 的物件均隸屬於 window 物件。我們可以透過這個物件存取瀏覽器視窗的相關資訊，例如狀態列的文字、視窗的位置、高度與寬度等，同時我們也可以透過這個物件進行開啟視窗、關閉視窗、移動視窗、捲動視窗、調整視窗大小、顯示對話方塊、啟動計時器、列印網頁等動作。

window 物件常見的屬性如下。

屬性	說明
closed	傳回視窗是否已經關閉，true 表示是，false 表示否。
devicePixelRatio	傳回螢幕的裝置像素比。
document	指向視窗中的 document 物件。
fullScreen	傳回視窗是否為全螢幕顯示，true 表示是，false 表示否。
history	指向 history 物件。
innerHeight	傳回視窗中的網頁內容高度，包含水平捲軸 (以像素為單位)。
innerWidth	傳回視窗中的網頁內容寬度，包含垂直捲軸 (以像素為單位)。
location	指向 location 物件。
name	取得或設定視窗的名稱。
navigator	指向 navigator 物件。
outerHeight	傳回視窗的高度，包含工具列、捲軸等 (以像素為單位)。
outerWidth	傳回視窗的寬度，包含工具列、捲軸等 (以像素為單位)。
parent	指向父視窗。
screen	指向 screen 物件。
screenX	傳回視窗左上角在螢幕上的 X 軸座標。
screenY	傳回視窗左上角在螢幕上的 Y 軸座標。
self	指向 window 物件本身。
status	取得或設定視窗的狀態列文字。
top	指向頂層視窗。

window 物件常見的方法如下。

方法	說明
alert(*msg*)	顯示包含參數 *msg* 所指定之文字的警告對話方塊。
prompt(*msg*, *default*)	顯示包含參數 *msg* 所指定之文字的輸入對話方塊，參數 *default* 為預設的輸入值，可以省略不寫。
confirm(*msg*)	顯示包含參數 *msg* 所指定之文字的確認對話方塊。若按 [確定]，就傳回 true；若按 [取消]，就傳回 false。
moveBy(*deltaX*, *deltaY*)	移動視窗位置，X 軸位移為 *deltaX*，Y 軸位移為 *deltaY*。
moveTo(*x*, *y*)	移動視窗到螢幕上座標為 (*x*, *y*) 的位置。
resizeBy(*deltaX*, *deltaY*)	調整視窗大小，寬度變化量為 *deltaX*，高度變化量為 *deltaY*。
resizeTo(*x*, *y*)	調整視窗到寬度為 *x*，高度為 *y*。
scrollBy(*deltaX*, *deltaY*)	調整捲軸，X 軸位移為 *deltaX*，Y 軸位移為 *deltaY*。
scrollTo(*x*, *y*)	調整捲軸，令網頁中座標為 (*x*, *y*) 的位置顯示在左上角。
open(*url*, *name*, *features*)	開啟一個內容為 *url*、名稱為 *name*、外觀為 *features* 的視窗，傳回值為新視窗的 window 物件。
close()	關閉視窗。
focus()	令視窗取得焦點。
print()	列印網頁。
setInterval(*exp*, *time*)	啟動計時器，以參數 *time* 所指定的時間週期性地執行參數 *exp* 所指定的運算式，參數 *time* 的單位為千分之一秒。
clearInterval()	停止 setInterval() 所啟動的計時器。
setTimeOut(*exp*, *time*)	啟動計時器，當參數 *time* 所指定的時間到達時，執行參數 *exp* 所指定的運算式，參數 *time* 的單位為千分之一秒。
clearTimeOut()	停止 setTimeOut() 所啟動的計時器。

open() 方法的外觀參數如下。

外觀參數	說明
copyhistory=1 或 0	是否複製瀏覽歷程記錄。
directories=1 或 0	是否顯示導覽列。
fullscreen=1 或 0	是否全螢幕顯示。
location=1 或 0	是否顯示網址列。
menubar=1 或 0	是否顯示功能表列。
status=1 或 0	是否顯示狀態列。
toolbar=1 或 0	是否顯示工具列。
scrollbars=1 或 0	當文件內容超過視窗時，是否顯示捲軸。
resizable=1 或 0	是否可以改變視窗大小。
height=*n*	視窗的高度，*n* 為像素數。
width=*n*	視窗的寬度，*n* 為像素數。

下面是一個例子 \Ch13\open.html，當使用者點取「開啟新視窗」超連結時，會開啟一個新視窗，而且新視窗的內容為 \Ch13\new.html，高度為 200 像素、寬度為 400 像素；當使用者點取「關閉新視窗」超連結時，會關閉剛才開啟的新視窗；當使用者點取「關閉本視窗」超連結時，會關閉原來的視窗。

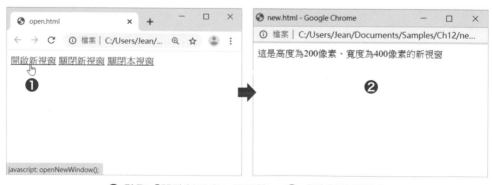

❶ 點取「開啟新視窗」超連結　　❷ 成功開啟新視窗

```html
<!DOCTYPE html>
<html>
  <head>
    <meta charset="utf-8">
    <script>
      var myWin = null;
      // 開啟新視窗
      function openNewWindow() {
        myWin = window.open("new.html", "myWin", "height=200, width=400"); ❶
      }
      // 關閉新視窗
      function closeNewWindow() {
        if (myWin) myWin.close(); ❷
      }
      // 關閉本視窗
      function closeThisWindow() {
        window.close(); ❸
      }
    </script>
  </head>
  <body>                  ❹
    <a href="javascript: openNewWindow();"> 開啟新視窗 </a>
    <a href="javascript: closeNewWindow();"> 關閉新視窗 </a>
    <a href="javascript: closeThisWindow();"> 關閉本視窗 </a>
  </body>
</html>
```

❶ 將 open() 方法所傳回的 window 物件（即新視窗）指派給變數 myWin

❷ 若新視窗存在，就呼叫 close() 方法關閉新視窗

❸ 呼叫 close() 方法關閉本視窗

❹ 設定超連結所連結的函式

```html
<!DOCTYPE html>
<html>
  <head>
    <meta charset="utf-8">
  </head>
  <body>
    這是高度為 200 像素、寬度為 400 像素的新視窗
  </body>
</html>
```

13.3 document 物件

document 物件是 window 物件的子物件，window 物件代表一個瀏覽器視窗、標籤頁或框架，而 document 物件代表 HTML 文件本身，我們可以透過它存取 HTML 文件的元素，包括表單、圖片、表格、超連結等。

13.3.1 DOM（文件物件模型）

在說明如何存取 document 物件之前，我們先來解釋何謂 DOM（Document Object Model，文件物件模型），這個架構主要是用來表示與操作 HTML 文件。

當瀏覽器在解析一份 HTML 文件時，它會建立一個由多個物件所構成的集合，稱為 DOM tree，每個物件代表 HTML 文件中的一個元素，而且每個物件有各自的屬性、方法與事件，能夠透過 JavaScript 來操作，以營造動態效果。以下面的 HTML 文件為例，瀏覽器在解析該文件後，將會產生如下圖的 DOM tree。

```
<html>
  <head>
    <title> 新網頁 </title>
  </head>
  <body>
    <h1> 宋詞欣賞 </h1>
    <h2> 蝶戀花 </h2>
  </body>
</html>
```

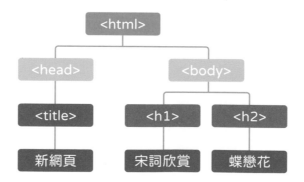

DOM tree 的每個節點都是一個隸屬於 Node 型別的物件,而 Node 型別又包含數個子型別,其型別階層架構如下圖,HTMLDocument 子型別代表 HTML 文件,HTMLElement 子型別代表 HTML 元素,而 HTMLElement 子型別又包含數個子型別,代表特殊類型的 HTML 元素,例如 HTMLInputElement 代表輸入類型的元素,HTMLTableElement 代表表格類型的元素。

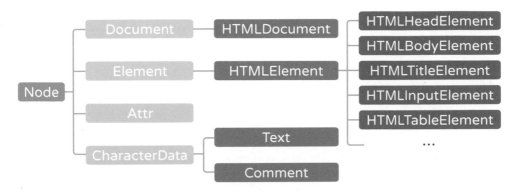

13.3.2　document 物件的屬性與方法

我們可以透過 document 物件的屬性與方法存取 HTML 文件的元素,常見的如下。

屬性	說明
activeElement	目前取得焦點的元素。
body	HTML 文件的 <body> 元素。
cookie	HTML 文件的 cookie。
charset	HTML 文件的字元編碼方式。
dir	HTML 文件的目錄。
domain	HTML 文件的網域。
head	HTML 文件的 <head> 元素。
lastModified	HTML 文件最後一次修改的日期時間。
referer	連結到此 HTML 文件的文件網址。
title	HTML 文件的標題。
URL	HTML 文件的網址。

方法	說明
open(*type*)	根據參數 *type* 所指定的 MIME 類型開啟新文件，若參數 *type* 為 "text/html" 或省略不寫，表示開啟新的 HTML 文件。
close()	關閉以 open() 方法開啟的文件資料流，使緩衝區的輸出顯示在瀏覽器。
getElementById(*id*)	取得 HTML 文件中 id 屬性為 *id* 的元素。
getElementsByName(*name*)	取得 HTML 文件中 name 屬性為 *name* 的元素。
getElementsByClassName(*name*)	取得 HTML 文件中 class 屬性為 *name* 的元素。
getElementsByTagName(*name*)	取得 HTML 文件中標籤名稱為 *name* 的元素。
write(*data*)	將參數 *data* 所指定的字串輸出至瀏覽器。
writeln(*data*)	將參數 *data* 所指定的字串和換行輸出至瀏覽器。
createComment(*data*)	根據參數 *data* 所指定的字串建立並傳回一個新的 Comment 節點。
createElement(*name*)	根據參數 *name* 所指定的元素名稱建立並傳回一個新的、空的 Element 節點。
createText(*data*)	根據參數 *data* 所指定的字串建立並傳回一個新的 Text 節點。
execCommand(*command* [, *showUI* [, *value*]])	執行第一個參數指定的指令，其它參數則會隨著所指定的指令而定，例如下面的敘述是設定當使用者在「送別」二字按一下時，此二字會變成斜體： `<h1 onclick="document.execCommand('italic')"> 送別 </h1>` HTML5 針對第一個參數定義了下列指令： bold　　　　　　　insertParagraph createLink　　　　insertText delete　　　　　　italic formatBlock　　　redo forwardDelete　　selectAll insertImage　　　subscript insertHTML　　　superscript insertLineBreak　undo insertOrderedList　unlink insertUnorderedList　unselect

下面是一個例子，當使用者按一下「開啟新文件」按鈕時，將會在新的標籤頁開啟新文件。

\Ch13\opendoc2.html

```html
<!DOCTYPE html>
<html>
  <head>
    <meta charset="utf-8">
    <script>
      function openDocument() {
        // 開啟新的標籤頁
        var newWin = window.open("", "newWin");
        // 在新的標籤頁開啟新文件
        newWin.document.open("text/html");
        // 在新文件中顯示此字串
        newWin.document.write(" 這是新的 HTML 文件 ");
        // 關閉新文件資料流
        newWin.document.close();
      }
    </script>
  </head>
  <body>
    <input type="button" value=" 開啟新文件 " onclick="javascript: openDocument();">
  </body>
</html>
```

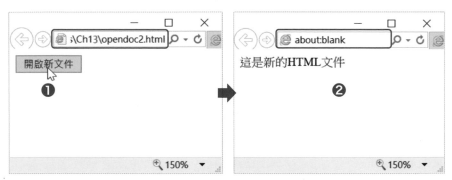

❶ 按一下此鈕　　❷ 在新的標籤頁開啟新文件

最後，我們要來示範如何使用 getElementById()、getElementsByName()、getElementsByClassName()、getElementsByTagName() 等方法取得 HTML 文件的元素。假設 HTML 文件中有下面幾個元素：

```
<input type="checkbox" name="phone" id="CB1" class="TW" value="Asus">Asus
<input type="checkbox" name="phone" id="CB2" class="TW" value="Acer">Acer
<input type="checkbox" name="phone" id="CB3" class="USA" value="Apple">Apple
<input type="checkbox" name="phone" id="CB4" class="USA" value="Google">Google
```

那麼下面第一個敘述將取得 id 屬性為 "CB1" 的元素，也就是第一個核取方塊；第二個敘述將取得 name 屬性為 "phone" 的元素，也就是這四個核取方塊；第三個敘述將取得 class 屬性為 "USA" 的元素，也就是第三、四個核取方塊；第四個敘述將取得標籤名稱為 "input" 的元素，也就是這四個核取方塊：

```
var element1 = document.getElementById("CB1");
var element2 = document.getElementsByName("phone");
var element3 = document.getElementsByClassName("USA");
var element4 = document.getElementsByTagName("input");
```

這些 HTML 元素都是 element 物件，我們可以透過 element 物件存取 HTML 元素的屬性，下面是一些例子，第 13.4 節有進一步的介紹。

```
element1.id                 // 傳回第一個核取方塊的 id 屬性值 "CB1"
element1.className          // 傳回第一個核取方塊的 class 屬性值 "TW"
element1.tagName            // 傳回第一個核取方塊的標籤名稱 "input"
element1.type               // 傳回第一個核取方塊的 type 屬性值 "checkbox"
element1.value              // 傳回第一個核取方塊的 value 屬性值 "Asus"
element2.length             // 傳回 name 屬性為 "phone" 的元素個數為 4
element2[0].id              // 傳回第一個核取方塊的 id 屬性值 "CB1"
element2[1].className       // 傳回第二個核取方塊的 class 屬性值 "TW"
element2[2].tagName         // 傳回第三個核取方塊的標籤名稱 "input"
element2[3].type            // 傳回第四個核取方塊的 type 屬性值 "checkbox"
element3.length             // 傳回 class 屬性值為 "USA" 的元素個數為 2
element3[0].value           // 傳回第三個核取方塊的 value 屬性值 "Apple"
element4.length             // 傳回標籤名稱為 "input" 的元素個數為 4
element4[0].value           // 傳回第一個核取方塊的 value 屬性值 "Asus"
```

13.3.3　document 物件的子物件與集合

document 物件有一個 head 子物件，代表 HTML 文件的網頁標頭，即 <head> 元素，其屬性有第 2.1 節所介紹的全域屬性。

document 物件也有一個 body 子物件，代表 HTML 文件的網頁主體，即 <body> 元素，其屬性有第 2.1 節所介紹的全域屬性，以及 onafterprint、onbeforeprint、onbeforeunload、onhashchange、onlanguagechange、onmessage、onoffline、ononline、onpagehide、onpageshow、onpopstate、onrejectionhandled、onstorage、onunhandledrejection、onunload 等事件屬性。

下面是一個例子，它會在瀏覽器發生 load 事件時（即載入網頁），呼叫 JavaScript 的 alert() 方法在對話方塊中顯示 "Hello, world!"。

\Ch13\onload.html

```html
<!DOCTYPE html>
<html>
  <head>
    <meta charset="utf-8">
  </head>
  <body>
    <script>
      document.body.onload = function(){
        alert("Hello, world!");
      };
    </script>
  </body>
</html>
```

此外，document 物件還提供如下集合。

集合	說明
embeds	HTML 文件中使用 <embed> 元素嵌入的資源。
forms	HTML 文件中的表單。
links	HTML 文件中具備 href 屬性的 <a> 與 <area> 元素，但不包括 <link> 元素。
plugins	HTML 文件中的外掛程式。
images	HTML 文件中的圖片。
scripts	HTML 文件中使用 <script> 元素嵌入的 Script 程式碼。
styleSheets	HTML 文件中的樣式表。

舉例來說，假設 HTML 文件中有下面兩個表單，name 屬性分別為 myForm1、myForm2：

```
<form name="myForm1">
  <input type="button" id="B1" value=" 按鈕 1">
  <input type="button" id="B2" value=" 按鈕 2">
</form>
<form name="myForm2">
  <input type="button" id="B3" value=" 按鈕 3">
  <input type="button" id="B4" value=" 按鈕 4">
</form>
```

那麼我們可以透過 document 物件的 forms 集合存取表單中的元素，例如：

```
// 傳回第一個表單中 id 屬性為 B1 之元素的 value 值，即 " 按鈕 1"
document.forms[0].B1.value
// 傳回第一個表單中 id 屬性為 B1 之元素的 value 值，即 " 按鈕 1"
document.forms.myForm1.B1.value
// 傳回第二個表單中 id 屬性為 B3 之元素的 value 值，即 " 按鈕 3"
document.forms[1].B3.value
// 將第二個表單中 id 屬性為 B4 之元素的 value 值設定為 " 提交 "
document.forms.myForm2.B4.value = " 提交 "
```

13.4 element 物件

element 物件代表 HTML 文件中的一個元素，隸屬於 HTMLElement 型別，而 HTMLElement 子型別又包含數個子型別，代表特殊類型的 HTML 元素，例如 HTMLInputElement 代表輸入類型的元素，HTMLTableElement 代表表格類型的元素。

凡透過 getElementById()、getElementsByName()、getElementsByClassName()、getElementsByTagName() 等方法所取得的 HTML 元素都是 element 物件。由於 HTML 元素包含標籤與屬性兩個部分，因此，代表 HTML 元素的 element 物件也有對應的屬性。

舉例來說，假設 HTML 文件中有一個 id 屬性為 "img1" 的 <img> 元素，那麼下面的第一個敘述會先取得該元素，而第二個敘述會將該元素的 src 屬性設定為 "car.jpg"：

```
var img1 = document.getElementById("img1");
img1.src = "car.jpg";
```

除了對應至 HTML 元素的屬性之外，element 物件還提供許多屬性，常見的屬性如下。請注意，HTML 不會區分英文字母的大小寫，但 JavaScript 會，因此，在我們將 HTML 元素的屬性對應至 element 物件的屬性時，必須轉換為小寫，若屬性是由多個單字所組成，那麼要採取字中大寫的格式，例如 contentEditable、tabIndex 等。

屬性	說明
attributes	HTML 元素的屬性。
className	HTML 元素的 class 屬性值。
tagName	HTML 元素的標籤名稱。
innerHTML	HTML 元素的標籤與內容。
outerHTML	HTML 元素與它的所有內容，包括開始標籤、屬性與結束標籤。
textContent	HTML 元素的內容，不包括標籤。

innerHTML、outerHTML、textContent 三個屬性的差別如下。

```
                    ──────── outerHTML ────────
                          ──── textContent ────
  <div id="msg"><i>Hello, world!</i></div>
                    ──── innerHTML ────
```

下面是一個例子，當使用者按一下 [顯示訊息] 按鈕時，就會呼叫 showMsg()
函式，透過 innerHTML 屬性設定 <p> 元素的內容，進而顯示在瀏覽器。

`\Ch13\show.html`

```html
<!DOCTYPE html>
<html>
  <head>
    <meta charset="utf-8">
    <script>
      function showMsg() {
        var msg = document.getElementById("msg");    // 取得 <p> 元素
        msg.innerHTML = "<i>Hello, world!</i>";       // 設定 <p> 元素的內容
      }
    </script>
  </head>
  <body>
    <button type="button" onclick="javascript: showMsg();"> 顯示訊息 </button>
    <p id="msg"></p>
  </body>
</html>
```

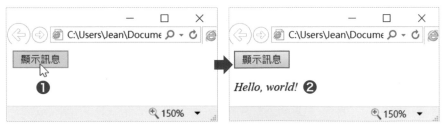

❶ 按一下此鈕　　❷ 取得並設定段落的內容

13.5 事件的類型

瀏覽器端 Scripts 是採取事件驅動 (event driven) 的運作模式，當瀏覽器、HTML 文件或 HTML 元素發生事件時，例如瀏覽器在載入網頁時會觸發 load 事件、在卸載網頁時會觸發 unload 事件、在使用者按一下 HTML 元素時會觸發 click 事件等，就可以透過事先撰寫好的 JavaScript 程式來處理事件。

JavaScript 會自動進行低階的訊息處理工作，因此，我們只要針對可能發生或想要捕捉的事件撰寫處理程式即可，一旦發生指定的事件，就會執行該事件的處理程式，待處理程式執行完畢後，再繼續等待下一個事件或結束程式。

在 Web 發展的初期，事件的類型並不多，可能就是 load、unload、click 等簡單的事件，不過，隨著 Web 平台與相關的 API 快速發展，事件的類型日趨多元，常見的有傳統的事件、HTML5 事件、DOM 事件和觸控事件。

13.5.1 傳統的事件

「傳統的事件」指的是早已經存在並受到廣泛支援的事件，包括：

✅ window 事件：這是與瀏覽器本身相關的事件，而不是瀏覽器所顯示之文件或元素的事件，常見的如下：

- load：當瀏覽器載入網頁或所有框架時會觸發此事件。
- unload：當瀏覽器卸載視窗或框架內的網頁時會觸發此事件。
- focus：當焦點移到瀏覽器視窗時會觸發此事件。
- blur：當焦點從瀏覽器視窗移開時會觸發此事件。
- error：當瀏覽器視窗發生錯誤時會觸發此事件。
- scroll：當瀏覽器視窗捲動時會觸發此事件。
- resize：當瀏覽器視窗改變大小時會觸發此事件。

請注意，focus、blur、error 等事件也可能在其它元素上觸發，而 scroll 事件也可能在其它可捲動的元素上觸發。

✔ 鍵盤事件：這是與使用者操作鍵盤相關的事件，常見的如下：

- keydown：當使用者在元素上按下按鍵時會觸發此事件。

- keyup：當使用者在元素上放開按鍵時會觸此事件。

- keypress：當使用者在元素上按下再放開按鍵時會觸發此事件。

✔ 滑鼠事件：這是與使用者操作滑鼠相關的事件，常見的如下：

- mousedown：當使用者在元素上按下滑鼠按鍵時會觸發此事件。

- mouseup：當使用者在元素上放開滑鼠按鍵時會觸發此事件。

- mouseover：當使用者將滑鼠移過元素時會觸發此事件。

- mousemove：當使用者將滑鼠在元素上移動時會觸發此事件。

- mouseout：當使用者將滑鼠從元素上移開時會觸發此事件。

- mousewheel：當使用者在元素上滾動滑鼠滾輪時會觸發此事件。

- click：當使用者在元素上按一下滑鼠按鍵時會觸發此事件。

- dblclick：當使用者在元素上按兩下滑鼠按鍵時會觸發此事件。

✔ 表單事件：這是與使用者操作表單相關的事件，常見的如下：

- submit：當使用者傳送表單時會觸發此事件。

- reset：當使用者清除表單時會觸發此事件。

- select：當使用者在文字欄位選取文字時會觸發此事件。

- change：當使用者修改表單欄位時會觸發此事件。

- focus：當焦點移到表單欄位時會觸發此事件。

- blur：當焦點從表單欄位移開時會觸發此事件。

13.5.2 HTML5 事件

HTML5 不僅提供功能強大的 API，也針對這些 API 新增相關的事件，比方說，HTML5 針對用來播放影像與聲音的 Video/Audio API 新增 loadstart、progress、suspend、abort、error、emptied、stalled、loadedmetadata、loadeddata、canplay、canplaythrough 等事件，透過這些事件，就可以掌握播放情況，例如開始尋找媒體資料、正在讀取媒體資料、開始播放等。

又比方說，HTML5 針對用來進行拖放操作的 Drag and Drop API 新增 dragstart、drag、dragend、dragenter、dragleave、dragover、drop 等事件，透過這些事件，就可以知道使用者何時開始拖曳、正在拖曳或結束拖曳。有關 HTML5 事件的規格，可以參考官方文件 https://www.w3.org/TR/html52/。

13.5.3 DOM 事件

「DOM 事件」指的是 W3C 提出的 Document Object Model (DOM) Level 3 Events Specification，除了將傳統的事件標準化，還增加一些新的事件，例如 focusin、focusout、mouseenter、mouseleave、textinput、wheel 等。由於該規格目前為工作草案階段，瀏覽器尚未廣泛提供實作，有興趣的讀者可以參考官方文件 https://www.w3.org/TR/uievents/。

13.5.4 觸控事件

隨著配備觸控螢幕的行動裝置與平板電腦快速普及，W3C 已經開始著手制訂觸控規格 Touch Events，裡面主要有 touchstart、touchmove、touchend、touchcancel 等事件。當手指觸碰到螢幕時會觸發 touchstart 事件，當手指在螢幕上移動時會觸發 touchmove 事件，當手指離開螢幕時會觸發 touchend 事件，而當取消觸控或觸控點離開文件視窗時會觸發 touchcancel 事件。

Touch Events 是 W3C 推薦標準，有興趣的讀者可以參考官方文件 https://www.w3.org/TR/touch-events/。另外像 Apple iPhone、iPad 所支援的 gesture（手勢）、touch（觸控）、orientationchanged（旋轉方向）等事件，可以參考 Apple Developer Center (https://developer.apple.com/)。

13.6 事件處理程式

在本節中,我們將示範如何設定事件處理程式。下面是一個例子,它會透過 HTML 元素的事件屬性設定事件處理程式。

原則上,事件屬性的名稱就是在事件的名稱前面加上 on,而且要全部小寫,即便事件的名稱是由多個單字所組成,例如 mousewheel、mouseover、keydown、canplaythrough 等。

這個例子的重點在於第 08 行將按鈕的 onclick 事件屬性設定為 "javascript: alert('Hello, world!');",如此一來,當使用者按一下按鈕時,將會觸發 click 事件,進而執行 alert('Hello, world!'); 敘述,在對話方塊中顯示 Hello, world!。

```
\Ch13\event1.html
01:<!DOCTYPE html>
02:<html>
03:  <head>
04:    <meta charset="utf-8">
05:    <title> 範例 </title>
06:  </head>
07:  <body>
08:    <button type="button" onclick="javascript: alert('Hello, world!');">
09:       顯示訊息 </button>
10:  </body>
11:</html>
```

> 將按鈕的 onclick 事件屬性設定為事件處理程式

❶ 按一下此鈕　❷ 顯示對話方塊

雖然我們可以直接將事件處理程式寫入 HTML 元素的事件屬性，但有時卻不太方便，因為事件處理程式可能會有很多行敘述，此時，我們可以將事件處理程式撰寫成 JavaScript 函式，然後將 HTML 元素的事件屬性設定為該函式。

舉例來說，\Ch13\event1.html 可以改寫成如下，執行結果是相同的，其中第 13 行是將按鈕的 onclick 事件屬性設定為 "javascript: showMsg();"，這是一個 JavaScript 函式呼叫，至於 showMsg() 函式則是定義在第 07 ~ 09 行的 JavaScript 程式碼區塊。

```
\Ch13\event2.html
01:<!DOCTYPE html>
02:<html>
03:  <head>
04:    <meta charset="utf-8">
05:    <title> 範例 </title>
06:    <script>
07:      function showMsg() {
08:        alert('Hello, world!');
09:      }
10:    </script>
11:  </head>
12:  <body>
13:    <button type="button" onclick="javascript: showMsg();">
14:      顯示訊息 </button>
15:  </body>
16:</html>
```

ⓐ 將事件處理程式撰寫成 showMsg() 函式

ⓑ 將按鈕的 onclick 事件屬性設定為 showMsg() 函式，當使用者按一下按鈕時，將會觸發 click 事件，進而呼叫 showMsg() 函式

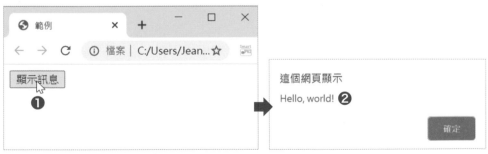

❶ 按一下此鈕　❷ 顯示對話方塊

除了前述做法之外，我們也可以在 JavaScript 程式碼區塊中設定事件處理程式。舉例來說，\Ch13\event1.html 可以改寫成如下，執行結果是相同的。

這次我們沒有在 HTML 程式碼區塊中設定 HTML 元素的事件屬性，改成在 JavaScript 程式碼區塊中使用 getElementById() 方法取得代表按鈕的物件（第 10 行），然後將按鈕的 onclick 事件屬性設定為 showMsg() 函式（第 11 行）。

\Ch13\event3.html

```
01:<!DOCTYPE html>
02:<html>
03:  <head>
04:    <meta charset="utf-8">
05:    <title> 範例 </title>
06:  </head>
07:  <body>
08: ⓐ   <button type="button" id="btn"> 顯示訊息 </button>
09:    <script>
10: ⓑ   var btn = document.getElementById("btn");
11: ⓒ   btn.onclick = showMsg;
12:
13: ⌈   function showMsg() {
14: ⓓ       alert('Hello, world!');
15: ⌊   }
16:    </script>
17:  </body>
18:</html>
```

ⓐ 移除按鈕的 onclick 事件屬性
ⓑ 取得代表按鈕的物件
ⓒ 捕捉 click 事件並將事件處理程式設定為 showMsg() 函式
ⓓ 撰寫要做為事件處理程式的 showMsg() 函式

告訴您一個小秘訣，第 09 ~ 16 行可以簡寫成如下：

```
<script>
  var btn = document.getElementById("btn");
  btn.onclick = function() {alert('Hello, world!');};
</script>
```

最後，我們要示範如何在 JavaScript 程式碼區塊中使用 addEventListener() 方法捕捉事件並設定事件處理程式，其語法如下，參數 *event* 是要捕捉的事件，參數 *function* 是要執行的函式，而選擇性參數 *useCapture* 是布林值，預設值為 false，表示當內層和外層元素都有發生參數 *event* 指定的事件時，就先從內層元素開始執行處理程式：

```
addEventListener(event, function [, useCapture])
```

我們可以使用 addEventListener() 方法將 \Ch13\event1.html 改寫成如下，執行結果是相同的。

\Ch13\event4.html

```
01:<!DOCTYPE html>
02:<html>
03:  <head>
04:    <meta charset="utf-8">
05:    <title> 範例 </title>
06:  </head>
07:  <body>
08: ⓐ <button type="button" id="btn"> 顯示訊息 </button>
09:    <script>
10: ⓑ   var btn = document.getElementById("btn");
11: ⓒ   btn.addEventListener("click", showMsg, false);
12:
13: ⌐   function showMsg() {
14: ⓓ     alert('Hello, world!');
15: ⌐   }
16:    </script>
17:  </body>
18:</html>
```

ⓐ 移除按鈕的 onclick 事件屬性
ⓑ 取得代表按鈕的物件
ⓒ 捕捉 click 事件並將事件處理程式設定為 showMsg() 函式
ⓓ 撰寫要做為事件處理程式的 showMsg() 函式

同樣的，第 09 ~ 16 行也可以簡寫成如下：

```
<script>
  var btn = document.getElementById("btn");
  btn.addEventListener("click", function() {alert('Hello, world!');}, false);
</script>
```

這種做法和前述幾種做法的差別在於 addEventListener() 方法可以針對同一個物件的同一種事件類型設定多個處理程式，例如下面的敘述是針對按鈕的 click 事件設定兩個處理程式，執行結果將依序出現兩個對話方塊，如下圖。

❶ 按一下此鈕　❷ 顯示第一個對話方塊，請按 [確定]　❸ 顯示第二個對話方塊，請按 [確定]

\Ch13\event5.html

```
<!DOCTYPE html>
<html>
  <head>
    <meta charset="utf-8">
    <title> 範例 </title>
  </head>
  <body>
    <button type="button" id="btn"> 顯示訊息 </button>
    <script>
      var btn = document.getElementById("btn");
      btn.addEventListener("click", function() {alert('Hello, world!');}, false);
      btn.addEventListener("click", function() {alert(' 歡迎光臨 !');}, false);
    </script>
  </body>
</html>
```

針對按鈕的 click 事件
設定兩個處理程式

addEventListener() 方法有一個成對的 removeEventListener() 方法，用來移除物件的事件處理程式，其語法如下，參數的意義和 addEventListener() 方法相同：

```
removeEventListener(event, function [, useCapture])
```

14

jQuery

jQuery Mobile

JavaScript

Bootstrap 5

CSS3

HTML 5

jQuery

14.1 認識 jQuery

根據 jQuery 官方網站 (https://jquery.com/) 的說明指出,「jQuery 是一個快速、輕巧、功能強大的 JavaScript 函式庫,透過它所提供的 API,可以讓諸如操作 HTML 文件、選擇 HTML 元素、處理事件、建立特效、使用 Ajax 技術等動作變得更簡單。由於其多樣性與擴充性,jQuery 改變了數以百萬計的人們撰寫 JavaScript 程式的方式。」。

簡單的說,jQuery 是一個開放原始碼、跨瀏覽器的 JavaScript 函式庫,目的是簡化 HTML 與 JavaScript 之間的操作,一開始是由 John Resig 於 2006 年釋出第一個版本,後來改由 Dave Methvin 領導的團隊進行開發,發展迄今,jQuery 已經成為使用最廣泛的 JavaScript 函式庫。

此外,jQuery 還有一些知名的外掛模組,例如 jQuery UI、jQuery Mobile 等,其中 jQuery UI 是奠基於 jQuery 的 JavaScript 函式庫,包含使用者介面互動、特效、元件與佈景主題等功能;而 jQuery Mobile 是奠基於 jQuery 和 jQuery UI 的行動網頁使用者介面函式庫,包括佈景主題、頁面切換動畫、對話方塊、按鈕、工具列、導覽列、可摺疊區塊、清單檢視、表單等元件。

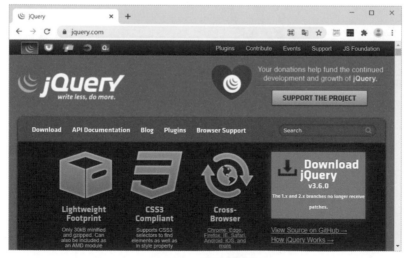

jQuery 官方網站

14.2 取得 jQuery 核心

在使用 jQuery 之前需要具有 jQuery 核心 JavaScript 檔案，我們可以透過下列兩種方式來取得：

- 下載 jQuery 套件：到官方網站 https://jquery.com/download/ 下載 jQuery 套件，如下圖，建議點取 [Download the compressed, production jQuery 3.6.0]，下載 jquery-3.6.0.min.js，然後將檔案複製到網站專案的根目錄，檔名中的 3.6.0 為版本，.min 為最小化的檔案，也就是去除空白、換行、註解並經過壓縮，推薦給正式版使用。由於 jQuery 仍在持續發展中，您可以到官方網站查看最新發展與版本。

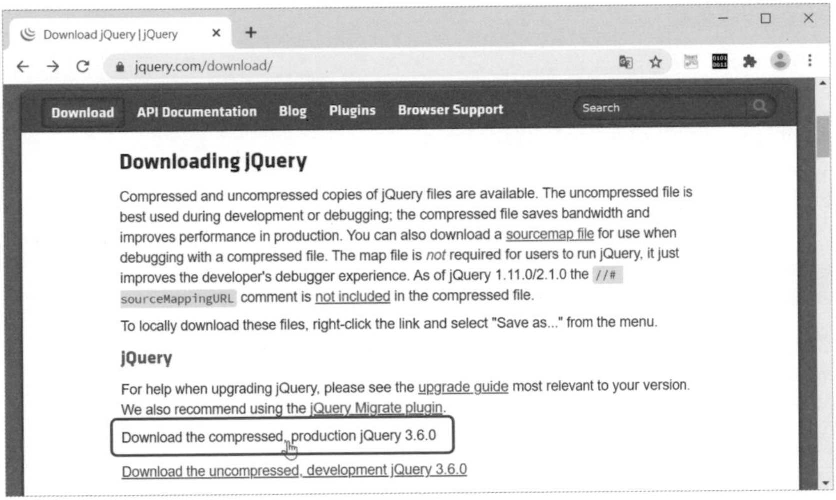

- 使用 CDN (Content Delivery Networks)：在網頁中參考 jQuery 官方網站提供的檔案，而不是將檔案複製到網站專案的根目錄。我們可以在 https://code.jquery.com/ 找到類似如下的程式碼，將之複製到網頁即可：

```
<script src="https://code.jquery.com/jquery-3.6.0.min.js"
  integrity="sha256-/xUj+3OJU5yExlq6GSYGSHk7tPXikynS7ogEvDej/m4="
  crossorigin="anonymous"></script>
```

jQuery 屬於開放原始碼，可以免費使用，注意不要刪除檔案開頭的版權資訊即可。至於使用 CDN 的好處則如下：

- ✔ 無需下載任何套件。

- ✔ 減少網路流量，因為 Web 伺服器送出的檔案較小。

- ✔ 若使用者之前已經透過相同的 CDN 參考 jQuery 的檔案，那麼該檔案就會存在於瀏覽器的快取中，如此便能加快網頁的執行速度。

下面是一個例子，它會在 HTML 文件的 DOM 載入完畢後以對話方塊顯示 'Hello, jQuery!'，其中第 02 行是使用 CDN 參考 jQuery 核心 JavaScript 檔案 jquery-3.6.0.min.js，至於第 05 行的 jQuery 語法稍後會有詳細的說明。

\Ch14\hello.html

```
01:<body>
02:  <script src="https://code.jquery.com/jquery-3.6.0.min.js"></script>
03:  <script src="hello.js"></script>
04:</body>
```

\Ch14\hello.js

```
05:$(document).ready(function() {
06:  window.alert('Hello, jQuery!');
07:});
```

14.3 使用 jQuery 核心

jQuery 核心提供許多方法可以用來操作 HTML 文件，我們習慣以小數點開頭加上方法名稱來辨識 jQuery 方法，以和內建的 JavaScript 方法做區別，例如 .html()、.text()、.val()、.after()、.before() 等。

14.3.1 選擇元素

jQuery 的基本語法如下：

```
$( 選擇器 ).method( 參數 );
```

$ 符號是 jQuery 物件的別名，而 $() 表示呼叫建構函式建立 jQuery 物件，至於選擇器 (selector) 指的是要進行處理的 DOM 物件，例如下面的敘述是針對 id 屬性為 "msg" 的元素呼叫 jQuery 提供的 .text() 方法，將該元素的內容設定為參數所指定的文字：

```
$("#msg").text("Hello, jQuery!");
```

jQuery 除了支援多數的 CSS3 選擇器，同時也提供一些專用的選擇器，常用的如下。

選擇器	範例
萬用選擇器	$("*") 表示選擇所有元素。
類型選擇器	$("h1") 表示選擇 <h1> 元素。
子選擇器	$("ul > li") 表示選擇 <ul> 的子元素 <li>。
子孫選擇器	$("p a") 表示選擇 <p> 元素的子孫元素 <a>。
相鄰兄弟選擇器	$("img + p") 表示選擇 <img> 元素後面的第一個兄弟元素 <p>。
全體兄弟選擇器	$("img ~ p") 表示選擇 <img> 元素後面的所有兄弟元素 <p>。
類別選擇器	$(".odd") 表示選擇 class 屬性為 "odd" 的元素。
ID 選擇器	$("#btn") 表示選擇 id 屬性為 "btn" 的元素。

選擇器	範例
屬性選擇器	
[*attr*]	$("[class]") 表示選擇有設定 class 屬性的元素。
[*attr=val*]	$("[class='apple']") 表示選擇 class 屬性的值為 'apple' 的元素。
[*attr~=val*]	$("[class~='apple']") 表示選擇 class 屬性的值為 'apple'，或以空白字元隔開並包含 'apple' 的元素。
[*attr|=val*]	$("[class|='apple']") 表示選擇 class 屬性的值為 'apple'，或以 - 字元連接並包含 'apple' 的元素。
[*attr^=val*]	$("[class^='apple']") 表示選擇 class 屬性的值以 'apple' 開頭的元素。
[*attr$=val*]	$("[class$='apple']") 表示選擇 class 屬性的值以 'apple' 結尾的元素。
[*attr*=val*]	$("[class*='apple']") 表示選擇 class 屬性的值包含 'apple' 的元素。
[*attr!=val*]	$("[class!='apple']") 表示選擇 class 屬性的值不包含 'apple' 的元素。
多重選擇器	$("div, span") 表示選擇 \<div> 和 \<span> 元素。
多重屬性選擇器	$("input[id][name$='man']") 表示選擇有設定 id 屬性且 name 屬性以 'man' 結尾的 \<input> 元素。
表單虛擬選擇器	
:input	$(":input") 表示選擇所有 \<input> 元素。
:text	$(":text") 表示選擇所有 type="text" 的 \<input> 元素。
:password	$(":password") 表示選擇所有 type="password" 的 \<input> 元素。
:radio	$(":radio") 表示選擇所有 type="radio" 的 \<input> 元素。
:checkbox	$(":checkbox") 表示選擇所有 type="checkbox" 的 \<input> 元素。
:image	$(":image") 表示選擇所有 type="image" 的 \<input> 元素。
:file	$(":file") 表示選擇所有 type="file" 的 \<input> 元素。
:submit	$(":submit") 表示選擇所有 type="submit" 的 \<input> 元素。
:reset	$(":reset") 表示選擇所有 type="reset" 的 \<input> 元素。
:button	$(":button") 表示選擇所有 \<button> 元素。
:selected	$(":selected") 表示選擇下拉式清單中被選取的項目。
:enabled	$("input:enabled") 表示選擇所有被啟用的 \<input> 元素。
:disabled	$("input:disabled") 表示選擇所有被停用的 \<input> 元素。
:checked	$("input:checked") 表示選擇所有被核取的 \<input> 元素。

14.3.2 存取元素的內容

jQuery 提供了數個方法可以用來存取元素的內容,例如 .text()、.html()、.val() 等,以下有進一步的說明。至於其它方法或更多的使用範例,有興趣的讀者可以到 jQuery Learning Center (https://learn.jquery.com/) 查看。

.text()

.text() 方法的語法如下,第一種形式沒有參數,用來取得所有符合之元素及其子孫元素的文字內容;而第二種形式有參數,用來將所有符合之元素的文字內容設定為參數所指定的內容:

```
.text()
.text( 參數 )
```

舉例來說,假設網頁中有如下的項目清單:

```
<ul>
  <li><em> 珠寶盒 </em></li>
  <li> 法朋 </li>
  <li>Lady M</li>
</ul>
```

那麼 $("ul").text() 會傳回如下的文字內容,包含 <ul> 元素及其子孫元素的文字內容:

```
珠寶盒
法朋
Lady M
```

而 $("li").text() 會傳回如下的文字內容 (不包含項目之間的空白):

```
珠寶盒法朋 Lady M
```

.html()

.html() 方法的語法如下，第一種形式沒有參數，用來取得第一個符合之元素的 HTML 內容；而第二種形式有參數，用來將所有符合之元素的 HTML 內容設定為參數所指定的內容：

```
.html()
.html( 參數 )
```

舉例來說，假設網頁中有如下的項目清單：

```
<ul>
  <li><em> 珠寶盒 </em></li>
  <li> 法朋 </li>
  <li>Lady M</li>
</ul>
```

那麼 $("ul").html() 會傳回如下的 HTML 內容，也就是第一個 <ul> 元素的 HTML 內容：

```
<li><em> 珠寶盒 </em></li>
<li> 法朋 </li>
<li>Lady M</li>
```

而 $("li").html() 會傳回如下的 HTML 內容，也就是第一個 <li> 元素的 HTML 內容：

```
<em> 珠寶盒 </em>
```

至於下面的敘述則會將所有 <li> 元素的 HTML 內容設定為 "<b> 祥雲龍吟 </b>"，也就是加上粗體的「祥雲龍吟」：

```
$("li").html("<b> 祥雲龍吟 </b>")
```

.val()

.val() 方法的語法如下，第一種形式沒有參數，用來取得第一個符合之元素的值；而第二種形式有參數，用來將所有符合之元素的值設定為參數所指定的值，.val() 主要用來取得 <input>、<select>、<textarea> 等表單輸入元素的值：

```
.val()
.val( 參數 )
```

舉例來說，假設網頁中有如下的下拉式清單，那麼 $('#book').val() 會傳回選取的值，預設值為 1，而 $('#book option:selected').text() 會傳回選取的文字，預設值為 ' 秧歌 '：

```
<select id="book">
  <option value="1" selected> 秧歌 </option>
  <option value="2"> 半生緣 </option>
  <option value="3"> 小團圓 </option>
  <option value="4"> 雷峰塔 </option>
  <option value="5"> 易經 </option>
</select>
```

14.3.3　存取元素的屬性值

.attr()

.attr() 方法的語法如下，第一種形式用來根據參數取得第一個符合之元素的屬性值；第二種形式用來根據參數設定所有符合之元素的屬性名稱與屬性值；而第三種形式用來根據參數的鍵 / 值設定所有符合之元素的屬性名稱與屬性值：

```
.attr( 屬性名稱 )
.attr( 屬性名稱 , 屬性值 )
.attr( 鍵 / 值 , 鍵 / 值 , ...)
```

例如下面的敘述是取得第一個 <a> 元素的 href 屬性值：

```
$('a').attr('href');
```

而下面的敘述是將所有 <a> 元素的 href 屬性設定為 'index.html'：

```
$('a').attr('href', 'index.html');
```

至於下面的敘述是將所有 <img> 元素的 src 和 alt 兩個屬性設定為 'hat.gif'、
'jQuery Logo'：

```
$('img').attr({
  src: 'hat.gif',
  alt: 'jQuery Logo'
});
```

.removeAttr()

.removeAttr() 方法的語法如下，用來根據參數移除所有符合之元素的屬性：

```
.removeAttr( 屬性名稱 )
```

例如下面的敘述是移除所有 <a> 元素的 title 屬性：

```
$('a').removeAttr('title')
```

.addClass()

.addClass() 方法的語法如下，用來在所有符合之元素加入參數所指定的
類別：

```
.addClass( 類別名稱 )
```

例如下面的敘述是在所有 <p> 元素加入 c1 和 c2 兩個類別：

```
$('p').addClass('c1 c2');
```

.removeClass()

.removeClass() 方法的語法如下，用來根據參數移除所有符合之元素的類別：

```
.removeClass( 類別名稱 )
```

例如下面的敘述是移除所有 <p> 元素的 c1 和 c2 兩個類別：

```
$('p').removeClass('c1 c2');
```

14.3.4 插入元素

.append()

.append() 方法的語法如下，用來將參數所指定的元素加到符合之元素的後面：

```
.append( 參數 )
```

下面是一個例子，它會將 '<i>Gone with the Wind</i>' 加到 <p> 元素的後面，得到如下圖的瀏覽結果。

```
\Ch14\append.html
01:<!DOCTYPE html>
02:<html>
03:  <head>
04:    <meta charset="utf-8">
05:  </head>
06:  <body>
07:    <p> 亂世佳人 </p>
08:    <script src="https://code.jquery.com/jquery-3.6.0.min.js"></script>
09:    <script>
10:      $('p').append('<b><i>Gone with the Wind</i></b>');
11:    </script>
12:  </body>
13:</html>
```

.prepend()

.prepend() 方法的語法如下，用來將參數所指定的元素加到符合之元素的前面：

```
.prepend( 參數 )
```

假設將 \Ch14\append.html 的第 10 行改寫成如下，得到如下圖的瀏覽結果：

```
$('p').prepend('<b><i>Gone with the Wind</i></b>');
```

Gone with the Wind亂世佳人

.after()

.after() 方法的語法如下，用來將參數所指定的元素加到符合之元素的後面。請注意，.append() 方法是將元素加到指定區塊內的後面，而 .after() 是將元素加到指定區塊外的後面：

.after(參數)

假設將 \Ch14\append.html 的第 10 行改寫成如下，得到如下圖的瀏覽結果：

```
$('p').after('<b><i>Gone with the Wind</i></b>');
```

> 亂世佳人
>
> **Gone with the Wind**

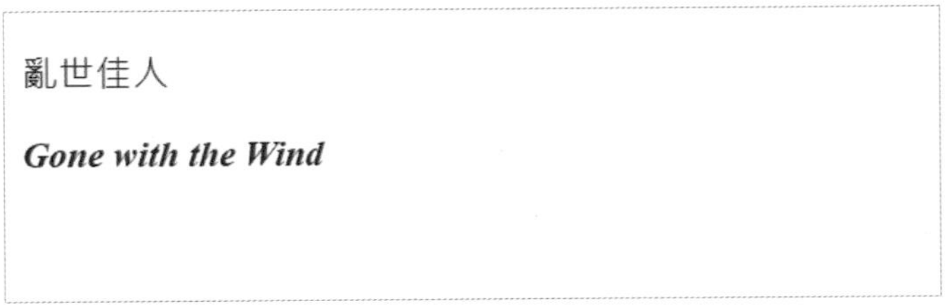

.before()

.before() 方法的語法如下，用來將參數所指定的元素加到符合之元素的前面。請注意，.prepend() 方法是將元素加到指定區塊內的前面，而 .before() 是將元素加到指定區塊外的前面：

.before(參數)

假設將 \Ch14\append.html 的第 10 行改寫成如下，得到如下圖的瀏覽結果：

```
$('p').before('<b><i>Gone with the Wind</i></b>');
```

> **Gone with the Wind**
>
> 亂世佳人

14.3.5 操作集合中的每個物件

.each() 方法的語法如下，用來針對物件或陣列進行重複運算：

```
.each( 物件 , callback)
.each( 陣列 , callback)
.each(callback)
```

下面是一個例子，它會使用 .each() 方法計算陣列的元素總和（第 04 ~ 06 行），然後顯示出來。

\Ch14\each1.js

```
01:var sum = 0;
02:var arr = [1, 2, 3, 4, 5];
03:        ❶        ❷        ❸        ❹
04:$.each(arr, function(index, value){
05:  sum += value;
06:});
07:
08:window.alert(sum);
```

❶ 要進行重複運算的物件或陣列
❷ 重複呼叫此函式處理物件或陣列的元素
❸ 這一回要被處理的鍵或索引
❹ 這一回要被處理的值或元素

14.3.6 存取 CSS 設定

.css()

.css() 方法的語法如下，第一種形式用來取得第一個符合之元素的 CSS 樣式；第二種形式用來根據參數設定所有符合之元素的 CSS 樣式；而第三種形式用來根據參數的鍵 / 值設定所有符合之元素的 CSS 樣式：

```
.css(CSS 屬性名稱 )
.css(CSS 屬性名稱 , CSS 屬性值 )
.css( 鍵 / 值 , 鍵 / 值 , ...)
```

例如下面的敘述是取得第一個 <h1> 元素的 color CSS 屬性值：

```
$('h1').css('color');
```

而下面的敘述是將所有 <h1> 元素的 color CSS 屬性設定為 'red'：

```
$('h1').css('color', 'red');
```

至於下面的敘述是將所有 <h1> 元素的 color、background-color 、text-shadow 等 CSS 屬性設定為 'red'、'yellow'、'gray 3px 3px'：

```
$('h1').css({
  'color' : 'red',
  'background-color' : 'yellow',
  'text-shadow' : 'gray 3px 3px'
});
```

下面是一個例子，當指標移到標題 1 時，會顯示紅色加陰影；而當指標離開標題 1 時，會顯示黑色不加陰影。請注意，第 13 ~15 行和第 18 ~ 20 行是利用標題 1 的 mouseover、mouseout 事件處理程式來設定文字色彩與陰影，我們會在第 14.4 節說明如何使用 jQuery 處理事件。

\Ch14\css.html

```
01:<!DOCTYPE html>
02:<html>
03:  <head>
04:    <meta charset="utf-8">
05:  </head>
06:  <body>
07:    <h1>Hello, jQuery!</h1>
08:    <script src="https://code.jquery.com/jquery-3.6.0.min.js"></script>
09:    <script src="css.js"></script>
10:  </body>
11:</html>
```

\Ch14\css.js

```
12:/* 繫結 <h1> 元素的 mouseover 事件與處理程式 */
13:$('h1').on('mouseover', function(){
14:  $(this).css({'color' : 'red', 'text-shadow' : 'gray 3px 3px'});
15:});
16:
17:/* 繫結 <h1> 元素的 mouseout 事件與處理程式 */
18:$('h1').on('mouseout', function(){
19:  $(this).css({'color' : 'black', 'text-shadow' : 'none'});
20:});
```

❶ 指標移到標題 1 會顯示紅色加陰影　　❷ 指標離開標題 1 會顯示黑色不加陰影

14.3.7 取得 / 設定元素的寬度與高度

.width()

.width() 方法的語法如下，第一種形式用來取得第一個符合之元素的寬度，而第二種形式用來設定所有符合之元素的寬度：

```
.width()
.width( 參數 )
```

例如下面的敘述是取得第一個 <div> 元素的寬度：

```
$('div').width();
```

而下面的敘述是將所有 <div> 元素的寬度設定為 '20cm'，此例的單位為 cm（公分），若沒有提供單位，則預設值為 px（像素）：

```
$('div').width('20cm');
```

若要取得瀏覽器視窗的寬度，可以寫成 $(window).width();，若要取得網頁內容的寬度，可以寫成 $(document).width();。

.width() 和 .css('width') 的差別在於前者傳回的寬度沒有加上單位，而後者有。舉例來說，假設元素的寬度為 300 像素，則前者會傳回 '300'，而後者會傳回 '300px'。若要進行數學運算，那麼 .width() 方法是比較適合的。

.height()

.height() 方法的語法如下，第一種形式用來取得第一個符合之元素的高度，而第二種形式用來設定所有符合之元素的高度：

```
.height()
.height( 參數 )
```

例如下面的敘述是取得第一個 <div> 元素的高度：

```
$('div').height();
```

而下面的敘述是將所有 <div> 元素的高度設定為父元素的 20% 高度：

```
$('div').height('20%');
```

同樣的，.height() 和 .css('height') 的差別在於前者傳回的高度沒有加上單位，而後者有。

14.3.8 移除元素

.remove()

.remove() 方法的語法如下，用來移除參數所指定的元素：

```
.remove( 參數 )
```

例如下面的敘述會移除 id 屬性為 'book' 的元素：

```
$('#book').remove();
```

.empty()

.empty() 方法的語法如下，用來移除參數所指定之元素的子節點：

```
.empty( 參數 )
```

例如下面的敘述會移除 id 屬性為 'book' 之元素的子節點，即清空元素的內容，但仍在網頁中保留此元素：

```
$('#book').empty();
```

14.4 事件處理

我們在第 13 章介紹過事件的類型，以及如何使用 JavaScript 處理事件，而在本節中，我們將說明如何使用 jQuery 提供的方法讓事件處理變得更簡單。

14.4.1 .on() 方法

jQuery 針對多數瀏覽器原生的事件提供了對應的方法，例如 .load()、.unload()、.error()、.scroll()、.resize()、.keydown()、.keyup()、.keypress()、.mousedown()、.mouseup()、.mouseover()、.mousemove()、.mouseout()、.mouseenter()、.mouseleave()、.click()、.dblclick()、.submit()、.select()、.change()、.focus()、.blur()、.focusin()、.focusout() 等。不過，您無須背誦這些方法的名稱，只要使用 .on() 方法，就可以繫結各種事件與處理程式。

.on() 方法的語法如下，用來針對被選擇之元素的一個或多個事件繫結處理程式：

```
.on(events [, selector] [, data], handler)
.on(events [, selector] [, data])
```

- *events*：設定一個或多個以空白隔開的事件名稱，例如 'click dblclick' 表示 click 和 dblclick 兩個事件。

- *selector*：設定觸發事件的元素。

- *data*：設定要傳遞給處理程式的資料。

- *handler*：設定當事件被觸發時所要執行的函式，即處理程式。

我們可以使用 .on() 方法繫結一個事件和一個處理程式，下面是一個例子，當使用者按一下單行文字方塊時，會在下方的段落顯示「單行文字方塊被按一下」。

```
01:<body>
02:  <input type="text">
03:  <p></p>
04:  <script src="https://code.jquery.com/jquery-3.6.0.min.js"></script>
05:  <script src="event1.js"></script>
06:</body>
```

\Ch14\event1.js

```
07:$('input').on('click', function() {
08:  $('p').text(' 單行文字方塊被按一下 ');
09:});
```

使用 .on() 方法繫結 click
事件和處理程式

❶ 按一下單行文字方塊

❷ 顯示此訊息

我們也可以使用 .on() 方法繫結多個事件和一個處理程式，舉例來說，假設將 \Ch14\event1.js 改寫成如下，使用 .on() 方法繫結 click、dblclick 兩個事件和相同的處理程式，這麼一來，當使用者按一下或按兩下單行文字方塊時，均會在下方的段落顯示「單行文字方塊被按一下或按兩下」。

```
$('input').on('click dblclick', function() {
  $('p').text(' 單行文字方塊被按一下或按兩下 ');
});
```

❶ 按一下單行文字方塊會顯示此訊息　　❷ 按兩下單行文字方塊會顯示相同訊息

我們還可以使用 .on() 方法繫結多個事件和多個處理程式，舉例來說，假設將 \Ch14\event1.js 改寫成如下，使用 .on() 方法繫結 click、dblclick 兩個事件和不同的處理程式，這麼一來，當使用者按一下單行文字方塊時，會在下方的段落顯示「單行文字方塊被按一下」；而當使用者按兩下單行文字方塊時，會在下方的段落顯示「單行文字方塊被按兩下」。

```
$('input').on({
  'click' : function() {$('p').text(' 單行文字方塊被按一下 ');},
  'dblclick': function() {$('p').text(' 單行文字方塊被按兩下 ');}
});
```

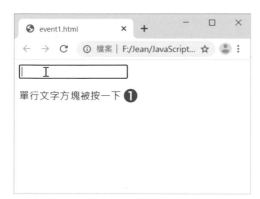

❶ 按一下單行文字方塊會顯示此訊息　　❷ 按兩下單行文字方塊會顯示另一個訊息

14.4.2 .off() 方法

.off() 方法的語法如下,用來移除參數所指定的事件處理程式,若沒有參數,表示移除使用 .on() 方法繫結的事件處理程式:

```
.off(events [, selector] [, handler])
.off()
```

- ✓ *events*:設定一個或多個以空白隔開的事件名稱。

- ✓ *selector*:設定觸發事件的元素。

- ✓ *handler*:設定當事件被觸發時所要執行的函式,即處理程式。

例如下面的敘述是移除所有段落的所有事件處理程式:

```
$('p').off();
```

而下面的敘述是移除所有段落的所有 click 事件處理程式:

```
$('p').off('click', '**');
```

至於下面的敘述則是在第 01 ~ 03 行定義一個 f1() 函式,接著在第 06 行呼叫 .on() 方法繫結段落的 click 事件和 f1() 函式,令使用者按一下段落時,就執行 f1() 函式,最後在第 09 行呼叫 . off() 方法移除段落的 click 事件和 f1() 函式的繫結,令使用者按一下段落時,不再執行 f1() 函式。

```
01:var f1 = function() {
02:   // 在此撰寫處理事件的程式碼
03:};
04:
05:// 繫結段落的 click 事件和 f1() 函式
06:$('body').on('click', 'p', f1);
07:
08:// 移除段落的 lick 事件和 f1() 函式的繫結
09:$('body').off('click', 'p', f1);
```

14.4.3 .ready() 方法

.ready() 方法的語法如下，用來設定當 HTML 文件的 DOM 載入完畢時，就執行參數 *handler* 所指定的函式：

.ready(*handler*)

下面是一個例子，它會在 HTML 文件的 DOM 載入完畢時顯示「DOM 已經載入完畢！」。

`\Ch14\ready.html`

```
<body>
  <p>DOM 尚未完全載入！</p>
  <script src="https://code.jquery.com/jquery-3.6.0.min.js"></script>
  <script src="ready.js"></script>
</body>
```

`\Ch14\ready.js`

```
$(document).ready(function() {
  $('p').text('DOM 已經載入完畢！');
});
```

大部分的瀏覽器會透過 DOMContentLoaded 事件提供類似的功能，不過，兩者還是有所不同，若瀏覽器在呼叫 .ready() 方法之前就已經觸發 DOMContentLoaded 事件，.ready() 方法所指定的函式仍會執行；相反的，在觸發該事件之後所繫結的 DOMContentLoaded 事件處理程式則不會執行。

此外，執行 .ready() 方法的時間點亦有別於 Window 物件的 load 事件，前者是在 DOM 載入完畢時就會執行，無須等到圖檔、影音檔等資源載入完畢，而後者是在所有資源載入完畢時才會執行，時間點比 .ready() 方法晚。

對於一開啟網頁就要執行的動作，例如設定事件處理程式、初始化外掛程式等，可以使用 .ready() 方法來處理，而一些會用到資源的動作，例如設定圖檔的寬度、高度等，就要使用 Window 物件的 load 事件來處理。

最後要說明的是 jQuery 提供下列數種語法，用來設定當 HTML 文件的 DOM 載入完畢時所要執行的函式：

- $(*handler*)

- $(document).ready(*handler*)

- $("document").ready(*handler*)

- $("img").ready(*handler*)

- $().ready(*handler*)

不過，jQuery 3.0 只推薦使用第一種語法，其它語法雖然能夠運作，但被認為過時 (deprecated)，因此，我們可以將 \Ch14\ready.js 改寫成如下：

```
$(function() {
  $('p').text('DOM 已經載入完畢！');
});
```

jQuery 3.0 已經移除下列語法，原因是若 DOM 在繫結 ready 事件處理程式之前就已經載入完畢，那麼該處理程式將不會被執行：

```
$(document).on("ready", handler)
```

14.5 特效與動畫

jQuery 針對特效與動畫提供許多方法，以下介紹一些常用的方法。至於其它方法或更多的使用範例，有興趣的讀者可以到 jQuery Learning Center 查看。

14.5.1 基本特效

常用的基本特效如下：

🔘 .hide()：語法如下，用來隱藏符合的元素，參數 *duration* 為特效的執行時間，預設值為 400（毫秒），數字愈大，執行時間就愈久，而參數 *complete* 為特效結束時所要執行的函式：

```
.hide()
.hide([duration] [, complete])
```

🔘 .show()：語法如下，用來顯示符合的元素，兩個參數的意義和 .hide() 方法相同：

```
.show()
.show([duration] [, complete])
```

🔘 .toggle()：語法如下，用來循環切換顯示和隱藏符合的元素，其中參數 *display* 為布林值，true 表示顯示，false 表示隱藏，而另外兩個參數的意義和 .hide() 方法相同：

```
.toggle()
.toggle(display)
.toggle([duration] [, complete])
```

下面是一個例子，當使用者按一下 [隱藏] 時，會在 600 毫秒內以特效隱藏標題 1，而當使用者按一下 [顯示] 時，會在 600 毫秒內以特效顯示標題 1。

```html
<body>
  <button id="btn1"> 隱藏 </button>
  <button id="btn2"> 顯示 </button>
  <h1>Hello, jQuery!</h1>
  <script src="https://code.jquery.com/jquery-3.6.0.min.js"></script>
  <script src="effect1.js"></script>
</body>
```

```javascript
$('#btn1').on('click', function() {
  $('h1').hide(600);
});


$('#btn2').on('click', function() {
  $('h1').show(600);
});
```

❶ 按一下 [隱藏] 會以特效隱藏標題 1　　❷ 按一下 [顯示] 會以特效顯示標題 1

14.5.2 淡入 / 淡出 / 移入 / 移出特效

常用的淡入 / 淡出 / 移入 / 移出特效如下：

☑ .fadeIn()：語法如下，用來以淡入特效顯示元素，參數 *duration* 為淡入特效的執行時間，預設值為 400（毫秒），數字愈大，執行時間就愈久，而參數 *complete* 為淡入特效結束時所要執行的函式：

.fadeIn([*duration*] [, *complete*])

☑ .fadeOut()：語法如下，用來以淡出特效隱藏元素，兩個參數的意義和 .fadeIn() 方法相同：

.fadeOut([*duration*] [, *complete*])

☑ .fadeTo()：語法如下，用來調整元素的透明度，其中參數 *opacity* 是透明度，值為 0.0 ~ 1.0 的數字，表示完全透明 ~ 完全不透明，而另外兩個參數的意義和 .fadeIn() 方法相同：

.fadeTo(*duration*, *opacity* [, *complete*])

例如下面的敘述會在 400 毫秒內將 <img> 元素（即圖片）的透明度調整為 50%：

$('img').fadeTo(400, 0.5);

☑ .fadeToggle()：語法如下，用來循環切換淡入和淡出元素，兩個參數的意義和 .fadeIn() 方法相同：

.fadeToggle([*duration*] [, *complete*])

☑ .slideDown()：語法如下，用來以移入（由上往下滑動）特效顯示元素，兩個參數的意義和 .fadeIn() 方法相同：

.slideDown([*duration*] [, *complete*])

- .slideUp()：語法如下，用來以移出（由下往上滑動）特效隱藏元素，兩個參數的意義和 .fadeIn() 方法相同：

  .slideUp([*duration*] [, *complete*])

- .slideToggle()：語法如下，用來循環切換移入和移出元素，兩個參數的意義和 .fadeIn() 方法相同：

  .slideToggle([*duration*] [, *complete*])

舉例來說，假設將 \Ch14\effect1.js 改寫成如下，這麼一來，當使用者按一下 [隱藏] 時，會在 600 毫秒內以淡出特效隱藏標題 1，而當使用者按一下 [顯示] 時，會在 600 毫秒內以淡入特效顯示標題 1。

```
$('#btn1').on('click', function() {
  $('h1').fadeOut(600);
});

$('#btn2').on('click', function() {
  $('h1').fadeIn(600);
});
```

❶ 按一下 [隱藏] 會以淡出特效隱藏標題 1　　❷ 按一下 [顯示] 會以淡入特效顯示標題 1

14.5.3 自訂動畫

jQuery 提供的 .animate() 方法可以針對元素的 CSS 屬性自訂動畫，其語法如下：

.animate(*properties* [, *duration*] [, *easing*] [, *complete*])

- ✅ *properties*：設定欲套用動畫的 CSS 屬性與值。

- ✅ *duration*：設定動畫的執行時間，預設值為 400（毫秒）。

- ✅ *easing*：設定在動畫套用不同的行進速度，預設值為 swing（在中段會加速，在前段和後段則較慢），亦可設定為 linear（維持一致的速度）。

- ✅ *complete*：設定動畫結束時所要執行的函式。

下面是一個例子，當使用者按一下 [放大] 時，會在 1500 毫秒內將圖片從寬度 100px、透明度 0.5、框線寬度 1px 逐漸放大到寬度 300px、完全不透明、框線寬度 10px。

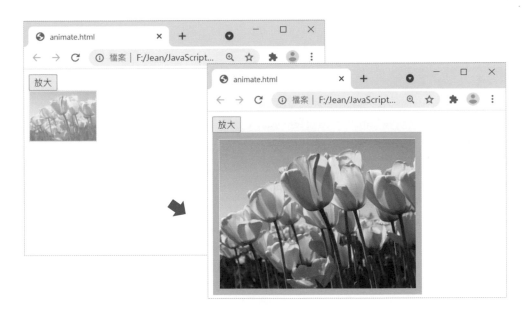

\Ch14\animate.html

```html
<!DOCTYPE html>
<html>
  <head>
    <meta charset="utf-8">
    <style>
      img {
        width: 100px;
        opacity: 0.5;
        border: 1px solid lightgreen;
      }
    </style>
  </head>
  <body>
    <button id="enlarge"> 放大 </button><br>
    <img src="Tulips.jpg">
    <script src="https://code.jquery.com/jquery-3.6.0.min.js"></script>
    <script src="animate.js"></script>
  </body>
</html>
```

\Ch14\animate.js

```javascript
/* 令圖片在 1500 毫秒內逐漸放大到寬度 300px、完全不透明、框線寬度 10px */
$('#enlarge').on('click', function() {
  $('img').animate({
    width: '300px',
    opacity: 1,
    borderWidth: '10px'
  }, 1500);
});
```

15

Bootstrap
網格系統

jQuery Mobile

JavaScript

ootstrap 5

CSS3

HTML 5

jQuery

15.1 撰寫 Bootstrap 網頁

Bootstrap 原名 Twitter Blueprint，由 Twitter 的兩位工程師所開發，目的是製作一套可以保持一致性的工具與框架 (framework)，後來更名為 Bootstrap 並釋出成為開放原始碼專案。

Bootstrap 是目前最受歡迎的 HTML、CSS 與 JavaScript 框架之一，用來開發響應式 (responsive)、行動優先 (mobile first) 的網頁，使用者無須撰寫 CSS 或 JavaScript 程式碼，就可以設計出響應式網頁。

15.1.1 取得 Bootstrap 套件

使用 Bootstrap 開發網頁需要取得 Bootstrap 套件，例如 Bootstrap 5 的相關檔案如下（不包含文件說明、原始檔或其它選擇性的 JavaScript 檔案）：

- ✅ 編譯且最小化的 CSS 檔案，例如 bootstrap.min.css、bootstrap-grid.min.css、bootstrap-reboot.min.css、bootstrap-utilities.min.css、bootstrap.rtl.min.css 等。

- ✅ 編譯且最小化的 JavaScript 檔案，例如 bootstrap.bundle.min.js、bootstrap.min.js、bootstrap.esm.min.js 等。

我們可以透過 CDN (Content Delivery Networks) 在網頁中參考相關檔案，Bootstrap 官方網站 (https://getbootstrap.com/docs/5.0/getting-started/download/) 提供了如下的 v5 CDN：

```
01:<link href="https://cdn.jsdelivr.net/npm/bootstrap@5.0.2/dist/css/bootstrap.min.css"
    rel="stylesheet" integrity="sha384-EVSTQN3/azprG1Anm3QDgpJLIm9Nao0Yz1ztcQT
    wFspd3yD65VohhpuuCOmLASjC" crossorigin="anonymous">
02:<script src="https://cdn.jsdelivr.net/npm/bootstrap@5.0.2/dist/js/bootstrap.bundle.min.js"
    integrity="sha384-MrcW6ZMFYlzcLA8Nl+NtUVF0sA7MsXsP1UyJoMp4YLEuNSfAP+JcXn/
    tWtIaxVXM" crossorigin="anonymous"></script>
```

您可以將第 01 行和第 02 行的程式碼都放在網頁的 <head> 區塊，也可以將第 02 行的程式碼放在 </body> 結尾標籤前面。

15.1.2 Bootstrap 網頁的基本結構

Bootstrap 網頁的基本結構和 HTML5 網頁差不多，下面是一個例子。

`\Ch15\BS1.html`

```
01:<!DOCTYPE html>
02:<html>
03:  <head>
04:    <meta charset="utf-8">
05:    <meta name="viewport" content="width=device-width, initial-scale=1">
06:    <link rel="stylesheet"
         href="https://cdn.jsdelivr.net/npm/bootstrap@5.0.2/dist/css/bootstrap.min.css">
07:    <script
         src="https://cdn.jsdelivr.net/npm/bootstrap@5.0.2/dist/js/bootstrap.bundle.min.js">
       </script>
08:    <title>Bootstrap 網頁 </title>
09:  </head>
10:  <body>
11:    <h1>Hello, Bootstrap!</h1>
12:  </body>
13:</html>
```

✔ 05：將網頁寬度設定為行動裝置的螢幕寬度，縮放比為 1:1。

✔ 06：透過 CDN 參考 Bootstrap 核心 CSS 檔案 bootstrap.min.css，注意此行不能分行。

✔ 07：透過 CDN 參考 JavaScript 檔案 bootstrap.bundle.min.js，注意此行不能分行。

- 除了透過 CDN 之外，我們也可以到 Bootstrap 5 官方網站 (https://getbootstrap.com/docs/5.0/getting-started/download/) 下載 Bootstrap 5 套件，例如 bootstrap-5.0.2-dist.zip，將解壓縮得到的 css 和 js 兩個資料夾複製到網站根目錄，然後在網頁的 <head> 區塊加入第 01 行的程式碼，至於第 02 行的程式碼則可以放在 </body> 結尾標籤前面，由於 bootstrap.bundle.min.js 已經包含 Popper，所以無須再另外載入 Popper.js：

```
01:<link rel="stylesheet" href="css/bootstrap.min.css">
02:<script src="js/bootstrap.bundle.min.js"></script>
```

- Bootstrap 5 已經放棄支援 Internet Explorer 10/11，至於其它新版的 PC 瀏覽器和行動瀏覽器則能夠順利運作。

- 由於 Bootstrap 仍在持續維護與更新中，未來還會推出更新版本，有興趣的讀者可以到 Bootstrap 官方網站查看，本書是以 v5.0.2 為主。

- Bootstrap 官方網站提供了完整的說明與範例，有需要的讀者可以自行查閱。

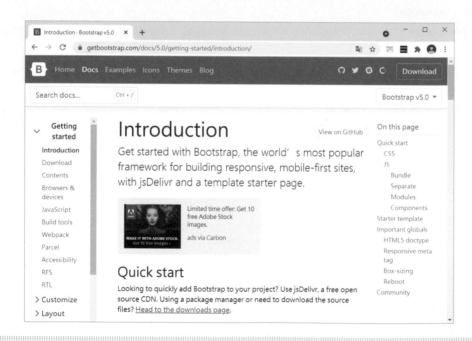

15.2 使用 Bootstrap 網格系統

Bootstrap 提供一個網格系統 (gird system)，讓使用者藉此開發適應不同裝置的網頁，達到響應式網頁設計的目的。網格系統其實是一種平面設計方式，利用固定的格子分割版面來設計布局，將內容排列整齊。

Bootstrap 網格系統是透過橫向的 row（列）和直向的 column（行）來設計網頁版面，它將網頁寬度平均分割為 12 等分，稱為 12 個 column，如下圖。

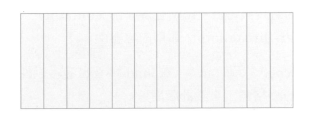

假設要使用兩個 <div> 元素製作寬度為 1:1 的雙欄版面，那麼這兩個 <div> 元素是位於相同的 row，並分別占用 6 個 column，如下圖。

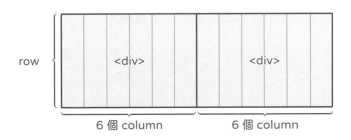

同理，假設要使用兩個 <div> 元素製作寬度為 2:1 的雙欄版面，那麼這兩個 <div> 元素是位於相同的 row，並分別占用 8 和 4 個 column，如下圖。

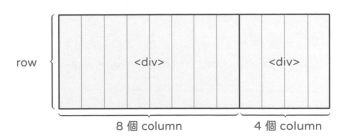

使用原則

當您使用 Bootstrap 網格系統時，請遵守下列原則：

- ✅ Bootstrap 支援數種響應式斷點，斷點是基於媒體查詢的最小寬度，我們可以透過斷點控制容器 (container) 和行 (column) 的大小與行為。

- ✅ 內容是放在 column 中，而 column 則是放在 row 中。

- ✅ 每個 row 最多包含 12 個 column，超過的會顯示在下一個 row。

- ✅ 為了有適當的對齊與留白，row 必須放在 .container、.container-fluid 或 .container-{breakpoint} 類別的容器中。

- ✅ 使用 .row、.col-*、.col-sm-*、.col-md-*、.col-lg-*、.col-xl-*、.col-xxl-* 等預先定義的網格類別來設計版面。

網格選項

Bootstrap 針對不同的螢幕尺寸提供數種網格選項，裡面有 576px、768px、992px、1200px、1400px 等響應式斷點可供選擇。

螢幕尺寸	X-Small <576px	Small ≥ 576px	Medium ≥ 768px	Large ≥ 992px	Extra large ≥ 1200px	Extra extra large ≥ 1400px
容器 (最大寬度)	無 (自動)	540px	720px	960px	1140px	1320px
類別前置詞	.col-	.col-sm-	.col-md-	.col-lg-	.col-xl-	.col-xxl-
column 數	12					
留白寬度	1.5rem (左右各 0.75rem)					

註：rem 屬於相對單位，實際大小是透過「倍數」乘以根元素的 px 值，舉例來說，假設一層 <div> 區塊是使用 1.5rem，而根元素 <html> 元素的 font-size 預設為 16px，則區塊裡面的文字大小是 16px×1.5 = 24px。

類別前置詞後面接著的是 1 ~ 12，表示占用幾個 column，例如：

✅ <576px 的超小螢幕裝置（例如手機）使用 .col-1 ~ .col-12 類別。

✅ ≥ 576px 的小螢幕裝置（例如手機）使用 .col-sm-1 ~ .col-sm-12 類別。

✅ ≥ 768px 的中螢幕裝置（例如平板電腦）使用 .col-md-1 ~ .col-md-12 類別。

✅ ≥ 992px 的大螢幕裝置（例如桌機）使用 .col-lg-1 ~ .col-lg-12 類別。

✅ ≥ 1200px 的超大螢幕裝置使用 .col-xl-1 ~ .col-xl-12 類別。

✅ ≥ 1400px 的超大螢幕裝置使用 .col-xxl-1 ~ .col-xxl-12 類別。

舉例來說，假設要使用三個 <div> 元素製作寬度為 1:3:2 的三欄版面，那麼這三個 <div> 元素是位於相同的 row，並分別占用 2、6 和 4 個 column，如下圖。

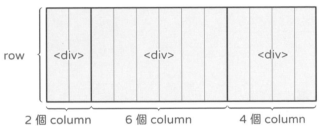

我們可以據此撰寫如下的程式碼：

```
01:<div class="container">
02:  <div class="row">
03:    <div class="col-2"></div>
04:    <div class="col-6"></div>
05:    <div class="col-4"></div>
06:  </div>
07:</div>
```

✅ 01、07：在第一層的 <div> 元素加上 .container 類別，表示做為容器。

✅ 02、06：在第二層的 <div> 元素加上 .row 類別，表示做為 row。

✅ 03、04、05：在第三層的三個 <div> 元素各自加上 .col-2、.col-6 和 .col-4 類別，表示分別占用 2、6 和 4 個 column。

15.2.1 斷點

我們可以透過斷點 (breakpoint) 讓網頁根據裝置大小來調整版面配置,而且 Bootstrap 正是使用媒體查詢根據斷點來建構 CSS。斷點的目標是行動優先與響應式設計,使用最少的樣式讓最小斷點能夠運作,然後逐漸調整樣式以適用於較大的裝置,Bootstrap 提供下列幾個預設的斷點。

斷點	類別前置詞	螢幕尺寸
X-Small	無	< 576px
Small	sm	≥ 576px
Medium	md	≥ 768px
Large	lg	≥ 992px
Extra large	xl	≥ 1200px
Extra extra large	xxl	≥ 1400px

15.2.2 容器

容器 (container) 是 Bootstrap 最基本的版面配置元素,可以讓網格系統的列與欄保持適當的邊界和留白。

Bootstrap 提供下列三種不同的容器:

- ✅ .container:根據不同的響應式斷點變更最大容器寬度。

- ✅ .container-fluid:容器寬度是瀏覽器的 100% 寬度,兩側沒有留白。

- ✅ .container-{breakpoint}:容器寬度是瀏覽器的 100% 寬度,直到超過指定的斷點,兩側才會有留白。

在 Bootstrap 提供的網格選項中,只有第一個選項的最大容器寬度為「無」,表示最大容器寬度會隨著瀏覽器的寬度自動調整,其它三個選項則會根據不同的響應式斷點變更最大容器寬度,例如 .col-sm-* 類別的最大容器寬度為 540px,而 .col-md-* 類別的最大容器寬度為 720px。

	Extra small <576px	Small ≧ 576px	Medium ≧ 768px	Large ≧ 992px)	X-Large ≧ 1200px	XX-Large ≧ 1400px
.container	100%	540px	720px	960px	1140px	1320px
.container-sm	100%	540px	720px	960px	1140px	1320px
.container-md	100%	100%	720px	960px	1140px	1320px
.container-lg	100%	100%	100%	960px	1140px	1320px
.container-xl	100%	100%	100%	100%	1140px	1320px
.container-xxl	100%	100%	100%	100%	100%	1320px
.container-fluid	100%	100%	100%	100%	100%	100%

下面是一個例子。

\Ch15\BS2.html (下頁續 1/2)

```
01:!DOCTYPE html>
02:<html>
03:  <head>
04:    <meta charset="utf-8">
05:    <meta name="viewport" content="width=device-width, initial-scale=1">
06:    <link rel="stylesheet"
         href="https://cdn.jsdelivr.net/npm/bootstrap@5.0.2/dist/css/bootstrap.min.css">
07:    <title>Bootstrap 網頁 </title>
08:  ┌<style>
09: ❶   div[class^="col"] {background-color: #EBDEF0; border: 0.5px solid purple;}
10:  └</style>
11:  </head>
12:  <body>
13:  ┌<div class="container">
14:  │   <div class="row">
15: ❷ │     <div class="col-8"> 區塊 1</div>
16:  │     <div class="col-4"> 區塊 2</div>
17:  │   </div>
18:  └</div>
```

❶ 這些 CSS 樣式表用來設定區塊的背景色彩與框線，有助於看清楚區塊的位置

❷ 第 1 個容器使用 .container 類別

\\Ch15\BS2.html (接上頁 2/2)

```
19:   ┌─<div class="container-md">
20:   │   <div class="row">
21:   │     <div class="col-8">區塊 3</div>
22: ③ │     <div class="col-4">區塊 4</div>
23:   │   </div>
24:   └─</div>
25:   ┌─<div class="container-fluid">
26:   │   <div class="row">
27:   │     <div class="col-8">區塊 5</div>
28: ④ │     <div class="col-4">區塊 6</div>
29:   │   </div>
30:   └─</div>
31:   </body>
32:</html>
```

❸ 第 2 個容器使用 .container-md 類別
❹ 第 3 個容器使用 .container-fluid 類別

- 08 ~ 10：這些 CSS 樣式表用來設定區塊的背景色彩與框線，有助於看清楚區塊的位置。

- 13 ~ 18：在第一層的 <div> 元素加上 .container 類別，表示做為容器；在第二層的 <div> 元素加上 .row 類別，表示做為列；第 15、16 行的 <div> 元素分別使用 .col-8 和 .col-4 類別，所以會顯示 2:1 的雙欄版面，而且會根據不同的響應式斷點變更最大容器寬度，超過 576px 時兩側會有留白。

- 19 ~ 24：在第一層的 <div> 元素加上 .container-md 類別，表示做為容器；在第二層的 <div> 元素加上 .row 類別，表示做為列；第 21、22 行的 <div> 元素分別使用 .col-8 和 .col-4 類別，所以會顯示 2:1 的雙欄版面，而且容器寬度是瀏覽器的 100% 寬度，直到超過指定的斷點，此例為 768px，兩側才會有留白。

- 25 ~ 30：在第一層的 <div> 元素加上 .container-fluid 類別，表示做為容器；在第二層的 <div> 元素加上 .row 類別，表示做為列；第 27、28 行的 <div> 元素分別使用 .col-8 和 .col-4 類別，所以會顯示 2:1 的雙欄版面，而且容器寬度是瀏覽器的 100% 寬度，兩側沒有留白。

瀏覽結果如下圖。

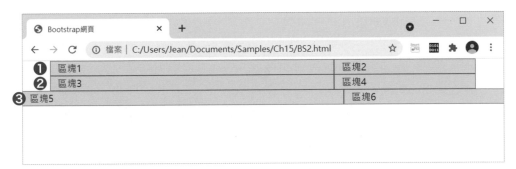

❶ 顯示 2:1 的雙欄版面,會根據不同的響應式斷點變更最大容器寬度,超過 576px 時兩側會有留白。

❷ 容器寬度是瀏覽器的 100% 寬度,直到超過指定的斷點,此例為 768px,兩側才會有留白。

❸ 容器寬度是瀏覽器的 100% 寬度,兩側沒有留白。

下面是另一個例子，它使用 .container 類別做為容器，同時將響應式斷點設定在 768px 和 992px，當瀏覽器的寬度 <768px 時，三個區塊均會使用 .col-12 類別，分別占用 12 個 column，如圖❶；當瀏覽器的寬度 ≥ 768px 且 <992px 時，三個區塊會使用 .col-md-12、.col-md-6、.col-md-6 類別，分別占用 12、6、6 個 column，如圖❷；當瀏覽器的寬度 ≥ 992px 時，三個區塊均會使用 .col-lg-4 類別，分別占用 4 個 column，如圖❸。

\Ch15\BS3.html

```
<div class="container">
  <div class="row">
    <div class="col-12 col-md-12 col-lg-4">區塊 1</div>
    <div class="col-12 col-md-6 col-lg-4">區塊 2</div>
    <div class="col-12 col-md-6 col-lg-4">區塊 3</div>
  </div>
</div>
```

❶

❷

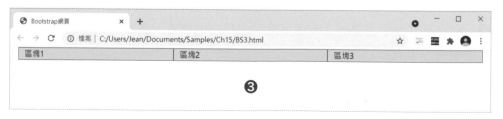

❸

15.2.3 欄位寬度

我們可以使用 .col 類別設定欄位寬度,下面是一個例子。

\Ch15\BS4.html
```
01:<div class="container">
02:  <div class="row">
03:      <div class="col">區塊 1</div>
04:      <div class="col">區塊 2</div>
05:      <div class="col">區塊 3</div>
06:  </div>
07:  <div class="row">
08:      <div class="col">區塊 4</div>
09:      <div class="col-6">區塊 5</div>
10:      <div class="col">區塊 6</div>
11:  </div>
12:</div>
```

- ✓ 02 ~ 06:定義第一列有三個區塊,其中第 03、04、05 行的 <div> 元素均使用 .col 類別,表示三個區塊平均分配容器寬度,也就是分別占用 1/3 容器寬度。

- ✓ 07 ~ 11:定義第二列有三個區塊,其中第 08、09、10 行的 <div> 元素各自使用 .col、.col-6、.col 類別,表示第二個區塊占用 6/12 (1/2) 容器寬度,剩下的寬度由另外兩個區塊平均分配,也就是分別占用 1/4 容器寬度。

15.2.4 欄的水平對齊方式

我們可以使用 .justify-content-* 類別設定欄的水平對齊方式，下面是一個例子。

`\Ch15\BS5.html`

```
<div class="container">                      ❶
  <div class="row justify-content-start">
    <div class="col-4"> 區塊 1</div>
    <div class="col-4"> 區塊 2</div>
  </div>                                      ❷
  <div class="row justify-content-center">
    <div class="col-4"> 區塊 3</div>
    <div class="col-4"> 區塊 4</div>
  </div>                                      ❸
  <div class="row justify-content-end">
    <div class="col-4"> 區塊 5</div>
    <div class="col-4"> 區塊 6</div>
  </div>                                      ❹
  <div class="row justify-content-around">
    <div class="col-4"> 區塊 7</div>
    <div class="col-4"> 區塊 8</div>
  </div>                                      ❺
  <div class="row justify-content-between">
    <div class="col-4"> 區塊 9</div>
    <div class="col-4"> 區塊 10</div>
  </div>                                      ❻
  <div class="row justify-content-evenly">
    <div class="col-4"> 區塊 11</div>
    <div class="col-4"> 區塊 12</div>
  </div>
</div>
```

❶ 區塊 1 和區塊 2 靠左對齊

❷ 區塊 3 和區塊 4 置中對齊

❸ 區塊 5 和區塊 6 靠右對齊

❹ 區塊 7 和區塊 8 均勻分布
（兩端有各一半間距）

❺ 區塊 9 和區塊 10 分布在兩端

❻ 區塊 11 和區塊 12 均勻分布
（間距都是相同的）

15.2.5 列的垂直對齊方式

我們可以使用 .align-items-* 類別設定列的垂直對齊方式,下面是一個例子。

\Ch15\BS6.html

```
...
  <style>
❶ div[class^="col"] {background-color: #EBDEF0; border: 0.5px solid purple;}
❷ div[class^="row"] {background-color: #EEEEEE; border: 0.5px solid gray;
    height: 75px;}
  </style>
</head>
<body>
  <div class="container">                ❸
    <div class="row align-items-start">
      <div class="col">區塊 1</div>
      <div class="col">區塊 2</div>
    </div>                               ❹
    <div class="row align-items-center">
      <div class="col">區塊 3</div>
      <div class="col">區塊 4</div>
    </div>                               ❺
    <div class="row align-items-end">
      <div class="col">區塊 5</div>
      <div class="col">區塊 6</div>
    </div>
  </div>
</body>
</html>
```

❶ 這些 CSS 樣式表用來設定區塊的背景色彩與框線,有助於看清楚區塊的位置

❷ 這些 CSS 樣式表用來設定列的背景色彩與框線,有助於看清楚區塊在列中的垂直位置

❸ 區塊 1 和區塊 2 垂直向上對齊

❹ 區塊 3 和區塊 4 垂直置中對齊

❺ 區塊 5 和區塊 6 垂直向下對齊

區塊1		區塊2
區塊3		區塊4
區塊5		區塊6

15.2.6　column 位移

有時在設計網頁版面時，可能會保留一些空白，不見得 12 個 column 都會用到，此時可以使用 .offset-* 類別來調整 column 的位移，下面是一個例子。

\Ch15\BS7.html

```
01:<div class="container">
02:　<div class="row">
03:　　<div class="col-md-4">區塊 1</div>
04:　　<div class="col-md-4 offset-md-4">區塊 2</div>
05:　</div>
06:　<div class="row">
07:　　<div class="col-md-3 offset-md-3">區塊 3</div>
08:　　<div class="col-md-3 offset-md-3">區塊 4</div>
09:　</div>
10:</div>
```

- ✓ 04：設定區塊 2 占用 4 個 column 且向右位移 4 個 column。

- ✓ 07：設定區塊 3 占用 3 個 column 且向右位移 3 個 column。

- ✓ 08：設定區塊 4 占用 3 個 column 且向右位移 3 個 column。

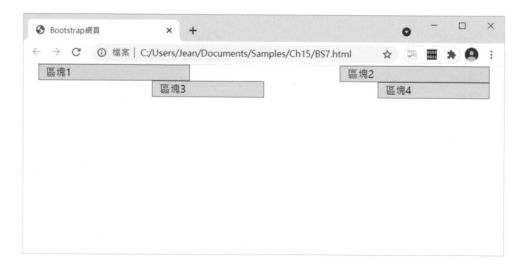

16 Bootstrap樣式

jQuery Mobile
JavaScript
ootstrap 5
CSS3
HTML 5
jQuery

內容樣式

Bootstrap 針對網頁的排版、圖片、表格等內容提供許多樣式，以下有簡單的介紹，更多的說明與範例可以到 Bootsrtap 官方網站查看 (https://getbootstrap.com/docs/5.0/)。

16.1.1 排版

標題

Bootstrap 支援 <h1> ~ </h6> 等 HTML 標題元素，並提供 .h1 ~ .h6 類別用來設定標題 1 ~ 標題 6；若要設定副標題，可以加上 <small> 元素或 .small 類別；若要讓文字色彩變淺，可以加上 .text-muted 類別；若要強調某個段落，可以加上 .lead 類別，下面是一個例子。

`\Ch16\content1.html`

```
<div class="container">
  <p class="h1"> 靜夜思 <span class="small text-muted">( 作者：李白 )</span></p>
  <p class="lead"> 床前明月光，疑是地上霜。</p>
  <p> 舉頭望明月，低頭思故鄉。</p>
</div>
```

❶ 標題 1　　❷ 副標題且色彩變淺　　❸ 強調段落　　❹ 一般段落

行內文字元素

Bootstrap 支援 <mark>、<del>、<s>、<ins>、<u>、<small>、<strong>、<em>、<b>、<i> 等 HTML 元素用來設定螢光標記、刪除線、刪除線、插入文字、底線、小型字、強調粗體、強調斜體、粗體、斜體。此外，Bootstrap 亦支援 <code>、<kbd>、<var>、<samp>、<pre> 等 HTML 元素用來排版程式碼。

清單

Bootstrap 支援 <ul>、<ol>、<li> 等 HTML 元素用來設定項目符號與編號清單，若要移除項目符號或編號，可以在 <ul> 或 <ol> 元素加上 .list-unstyled 類別；若要將所有項目由左向右排成一列，可以在 <ul> 或 <ol> 元素加上 .list-inline 類別，並在 <li> 元素加上 .list-inline-item 類別，下面是一個例子。

\Ch16\content2.html

```
<ul>
  <li> 蝶戀花 </i>
  <li> 永遇樂 </i>
</ul>
<ul class="list-unstyled">
  <li> 醉花陰 </i>
  <li> 浣溪紗 </i>
</ul>
<ul class="list-inline">
  <li class="list-inline-item"> 雨霖鈴 </i>
  <li class="list-inline-item"> 采桑子 </i>
</ul>
```

❶ 一般的項目符號
❷ 移除項目符號
❸ 由左向右排成一列

- 蝶戀花
- 永遇樂

醉花陰
浣溪紗

雨霖鈴　采桑子

定義清單

Bootstrap 支援 <dl>、<dt>、<dd> 等 HTML 元素用來設定定義清單，項目與定義會根據網格系統水平排列，對於字數較長的項目，可以加上 .text-truncate 類別，以刪節號 (…) 取代超過的文字，下面是一個例子。

\Ch16\content3.html

```html
<div class="container">
  <dl class="row">
    <dt class="col-sm-2">逢雪宿芙蓉山主人 </dt>
    <dd class="col-sm-10">日暮蒼山遠，天寒白屋貧。…。</dd>
    <dt class="col-sm-2 text-truncate">邱夜寄邱二十二員外 </dt>
    <dd class="col-sm-10">懷君屬秋夜，散步詠涼天。…。</dd>
  </dl>
</div>
```

響應式字型大小

Bootstrap 預設會啟動響應式字型大小 (responsive font size) 功能，允許文字根據裝置和 viewport（可視區域）尺寸自動調整大小。有關響應式字型大小的運作原理，有興趣的讀者可以到官方網站查看。

16.1.2 圖片

響應式圖片

Bootstrap 提供 .img-fluid 類別用來設定響應式圖片 (responsive image)，只要在 <img> 元素加上此類別，圖片就會套用 max-width: 100%; 和 height: auto; 兩個屬性，進而隨著父元素的寬度自動縮放，最大寬度為圖片的原尺寸，例如下面的敘述是在網頁上插入一個響應式圖片 (圖片來源：Pexels)：

```
<img src="flower1.jpg" class="img-fluid" alt=" 響應式圖片 ">
```

❶ 當父元素的寬度放大時，圖片會隨著放大
❷ 當父元素的寬度縮小時，圖片會隨著縮小

縮圖

Bootstrap 提供 .img-thumbnail 類別用來設定縮圖，例如下面的敘述是在網頁上插入一個縮圖，它會在圖片四周加上 1 像素寬度的框線 (圖片來源：Pexels)：

```
<img src="flower2.jpg" width="30%" class="img-thumbnail" alt=" 縮圖 ">
```

圖片對齊方式

Bootstrap 提供 .float-start 和 .float-end 類別用來設定圖片靠左對齊和靠右對齊，例如下面的敘述是令第一張圖片靠左對齊，第二張圖片靠右對齊：

```
<img src="flower1.jpg" width="30%" class="float-start" alt=" 圖片靠左對齊 ">
<img src="flower2.jpg" width="30%" class="float-end" alt=" 圖片靠右對齊 ">
```

❶ 圖片靠左對齊　　❷ 圖片靠右對齊

若要令圖片置中對齊，可以加上 .mx-auto 和 .d-block 兩個類別，例如：

```
<img src="flowers2.jpg" width="30%" class="mx-auto d-block">
```

16.1.3 表格

Bootstrap 支援 <table>、<tr>、<td>、<th>、<thead>、<tbody>、<tfoot>、<caption> 等 HTML 元素用來設定表格,並提供如下類別用來設定格式與效果。

常用的表格類別	說明
.table	在 <table> 元素加上 .table 類別可以自動套用 Bootstrap 提供的表格樣式,包括寬度、高度、框線、背景色彩、儲存格間距等。
.table-striped	在 <table> 元素加上 .table 和 .table-striped 類別可以讓表格主體的奇數列和偶數列顯示交替的色彩。
.table-bordered	在 <table> 元素加上 .table 和 .table-bordered 類別可以顯示表格與儲存格框線。
.table-borderless	在 <table> 元素加上 .table 和 .table-borderless 類別可以取消表格的所有框線。
.table-hover	在 <table> 元素加上 .table 和 .table-hover 類別可以讓指標移過表格主體時顯示變色的效果。
.table-sm	在 <table> 元素加上 .table 和 .table-sm 類別可以讓表格的儲存格緊縮。
.caption-top	在 <table> 元素加上 .table 和 .caption-top 類別可以讓 <caption> 元素指定的標題顯示在表格上方。
.table-active	在表格元素加上 .table-active 類別可以讓表格的列或儲存格顯示反白的效果。

Bootstrap 亦針對 <table>、<tr>、<td>、<th> 等元素提供如下類別用來設定表格、列或儲存格的顏色以表示不同的意義。

類別	說明	類別	說明
.table-primary	藍色	.table-warning	橘色
.table-secondary	灰色	.table-info	青色
.table-success	綠色	.table-light	亮色
.table-danger	紅色	.table-dark	暗色

此外,Bootstrap 還提供響應式表格 (responsive table),只要在放置 <table> 元素的容器加上 .table-responsive 類別即可。

範例一：表格主體顯示交替的顏色

這個例子的重點是在 <table> 元素加上 .table 和 .table-striped 類別，讓表格主體的奇數列和偶數列顯示交替的顏色。

\Ch16\table1.html

```
<div class="container">
  <table class="table table-striped">
    <thead>
      <tr>
        <th> 星座 </th>
        <th> 星座花 </th>
      </tr>
    </thead>
    <tbody>
      <tr>
        <td> 水瓶座 </td>
        <td> 瑪格麗特（理性、自由的情人）</td>
      </tr>
      <tr>
        <td> 雙魚座 </td>
        <td> 鬱金香（體貼、浪漫的情人）</td>
      </tr>
      ...
    </tbody>
  </table>
</div>
```

星座	星座花
水瓶座	瑪格麗特 (理性、自由的情人)
雙魚座	鬱金香 (體貼、浪漫的情人)
牡羊座	木堇 (熱情、樂觀的情人)
金牛座	矮牽牛 (堅真不移的情人)

範例二：取消表格與儲存格框線

這個例子的重點是在 \Ch16\table1.html 的 <table> 元素加上 .table 和 .table-borderless 類別，然後另存新檔為 \Ch16\table2.html，以取消表格與儲存格框線，瀏覽結果如下圖。

星座	星座花
水瓶座	瑪格麗特 (理性、自由的情人)
雙魚座	鬱金香 (體貼、浪漫的情人)
牡羊座	木堇 (熱情、樂觀的情人)
金牛座	矮牽牛 (堅真不移的情人)

範例三：指標移過表格主體時顯示變色的效果

這個例子的重點是在 \Ch16\table1.html 的 <table> 元素加上 .table 和 .table-hover 類別，然後另存新檔為 \Ch16\table3.html，令指標移過表格主體時顯示變色的效果，瀏覽結果如下圖。

星座	星座花
水瓶座	瑪格麗特 (理性、自由的情人)
雙魚座	鬱金香 (體貼、浪漫的情人)
牡羊座	木堇 (熱情、樂觀的情人)
金牛座	矮牽牛 (堅真不移的情人)

範例四：表格的顏色

這個例子的重點是在 <tr> 元素加上不同的顏色類別，讓表格的每一列顯示不同的顏色。您也可以試著改成在 <table> 元素加上顏色類別，這樣整個表格都會顯示指定的顏色。

\Ch16\table4.html

```html
<table class="table">
  <tr><td>default</td></tr>
  <tr class="table-primary"><td>table-primary</td></tr>
  <tr class="table-secondary"><td>table-secondary</td></tr>
  <tr class="table-success"><td>table-success</td></tr>
  <tr class="table-danger"><td>table-danger</td></tr>
  <tr class="table-warning"><td>table-warning</td></tr>
  <tr class="table-info"><td>table-info</td></tr>
  <tr class="table-light"><td>table-light</td></tr>
  <tr class="table-dark"><td>table-dark</td></tr>
</table>
```

default
table-primary
table-secondary
table-success
table-danger
table-warning
table-info
table-light
table-dark

範例五：響應式表格

響應式表格 (responsive table) 可以隨著瀏覽器的寬度調整表格，下面是一個例子，只要在放置 <table> 元素的容器加上 .table-responsive 類別即可。

\Ch16\table5.html

```
<div class="container table-responsive">
  <table class="table">
    <tr>
      <th> 人物 </th>
      <th> 說明 </th>
    </tr>
    <tr>
      <td> 炭治郎 </td>
      <td> 個性善良勇敢，為尋找將禰豆子變為人類的方法而成為獵鬼人。</td>
    </tr>
    <tr>
      <td> 禰豆子 </td>
      <td> 炭治郎的妹妹，竈門家被滅門後的生還者，因為異變而成為鬼。</td>
    </tr>
  </table>
</div>
```

❶ 當寬度夠大時，儲存格會自動放大　　❷ 當寬度不夠時，儲存格會自動縮小

公用類別

Bootstrap 提供許多公用類別，例如框線、色彩、文字、間距、陰影、顯示層級等，以下會介紹幾個，更多的說明與範例可以到 Bootsrtap 官方網站查看。

16.2.1 框線

框線

Bootstrap 提供如下類別用來設定元素的框線。

框線類別 (加法)	說明	框線類別 (減法)	說明
.border	顯示四周的框線	.border-0	隱藏四周的框線
.border-top	顯示上方的框線	.border-top-0	隱藏上方的框線
.border-end	顯示右方的框線	.border-end-0	隱藏右方的框線
.border-bottom	顯示下方的框線	.border-bottom-0	隱藏下方的框線
.border-start	顯示左方的框線	.border-start-0	隱藏左方的框線

框線色彩

Bootstrap 提供如下類別用來設定元素的框線色彩。

框線色彩類別	說明
.border-primary	藍色 (表示主要顏色)
.border-secondary	灰色 (表示次要顏色)
.border-success	綠色 (表示具有成功的意義)
.border-danger	紅色 (表示具有危險的意義)
.border-warning	橘色 (表示具有警告的意義)
.border-info	青色 (表示具有資訊的意義)
.border-light	亮色
.border-dark	暗色
.border-white	白色

框線寬度

Bootstrap 提 供 .border-1、.border-2、.border-3、.border-4、.border-5 等框線寬度類別，數字由小到大分別表示由細到粗。

下面是一個例子，您可以仔細對照不同類別所顯示的框線色彩與寬度。

\Ch16\border1.html

```html
<h3 class="border border-primary"> 蝶戀花 </h3>
<h3 class="border border-secondary"> 卜算子 </h3>
<h3 class="border border-success"> 臨江仙 </h3>
<h3 class="border border-danger"> 永遇樂 </h3>
<h3 class="border border-warning"> 西江月 </h3>
<h3 class="border border-info"> 天仙子 </h3>
<h3 class="border border-light"> 清平樂 </h3>
<h3 class="border border-dark border-1"> 浪淘沙 </h3>
<h3 class="border border-dark border-2"> 浪淘沙 </h3>
<h3 class="border border-dark border-3"> 浪淘沙 </h3>
<h3 class="border border-dark border-4"> 浪淘沙 </h3>
<h3 class="border border-dark border-5"> 浪淘沙 </h3>
```

蝶戀花
卜算子
臨江仙
永遇樂
西江月
天仙子
清平樂
浪淘沙
浪淘沙
浪淘沙
浪淘沙
浪淘沙

Bootstrap 提供如下類別用來設定元素的框線圓角。

框線圓角類別	說明	框線圓角類別	說明
.rounded	四個角為圓角	.rounded-start	左方兩個角為圓角
.rounded-top	上方兩個角為圓角	.rounded-circle	圓形
.rounded-end	右方兩個角為圓角	.rounded-pill	橢圓形
.rounded-bottom	下方兩個角為圓角	.rounded-0	四個角不為圓角

框線圓角大小

Bootstrap 提 供 .rounded-0、.rounded-1、.rounded-2、.rounded-3 等
框線圓角大小類別，數字由小到大分別表示圓角由小到大。

下面是一個例子，您可以仔細對照不同類別所顯示的框線圓角。

\Ch16\border2.html

```
<img src="flower1.jpg" width="32%" class="rounded" alt=" 圓角圖片 ">
<img src="flower1.jpg" width="32%" class="rounded-circle" alt=" 圓形圖片 ">
<img src="flower1.jpg" width="32%" class="rounded-pill" alt=" 橢圓形圖片 ">
<hr>
<img src="flower2.jpg" width="32%" class="rounded-0" alt=" 無框線圓角 ">
<img src="flower2.jpg" width="32%" class="rounded-1" alt=" 小框線圓角 ">
<img src="flower2.jpg" width="32%" class="rounded-3" alt=" 大框線圓角 ">
```

16.2.2 色彩

文字色彩

Bootstrap 提供數個 .text-* 類別用來設定元素的文字色彩，下面是一個例子，您可以仔細對照不同類別所顯示的文字色彩。

\Ch16\textcolor.html

```html
<h4 class="text-primary">.text-primary</h4>
<h4 class="text-secondary">.text-secondary</h4>
<h4 class="text-success">.text-success</h4>
<h4 class="text-danger">.text-danger</h4>
<h4 class="text-warning">.text-warning</h4>
<h4 class="text-info">.text-info</h4>
<h4 class="text-light bg-dark">.text-light</h4>
<h4 class="text-dark">.text-dark</h4>
<h4 class="text-body">.text-body</h4>
<h4 class="text-muted">.text-muted</h4>
<h4 class="text-white bg-dark">.text-white</h4>
<h4 class="text-black-50">.text-black-50</h4>
```

.text-primary
.text-secondary
.text-success
.text-danger
.text-warning
.text-info
.text-light
.text-dark
.text-body
.text-muted
.text-white
.text-black-50

背景色彩

Bootstrap 提供數個 .bg-* 類別用來設定元素的背景色彩，下面是一個例子，您可以仔細對照不同類別所顯示的背景色彩。

\Ch16\bgcolor.html

```
<div class="bg-primary text-white"><h4>.bg-primary</h4></div>
<div class="bg-secondary text-white"><h4>.bg-secondary</h4></div>
<div class="bg-success text-white"><h4>.bg-success</h4></div>
<div class="bg-danger text-white"><h4>.bg-danger</h4></div>
<div class="bg-warning text-dark"><h4>.bg-warning</h4></div>
<div class="bg-info text-white"><h4>.bg-info</h4></div>
<div class="bg-light text-dark"><h4>.bg-light</h4></div>
<div class="bg-dark text-white"><h4>.bg-dark</h4></div>
<div class="bg-white text-dark"><h4>.bg-white</h4></div>
<div class="bg-transparent text-dark"><h4>.bg-transparent</h4></div>
```

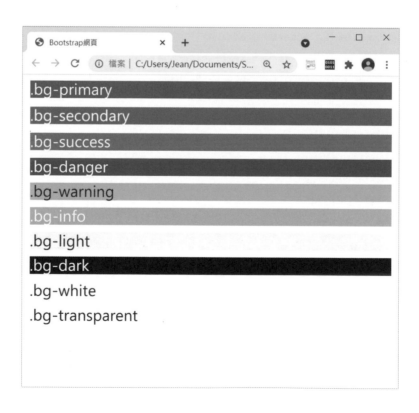

16.2.3　文繞圖

Bootstrap 提供 .float-start、.float-end、.float-none 等類別用來設定靠左文繞圖、靠右文繞圖或沒有文繞圖，下面是一個例子。

`\Ch16\float.html`

```
<div class="container">
  <img src="flower1.jpg" width="25%" class="float-start">
  <p> 白日依山盡，<br> 黃河入海流。<br> 欲窮千里目，<br> 更上一層樓。</p>
</div>
<div class="container">
  <img src="flower1.jpg" width="25%" class="float-end">
  <p> 白日依山盡，<br> 黃河入海流。<br> 欲窮千里目，<br> 更上一層樓。</p>
</div>
<div class="container">
  <img src="flower1.jpg" width="25%" class="float-none">
  <p> 白日依山盡，<br> 黃河入海流。<br> 欲窮千里目，<br> 更上一層樓。</p>
</div>
```

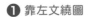 靠左文繞圖　 靠右文繞圖　❸ 沒有文繞圖

16.2.4 區塊內容置中

Bootstrap 提供 .text-center 類別用來設定區塊內容置中，下面是一個例子，區塊裡面有一張圖片（第 02 行）和一首詩的標題與詩句（第 03 ~ 08 行），關鍵在於第 01 行在區塊裡面加上 .text-center 類別，因此，區塊的內容包括圖片和詩的標題與詩句均會置中。

\Ch16\textcenter.html

```
01:<div class="container text-center">
02:  <img src="flower2.jpg" width="50%">
03:  <h2>《黃鶴樓》</h2>
04:  <p>昔人已乘黃鶴去，此地空餘黃鶴樓。<br>
05:      黃鶴一去不復返，白雲千載空悠悠。<br>
06:      晴川歷歷漢陽樹，芳草萋萋鸚鵡洲。<br>
07:      日暮鄉關何處是，煙波江上使人愁。
08:  </p>
09:</div>
```

16.2.5 文字

文字對齊

Bootstrap 提供 .text-start、.text-center、.text-end 等類別用來設定文字從頭對齊（靠左對齊）、文字置中、文字從尾對齊（靠右對齊）。

文字換行

Bootstrap 提供 .text-wrap、.text-nowrap 等類別用來設定文字換行、文字不換行。下面是一個例子，您可以仔細對照不同類別所顯示的效果。

\Ch16\text1.html

```
<div class="container">
  <p class="text-start"> 文字從頭對齊 - 文字從頭對齊 -…</p>
  <p class="text-center"> 文字置中 - 文字置中 - 文字置中 -…</p>
  <p class="text-end"> 文字從尾對齊 - 文字從尾對齊 -…</p>
  <p class="text-wrap"> 文字換行 - 文字換行 - 文字換行 -…</p>
  <p class="text-nowrap"> 文字不換行 - 文字不換行 -…</p>
</div>
```

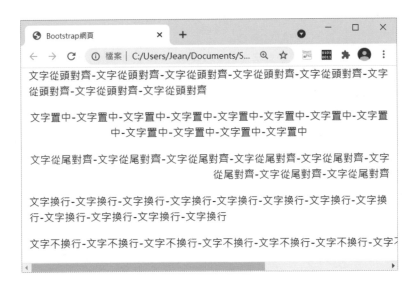

文字大小、粗細、斜體與行高

Bootstrap 提供下列類別用來設定文字大小、粗細、斜體與行高,下面是一個例子。

類別	說明
.fs-1、.fs-2、.fs-3、.fs-4、.fs-5、.fs-6	設定文字大小 (數字由小到大分別表示文字由大到小)。
.fw-bold、.fw-bolder、.fw-normal、.fw-light、.fw-lighter	將文字設定為粗、更粗 (相對於父元素)、正常、細、更細 (相對於父元素)。
.fst-italic、.fst-normal	將文字設定為斜體文字、正常文字。
.lh-1、.lh-sm、.lh-base、.lh-lg	將行高設定為最小、小、正常、大。
.font-monospace	將文字設定為固定寬度。

\Ch16\text2.html

```
<p class="fs-1"> 最大文字 </p>
<p class="fs-2"> 次大文字 </p>
<p class="fs-6"> 最小文字 </p>
<p class="fw-bold"> 粗文字 </p>
<p class="fw-bolder"> 更粗文字 ( 相對於父元素 )</p>
<p class="fst-italic"> 斜體文字 </p>
<p class="fst-normal"> 正常文字 ( 沒有文字樣式的文字 )</p>
```

最大文字

次大文字

最小文字

粗文字

更粗文字 (相對於父元素)

斜體文字

正常文字 (沒有文字樣式的文字)

文字轉換

Bootstrap 提 供 .text-lowercase、.text-uppercase、.text-capitalize 等 類別用來將英文單字轉換成全部小寫、全部大寫、首字大寫，下面是一個例子。

`\Ch16\text3.html`

```
<div class="container">
  <p class="text-uppercase">Twinkle, twinkle, little star.</p>
  <p class="text-lowercase">Twinkle, twinkle, little star.</p>
  <p class="text-capitalize">Twinkle, twinkle, little star.</p>
</div>
```

❶ TWINKLE, TWINKLE, LITTLE STAR.

❷ twinkle, twinkle, little star.

❸ Twinkle, Twinkle, Little Star.

❶ 全部大寫　　❷ 全部小寫　　❸ 首字大寫

文字裝飾

Bootstrap 提供 .text-decoration-line-through、.text-decoration-underline、.text- decoration-none 等類別用來加上刪除線、加上底線、去掉文字裝飾，例如下面的敘述會去掉超連結預設的底線：

```
<a href="#" class="text-decoration-none"> 去掉文字裝飾的超連結 </a>
```

重設文字色彩

Bootstrap 提供 .text-reset 類別重設文字或超連結的色彩，讓它繼承父元素的色彩，例如下面的敘述會重設超連結的色彩：

```
<a href="#" class="text-reset"> 重設色彩的超連結 </a>
```

16.2.6 間距

Bootstrap 提供的間距類別可以套用到 xs ~ xxl 等響應式斷點，其中 xs 的間距類別命名形式為 {*property*}{*sides*}-{*size*}，而 sm、md、lg、xl、xxl 的間距類別命名形式為 {*property*}{*sides*}-{*breakpoint*}-{*size*}。

property（屬性）的設定值如下：

- ✓ m：邊界 (margin)
- ✓ p：留白 (padding)

sides（邊）的設定值如下：

- ✓ t：上邊界或上留白 (margin-top 或 padding-top)
- ✓ b：下邊界或下留白 (margin-bottom 或 padding-bottom)
- ✓ s：左邊界或左留白 (margin-left 或 padding-left)
- ✓ e：右邊界或右留白 (margin-right 或 padding-right)
- ✓ x：左右邊界或左右留白
- ✓ y：上下邊界或上下留白
- ✓ blank：四周邊界或四周留白

size（大小）的設定值如下：

- ✓ 0：將邊界或留白設定為 0
- ✓ 1：將邊界或留白設定為變數 $spacer * 0.25
- ✓ 2：將邊界或留白設定為變數 $spacer * 0.5
- ✓ 3：將邊界或留白設定為變數 $spacer
- ✓ 4：將邊界或留白設定為變數 $spacer * 1.5
- ✓ 5：將邊界或留白設定為變數 $spacer * 3
- ✓ auto：將邊界或留白設定為自動

例如 .m-0 類別表示將四周邊界設定為 0；.mt-3 表示將上邊界大小設定為變數 $spacer；.px-5 表示將左右留白設定為變數 $spacer * 3；至於下面的敘述則是利用 .mx-auto 類別達到將區塊置中的效果。

```
<div class="mx-auto" style="width: 165px; background-color: lightblue;">
  <h1> 暮光之城 </h1>
</div>
```

16.2.7 陰影

Bootstrap 提供 .shadow-none、.shadow-sm、.shadow、.shadow-lg 等類別用來顯示沒有陰影、小陰影、正常陰影或大陰影，下面是一個例子。

```
<div class="shadow-sm p-3 mb-5 bg-white rounded"> 小陰影 </div>
<div class="shadow p-3 mb-5 bg-white rounded"> 正常陰影 </div>
```

16.2.8 顯示層級

Bootstrap 提供一些類別用來變更 HTML 元素的顯示層級，也就是 CSS 的 display 屬性，而且這些類別具有響應式特點，其命名形式如下：

- ✅ .d-{ 設定值 } for xs

- ✅ .d-{ 斷點 }-{ 設定值 } for sm, md, lg, xl, and xxl

設定值如下：

- ✅ none：不顯示。

- ✅ inline：行內層級 (不換行)。

- ✅ block：區塊層級 (要換行)。

- ✅ inline-block：不換行，但可以設定寬度、高度、留白與邊界。

- ✅ table：表格。

- ✅ table-cell：表格的儲存格。

- ✅ table-row：表格的列。

- ✅ flex：Flex 網格。

- ✅ inline-flex：行內 Flex 網格。

下面是一個例子，它將兩個區塊層級的 <div> 元素變更為行內層級。

\Ch16\display1.html

```
<div class="d-inline p-2 bg-danger text-white">d-inline</div>
<div class="d-inline p-2 bg-dark text-white">d-inline</div>
```

下面是另一個例子，它會將兩個行內層級的 <span> 元素變更為區塊層級。

\Ch16\display2.html

```
<span class="d-block p-2 bg-danger text-white">d-block</span>
<span class="d-block p-2 bg-dark text-white">d-block</span>
```

此外，Bootstrap 還提供一些用來隱藏元素的類別，如下。

螢幕尺寸	類別	螢幕尺寸	類別
全部隱藏	.d-none	全部可見	.d-block
唯 xs 隱藏	.d-none .d-sm-block	唯 xs 可見	.d-block .d-sm-none
唯 sm 隱藏	.d-sm-none .d-md-block	唯 sm 可見	.d-none .d-sm-block .d-md-none
唯 md 隱藏	.d-md-none .d-lg-block	唯 md 可見	.d-none .d-md-block .d-lg-none
唯 lg 隱藏	.d-lg-none .d-xl-block	唯 lg 可見	.d-none .d-lg-block .d-xl-none
唯 xl 隱藏	.d-xl-none	唯 xl 可見	.d-none .d-xl-block .d-xxl-none
唯 xxl 隱藏	.d-xxl-none	唯 xxl 可見	.d-none .d-xxl-block

下面是一個例子，當螢幕尺寸大於 md 斷點時，就顯示如下訊息。

\Ch16\display3.html

```
<div class="d-md-none"> 當螢幕大於 md 斷點時就隱藏 </div>
<div class="d-none d-md-block"> 當螢幕小於 md 斷點時就隱藏 </div>
```

當螢幕大於md斷點時就隱藏

16.2.9　大小

Bootstrap 提供 .w-* 和 .h-* 類別用來設定 HTM 元素佔父元素寬度與高度的百分比，設定值有 25、50、75、100 和 auto，分別表示 25%、50%、75%、100% 和 auto（自動，預設值），下面是一個例子。

`\Ch16\size1.html`

```html
<div class="w-25 p-2" style="background: tan;">Width 25%</div>
<div class="w-50 p-2" style="background: tan;">Width 50%</div>
<div class="w-75 p-2" style="background: tan;">Width 75%</div>
<div class="w-100 p-2" style="background: tan;">Width 100%</div>
<div class="w-auto p-2" style="background: tan;">Width auto</div>
```

`\Ch16\size2.html`

```html
<div style="height: 100px; background: #eeeeee;">
  <div class="h-25 d-inline-block" style="width: 120px; background: tan;">Height 25%</div>
  <div class="h-50 d-inline-block" style="width: 120px; background: tan;">Height 50%</div>
  <div class="h-75 d-inline-block" style="width: 120px; background: tan;">Height 75%</div>
  <div class="h-100 d-inline-block" style="width: 120px; background: tan;">Height 100%</div>
  <div class="h-auto d-inline-block" style="width: 120px; background: tan;">Height auto</div>
</div>
```

16.2.10　垂直對齊方式

Bootstrap 提 供 .align-baseline、.align-top、.align-bottom、.align-text-top、.align-text-bottom 等類別用來設定垂直對齊方式，令 HTML 元素分別對齊基底、整行頂端、整行底部、文字頂端和文字底部，下面是一個例子。

\Ch16\valign.html

```
<div> 芳草 <img src="flower2.jpg" width="25%" class="align-baseline p-1"> 萋萋 </div>
<div> 芳草 <img src="flower2.jpg" width="25%" class="align-top p-1"> 萋萋 </div>
<div> 芳草 <img src="flower2.jpg" width="25%" class="align-bottom p-1"> 萋萋 </div>
<div> 芳草 <img src="flower2.jpg" width="25%" class="align-text-top p-1"> 萋萋 </div>
<div> 芳草 <img src="flower2.jpg" width="25%" class="align-text-bottom p-1"> 萋萋 </div>
```

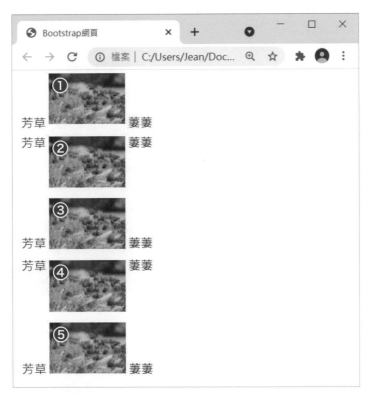

❶ 令圖片對齊基底　　❷ 令圖片對齊整行頂端　　❸ 令圖片對齊整行底部
❹ 令圖片對齊文字頂端　❺ 令圖片對齊文字底部

16.3 按鈕

在介紹表單之前，我們先來說明 Bootstrap 針對按鈕所提供的樣式類別，因為表單上面幾乎都看得到按鈕的存在。按鈕 (Button) 屬於 Bootstrap 元件 (Component) 之一，至於其它諸如警報效果、輪播、導覽列、分頁導覽、工具提示、彈出提示、卡片等元件則留待第 17 章再做說明。

建立按鈕

Bootstrap 提供 .btn 和 .btn-primary、.btn-secondary、.btn-success、.btn-danger、.btn-warning、.btn-info、.btn-light、.btn-dark、.btn-link 等類別用來將 <input>、<button>、<a> 等元素顯示成按鈕，並以不同的顏色表示不同的意義，下面是一個例子。

```
\Ch16\btn1.html
<input class="btn btn-primary" type="submit" value=" 按鈕 1">
<input class="btn btn-secondary" type="reset" value=" 按鈕 2">
<input class="btn btn-success" type="button" value=" 按鈕 3">
<input class="btn btn-danger" type="button" value=" 按鈕 4">
<input class="btn btn-warning" type="button" value=" 按鈕 5">
<input class="btn btn-info" type="button" value=" 按鈕 6">
<input class="btn btn-light" type="button" value=" 按鈕 7">
<button class="btn btn-dark" type="submit"> 按鈕 8</button>
<a class="btn btn-link" href="#" role="button"> 按鈕 9</a>
```

按鈕1　按鈕2　按鈕3　按鈕4　按鈕5　按鈕6　按鈕7　按鈕8　按鈕9

按鈕外框顏色類別

Bootstrap 提供 .btn-outline-primary、.btn-outline-secondary、.btn-outline-success、.btn-outline-danger、.btn-outline-warning、.btn-outline-info、.btn-outline-light、.btn-outline-dark 等類別用來設定按鈕的外框顏色。

按鈕大小類別

類別	說明
.btn-sm	小按鈕。
.btn-lg	大按鈕。

啟用與停用類別

類別	說明
.active	將按鈕設定為啟用，顏色會變深呈被點按的狀態。
.disabled	將按鈕設定為停用，顏色會變淺呈無法點按的狀態。

下面是一個例子。

\Ch16\btn2.html

```html
<input class="btn btn-outline-primary" type="button" value=" 按鈕 1">
<input class="btn btn-outline-secondary" type="button" value=" 按鈕 2">
<input class="btn btn-outline-success" type="button" value=" 按鈕 3">
<input class="btn btn-outline-danger" type="button" value=" 按鈕 4">
<input class="btn btn-outline-warning" type="button" value=" 按鈕 5">
<input class="btn btn-outline-info" type="button" value=" 按鈕 6">
<input class="btn btn-outline-light" type="button" value=" 按鈕 7">
<input class="btn btn-outline-dark" type="button" value=" 按鈕 8">
<input class="btn btn-primary" type="button" value=" 預設按鈕 ">
<input class="btn btn-primary btn-sm" type="button" value=" 小按鈕 ">
<input class="btn btn-primary btn-lg" type="button" value=" 大按鈕 ">
<input class="btn btn-primary active" type="button" value=" 啟用按鈕 ">
<input class="btn btn-primary disabled" type="button" value=" 停用按鈕 ">
```

16.4 表單

表單是網頁上常見的元素，經常應用在註冊會員資料、網路下單、網路投票、填寫問卷等活動。為了更適用於響應式網頁，Bootstrap 亦針對表單設計了不少樣式，以下有進一步的說明。

16.4.1 建立基本表單

當您在 Bootstrap 網頁建立基本表單時，請遵守下面的使用原則：

◉ 使用 <label> 元素為表單元素設定標籤文字，同時在 <label> 元素裡面加上 .form-label 類別，以達到最佳的視覺效果。

◉ 在 <input>、<textarea>、<select> 等表單元素加上 .form-control 類別，預設的寬度為 100%。

◉ 若表單欄位下方有說明文字，可以加上 .form-text 類別。

下面是一個例子，它所建立的表單裡面有「電子郵件」輸入欄位、「密碼」輸入欄位、說明文字和「提交」按鈕。

```
\Ch16\form1.html
<form>
  <div class="mb-3">
    <label for="userEmail" class="form-label"> 電子郵件 </label>
    <input type="email" class="form-control" id="userEmail">
    <div id="comment1" class="form-text">* 必填欄位 </div>
  </div>
  <div class="mb-3">
    <label for="userPWD" class="form-label"> 密碼 </label>
    <input type="password" class="form-control" id="userPWD">
    <div id="comment2" class="form-text">* 必填欄位 </div>
  </div>
  <button type="submit" class="btn btn-primary"> 提交 </button>
</form>
```

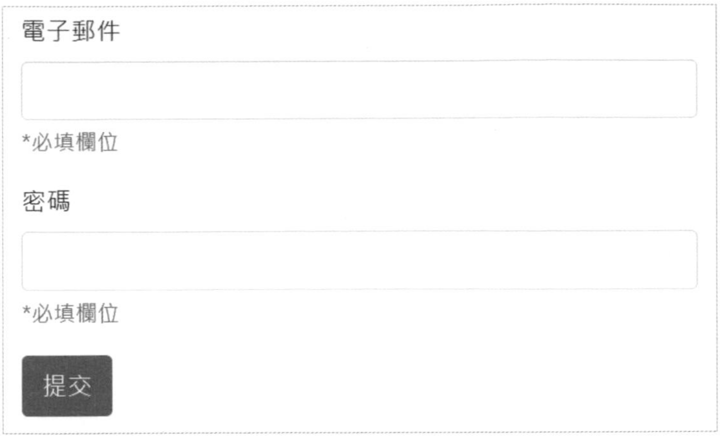

電子郵件

*必填欄位

密碼

*必填欄位

提交

16.4.2　表單控制項

輸入欄位 (input)

Bootstrap 支援以文字為主的輸入欄位，也就是 <input> 元素的 type 屬性為 text、password、datetime-local、date、month、time、week、number、email、url、search、tel、color 等。下面是一個例子，由於它要在輸入欄位的前面增加 addon，所以在第 02 行加上 .input-group 類別，然後在第 03 行加上 .input-group-text 類別。

\Ch16\form2.html

```
01:<form>
02:  <div class="input-group mb-3">
03:    <span class="input-group-text" id="addon">@</span>
04:    <input type="text" class="form-control" placeholder=" 輸入電子郵件帳號 ">
05:  </div>
06:</form>
```

@　輸入電子郵件帳號

核取方塊 (checkbox)

Bootstrap 支援核取方塊，也就是 <input> 元素的 type 屬性為 "checkbox"，使用原則如下：

- ✓ 核取方塊要放在區塊裡面，並加上 .form-check 類別。
- ✓ 核取方塊的方塊要加上 .form-check-input 類別。
- ✓ 核取方塊的標籤文字要加上 .form-check-label 類別。
- ✓ 若要設定預設的核取方塊，可以加上 checked 屬性。
- ✓ 若要停用核取方塊，可以加上 disabled 屬性。

下面是一個例子。

`\Ch16\form3.html`

```html
<form>
  <div class="form-check">
    <input class="form-check-input" type="checkbox" value="CK1" id="CK1">
    <label class="form-check-label" for="CK1">小團圓 </label>
  </div>
  <div class="form-check">
    <input class="form-check-input" type="checkbox" value="CK2" id="CK2" checked>
    <label class="form-check-label" for="CK2">雷峰塔 </label>
  </div>
  <div class="form-check">
    <input class="form-check-input" type="checkbox" value="CK3" id="CK3" disabled>
    <label class="form-check-label" for="CK3">半生緣 </label>
  </div>
</form>
```

❶ ☐ 小團圓
❷ ☑ 雷峰塔
❸ ☐ 半生緣

❶ 一般的核取方塊　　❷ 預設的核取方塊　　❸ 停用的核取方塊

選擇鈕 (radio)

Bootstrap 支援選擇鈕，也就是 <input> 元素的 type 屬性為 "radio"，使用原則和核取方塊類似，下面是一個例子。

\Ch16\form4.html

```
01:<form>
02:  <div class="form-check">
03:    <input class="form-check-input" type="radio" value="R1" id="R1">
04:    <label class="form-check-label" for="R1">小團圓 </label>
05:  </div>
06:  <div class="form-check">
07:    <input class="form-check-input" type="radio" value="R2" id="R2" checked>
08:    <label class="form-check-label" for="R2">雷峰塔 </label>
09:  </div>
10:  <div class="form-check">
11:    <input class="form-check-input" type="radio" value="R3" id="R3" disabled>
12:    <label class="form-check-label" for="R3">半生緣 </label>
13:  </div>
14:</form>
```

❶ 一般的選擇鈕　　❷ 預設的選擇鈕　　❸ 停用的選擇鈕

此外，核取方塊和選擇鈕亦可做水平排列，只要加上 .form-check-inline 類別即可。舉例來說，我們可以將 \Ch16\form4.html 的第 02、06、10 行改寫成如下，然後另存新檔為 \Ch16\form5.html，就能將選擇鈕做水平排列：

```
<div class="form-check form-check-inline">
```

多行文字方塊 (textarea)

Bootstrap 支援 <textarea> 元素用來建立多行文字方塊,下面是一個例子。

\Ch16\textarea.html

```
01:<form>
02:   <div class="mb-3">
03:     <label for="userIntro" class="form-label"> 自我介紹 </label>
04:     <textarea class="form-control" id="userIntro"></textarea>
05:   </div>
06:</form>
```

自我介紹

若要設定多行文字方塊的高度,建議使用 CSS 語法,而不要使用 rows 屬性。舉例來說,我們可以將 \Ch16\textarea.html 的第 04 行改寫成如下,然後另存新檔為 \Ch16\textarea2.html,就能將高度設定為 150px:

```
04:     <textarea class="form-control" id="userIntro" style="height: 150px"></textarea>
```

自我介紹

下拉式清單

Bootstrap 支援 <select> 和 <option> 元素用來建立下拉式清單，若要允許
選取多個項目，可以在 <select> 元素加上 multiple 屬性，下面是一個例子。

`\Ch16\select1.html`

```html
<form>
  <select class="form-select">
    <option value="1" selected> 小團圓 </option>
    <option value="2"> 雷峰塔 </option>
    <option value="3"> 半生緣 </option>
  </select>
</form>
```

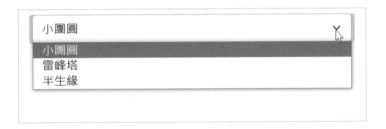

若要讓下拉式清單呈現較大或較小的形式，可以加上 .form-select-lg 或
.form-select-sm 類別，下面是一個例子。

`\Ch16\select2.html`

```html
<select class="form-select form-select-lg">…</select>
<select class="form-select">…</select>
<select class="form-select form-select-sm">…</select>
```

16.4.3 表單布局

我們可以搭配第 15 章的網格類別來自訂表單布局，下面是一個例子。

\Ch16\layout.html

```
01:<form>
02:   <div class="row g-2">
03:     <div class="col-md-6">
04:       <label for="userEmail" class="form-label"> 電子郵件 </label>
05:       <input type="email" class="form-control" id="userEmail">
06:     </div>
07:     <div class="col-md-6">
08:       <label for="userPWD" class="form-label"> 密碼 </label>
09:       <input type="password" class="form-control" id="userPWD">
10:     </div>
11:     <div class="col-12">
12:       <button type="submit" class="btn btn-primary"> 登入 </button>
13:     </div>
14:   </div>
15:</form>
```

- ✓ 02 ~ 14：在 <div> 元素加上 . row 類別，表示要在表單中建立一列，而 .g-2 類別用來設定表格欄位的間隙，數字愈大，間隙就愈大

- ✓ 03 ~ 06、07 ~ 10：當瀏覽器的寬度 ≥ 768px 時，「電子郵件」欄位和「密碼」欄位會各自占用 1/2 寬度。

- ✓ 11 ~ 13：「登入」按鈕會占用全部寬度。

17

Bootstrap元件

jQuery Mobile
JavaScript
ootstrap5
CSS3
HTML5
jQuery

17.1 關閉按鈕 (Close button)

在本章中，我們會介紹一些 Bootstrap 元件，例如關閉按鈕、警報效果、下拉式清單、按鈕群組、導覽與標籤頁、導覽列、卡片、摺疊、手風琴效果、輪播、分頁導覽等，其中關閉按鈕用來關閉視窗、警報效果等，例如下面的敘述是在 <button> 元素加上 .btn-close 類別以顯示關閉按鈕：

```
<button type="button" class="btn-close"></button>
```

17.2 警報效果 (Alert)

警報效果 (Alert) 元件用來以醒目的區塊顯示一些有用或重要的訊息，下面是一個例子。

`\Ch17\alert.html`

```
01:<div class="alert alert-primary" role="alert">
02:   <strong> 關西小小兵！</strong> 環球影城、哈利波特、星光派對五日！
03:</div>
04:<div class="alert alert-secondary" role="alert">
05:   <strong> 沖繩五星！</strong> 海洋博公園、玉泉王國村、五星住宿四日！
06:</div>
07:<div class="alert alert-danger" role="alert">
08:   <a href="#" class="alert-link"><strong> 消暑一起 GO ！</strong></a>
09:     峇里島五日遊四人同行一人免費！
10:</div>
11:<div class="alert alert-success alert-dismissible" role="alert">
12:   <strong> 埃及訪古遊！</strong> 金字塔、阿布辛貝聖殿、尼羅河遊輪七日！
13:   <button type="button" class="btn-close" data-bs-dismiss="alert"></button>
14:</div>
```

- 01 ~ 03：在 <div> 元素加上 .alert 和 .alert-primary 類別以顯示藍色的警報效果。

- 04 ~ 06：在 <div> 元素加上 .alert 和 .alert-secondary 類別以顯示灰色的警報效果。

- 07 ~ 10：在 <div> 元素加上 .alert 和 .alert-danger 類別以顯示紅色的警報效果，其中第 08 行在 <a> 元素加上 .alert-link 類別以標示超連結。

- 11 ~ 14：在 <div> 元素加上 .alert 和 .alert-success 類別以顯示綠色的警報效果，其中第 11 行在 <div> 元素多加上 .alert-dismissible 類別，表示要建立能夠關閉的警報按鈕，而第 13 行是在 <button> 元素加上 .btn-close 類別和 data-bs-dismiss="alert" 屬性以顯示關閉按鈕。

除了此例所示範的 .alert-primary、.alert-secondary、.alert-danger、.alert-success 等類別之外，還有 .alert-light、.alert-dark、.alert-warning、.alert-info 等類別可以用來顯示亮色、暗色、橘色、青色的警報效果。

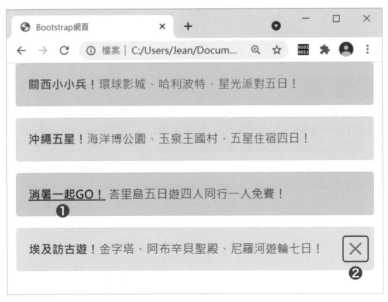

❶ 包含超連結的警報效果　❷ 點取此鈕可以關閉警報效果

17.3 下拉式清單 (Dropdown)

下拉式清單 (Dropdown) 元件用來選取項目或切換狀態，使用原則如下：

- ✓ 將下拉式清單放在 <div> 元素中，並加上 .dropdown 類別，若要顯示為向上展開的清單，可以加上 .dropup 類別；若要顯示為向左展開的清單，可以加上 .dropstart 類別；若要顯示為向右展開的清單，可以加上 .dropend 類別。

- ✓ 使用 Bootstrap 按鈕做為下拉式清單的按鈕，並加上 .dropdown-toggle 類別和 data-bs-toggle="dropdown" 屬性。

- ✓ 若要設定下拉式清單中的項目，可以在 <ul> 和 <li> 元素分別加上 .dropdown-menu 與 .dropdown-item 類別；若要設定下拉式清單中的標題，可以在標題元素加上 .dropdown-header 類別；若設定下拉式清單中的分隔線，可以在 <hr> 元素加上 .dropdown-divider 類別。

- ✓ 若要將下拉式清單中的項目設定為啟用，可以加上 .active 類別；若要將下拉式清單中的項目設定為停用，可以加上 .disabled 類別。

下面是一個例子，使用者可以從下拉式清單中選取要瀏覽的網站。

\Ch17\dropdown.html

```
01:<div class="dropdown">
02:  <button type="button" class="btn btn-primary dropdown-toggle"
        data-bs-toggle="dropdown">新聞網站 </button>
03:  <ul class="dropdown-menu">
04:    <li><h4 class="dropdown-header">國內 </h4></li>
05:    <li><a class="dropdown-item" href="https://news.tvbs.com.tw">TVBS 新聞 </a></li>
06:    <li><a class="dropdown-item" href=" https://www.setn.com">三立新聞 </a></li>
07:    <li><hr class="dropdown-divider"></li>
08:    <li><h4 class="dropdown-header">國外 </h4></li>
09:    <li><a class="dropdown-item" href="https://www.cnn.com">CNN</a></li>
10:    <li><a class="dropdown-item" href="https://www.nhk.or.jp">NHK</a></li>
11:  </ul>
12:</div>
```

ⓐ 此為標題　　ⓑ 此為分隔線　　❶ 選取清單中的項目　　❷ 開啟對應的網站

若將第 01 行改寫成如下，換成 .dropend 類別，將會顯示為向右展開的清單，得到如下圖的瀏覽結果：

```
01:<div class="dropend">
```

17.4 按鈕群組 (Button group)

按鈕群組 (Button group) 元件用來將數個按鈕群組在一起，使用原則如下：

- 將按鈕群組放在 <div> 元素中，並加上 .btn-group 類別和 role="group" 屬性，此時，按鈕會呈水平排列，若要呈垂直排列，可以再加上 .btn-group-vertical 類別。

- 群組按鈕預設為一般大小，若要設定為小按鈕或大按鈕，可以在 <div> 元素加上 .btn-group-sm、.btn-group-lg 類別。

下面是一個例子，其中第 01 ~ 05 行是水平排列的按鈕群組，第 06 ~ 10 行是垂直排列的按鈕群組，第 11 ~ 15 行是大按鈕群組，而第 16 ~ 20 行是小按鈕群組。

\Ch17\btng1.html

```
01:<div class="btn-group" role="group">
02:  <button type="button" class="btn btn-primary"> 機票 </button>
03:  <button type="button" class="btn btn-primary"> 訂房 </button>      ❶
04:  <button type="button" class="btn btn-primary"> 團體 </button>
05:</div>
06:<div class="btn-group btn-group-vertical" role="group">
07:  <button type="button" class="btn btn-primary"> 機票 </button>
08:  <button type="button" class="btn btn-primary"> 訂房 </button>      ❷
09:  <button type="button" class="btn btn-primary"> 團體 </button>
10:</div>
11:<div class="btn-group btn-group-lg" role="group">
12:  <button type="button" class="btn btn-primary"> 機票 </button>
13:  <button type="button" class="btn btn-primary"> 訂房 </button>      ❸
14:  <button type="button" class="btn btn-primary"> 團體 </button>
15:</div>
16:<div class="btn-group btn-group-sm" role="group">
17:  <button type="button" class="btn btn-primary"> 機票 </button>
18:  <button type="button" class="btn btn-primary"> 訂房 </button>      ❹
19:  <button type="button" class="btn btn-primary"> 團體 </button>
20:</div>
```

❶水平排列的按鈕群組　❷垂直排列的按鈕群組　❸大按鈕群組　❹小按鈕群組

巢狀按鈕群組

我們也可以製作巢狀按鈕群組，下面是一個例子，其中第 04 ~ 10 行的區塊位於第 01 ~ 11 行的區塊裡面，包含一個下拉式清單。

`\Ch17\btng2.html`

```
01:<div class="btn-group" role="group">
02:  <button type="button" class="btn btn-primary">機票 </button>
03:  <button type="button" class="btn btn-primary">訂房 </button>
04:  <div class="btn-group" role="group">
05:    <button type="button" class="btn btn-primary dropdown-toggle"
         data-bs-toggle="dropdown"> 團體 </button>
06:    <ul class="dropdown-menu">
07:      <li><a class="dropdown-item" href="tour1.html"> 國內旅遊 </a></li>
08:      <li><a class="dropdown-item" href="tour2.html"> 國外旅遊 </a></li>
09:    <ul>
10:  </div>
11:</div>
```

17.5 導覽與標籤頁 (Nav and tab)

導覽 (Nav) 元件用來搭配標籤頁 (Tab) 元件設計標籤頁，讓使用者透過點取不同的標籤來切換內容，使用原則如下：

- 使用 <ul> 和 <li> 元素設定導覽元件中的項目，標籤式的導覽元件要在 <ul> 元素加上 .nav 和 .nav-tabs 類別，而按鈕式的導覽元件要在 <ul> 元素加上 .nav 和 .nav-pills 類別，同時要在 <li> 元素加上 .nav-item 類別。

- 若要將導覽元件中的項目設定為啟用，可以在代表該項目的 <li> 元素加上 .active 類別；若要將導覽元件中的項目設定為停用，可以在代表該項目的 <li> 元素加上 .disabled 類別。

- 若要將按鈕式的導覽元件顯示成垂直排列，可以在 <ul> 元素加上 .flex-column 類別。

下面是一個例子，它會建立標籤式的導覽元件，並將第一個標籤設定為啟用。程式碼主要包含兩個部分，一開始先使用 <ul> 和 <li> 元素製作導覽元件 (第 02 ~ 06 行)，接著使用 <div> 元素製作標籤頁內容 (第 08 ~ 12 行)。

\Ch17\nav.html

```
01:<!-- 導覽元件 -->
02:<ul class="nav nav-tabs" id="myTab">
03:   <li class="nav-item"><a class="nav-link active" data-bs-toggle="tab" href="#tab1">
      唐詩 </a></li>
04:   <li class="nav-item"><a class="nav-link" data-bs-toggle="tab" href="#tab2">
      宋詞 </a></li>
05:   <li class="nav-item"><a class="nav-link" data-bs-toggle="tab" href="#tab3">
      元曲 </a></li>
06:</ul>
07:<!-- 標籤頁內容 -->
08:<div class="tab-content" id="myTabContent">
09:   <div class="tab-pane fade show active" id="tab1"><p>「唐詩」泛指 ...。</p></div>
10:   <div class="tab-pane fade" id="tab2"><p>「詞」是一種詩歌藝術 ...。</p></div>
11:   <div class="tab-pane fade" id="tab3"><p>「元曲」是盛行於元朝 ...。</p></div>
12:</div>
```

- 02 ~ 06：使用 `<ul>` 和 `<li>` 元素製作導覽元件，包含「唐詩」、「宋詞」、「元曲」等三個標籤，令它們分別連結 id 屬性為 tab1、tab2、tab3 的區塊，同時 `<a>` 元素要加上 .nav-link 類別和 data-bs-toggle="tab" 屬性，以啟用標籤頁元件。

- 08 ~ 12：使用 `<div>` 元素加上 .tab-content 類別製作標籤頁內容，此例有三個標籤頁，如下：

  - 09：使用 `<div>` 元素加上 .tab-pane 類別製作第一個標籤頁，並將 id 屬性設定為 tab1 以供第 03 行做連結，至於 .fade 類別則用來設定淡入效果，.active 類別用來設定目前啟用的標籤頁。

  - 10：使用 `<div>` 元素加上 .tab-pane 類別製作第二個標籤頁，並將 id 屬性設定為 tab2 以供第 04 行做連結。

  - 11：使用 `<div>` 元素加上 .tab-pane 類別製作第三個標籤頁，並將 id 屬性設定為 tab3 以供第 05 行做連結。

瀏覽結果如下圖。

❶ 點取「唐詩」標籤會顯示 id 屬性為 tab1 的 `<div>` 區塊

❷ 點取「宋詞」標籤會顯示 id 屬性為 tab2 的 `<div>` 區塊

❸ 點取「元曲」標籤會顯示 id 屬性為 tab3 的 `<div>` 區塊

按鈕式的導覽元件

若要將標籤式的導覽元件變更為按鈕式，可以將 .nav-tabs 類別改成 .nav-pills 類別，data-bs-toggle="tab" 屬性改成 data-bs-toggle="pill" 屬性，例如：

```
01:<!-- 導覽元件 -->
02:<ul class="nav nav-pills" id="myTab">
03:  <li class="nav-item"><a class="nav-link active" data-bs-toggle="pill" href="#tab1">
      唐詩 </a></li>
04:  <li class="nav-item"><a class="nav-link" data-bs-toggle="pill" href="#tab2">
      宋詞 </a></li>
05:  <li class="nav-item"><a class="nav-link" data-bs-toggle="pill" href="#tab3">
      元曲 </a></li>
06:</ul>
```

唐詩　宋詞　元曲

「唐詩」泛指創作於唐朝或以唐朝風格創作的詩。唐詩有數種選本，例如蘅塘退士編選的《唐詩三百首》、清朝康熙年間的《全唐詩》。

唐詩　宋詞　元曲

「詞」是一種詩歌藝術形式，中國古詩體的一種，又稱曲子詞、詩餘、長短句、樂府，始於唐朝，在宋朝達到臻峰。

唐詩　宋詞　元曲

「元曲」是盛行於元朝的戲曲藝術，為散曲與雜劇的合稱，元曲與唐詩及宋詞有著相同的文學地位。

將導覽元件顯示成垂直排列

若要將按鈕式的導覽元件顯示成垂直排列，可以在 <ul> 元素加上 .flex-column 類別，例如：

```
01:<!-- 導覽元件 -->
02:<ul class="nav nav-pills flex-column" id="myTab">
03:   <li class="nav-item"><a class="nav-link active" data-bs-toggle="pill" href="#tab1">
      唐詩 </a></li>
04:   <li class="nav-item"><a class="nav-link" data-bs-toggle="pill" href="#tab2">
      宋詞 </a></li>
05:   <li class="nav-item"><a class="nav-link" data-bs-toggle="pill" href="#tab3">
      元曲 </a></li>
06:</ul>
```

唐詩

宋詞

元曲

「唐詩」泛指創作於唐朝或以唐朝風格創作的詩。唐詩有數種選本，例如蘅塘退士編選的《唐詩三百首》、清朝康熙年間的《全唐詩》。

唐詩

宋詞

元曲

「詞」是一種詩歌藝術形式，中國古詩體的一種，又稱曲子詞、詩餘、長短句、樂府，始於唐朝，在宋朝達到臻峰。

唐詩

宋詞

元曲

「元曲」是盛行於元朝的戲曲藝術，為散曲與雜劇的合稱，元曲與唐詩及宋詞有著相同的文學地位。

17.6 導覽列 (Navbar)

導覽列 (Navbar) 元件用來製作網頁上常見的導覽列，下面是一個例子，它將響應式斷點設定為 768px，當瀏覽器的寬度 ≥ 768px 時，會以水平方式顯示導覽列，如圖❶；相反的，當瀏覽器的寬度 <768px 時，會將網站名稱以外的項目收納到導覽按鈕，待使用者點取導覽按鈕才會展開，如圖❷。

❶ 當寬度 ≥ 768px 時，導覽列呈水平顯示

❷ 當寬度 <768px 時，會顯示導覽按鈕，點取此鈕才會展開

```
\Ch17\navbar1.html
01:<nav class="navbar navbar-light bg-light navbar-expand-md">
02:   <div class="container-fluid">
03: ❶ <a class="navbar-brand" href="#"> 快樂旅遊 </a>
04:   ┌<button class="navbar-toggler" type="button" data-bs-toggle="collapse"
    ❷    data-bs-target="#navbar1">
05:   └   <span class="navbar-toggler-icon"></span></button>
06:   ┌<div class="collapse navbar-collapse" id="navbar1">
07:   │   <ul class="navbar-nav me-auto">
08:   │     <li class="nav-item active"><a class="nav-link" href="#"> 機票 </a></li>
09:   │     <li class="nav-item"><a class="nav-link" href="#"> 訂房 </a></li>
10:   │     <li class="nav-item dropdown">
11:   │       <a class="nav-link dropdown-toggle" href="#"
    ❸        data-bs-toggle="dropdown"> 團體 </a>
12:   │       <div class="dropdown-menu">
13:   │         <a class="dropdown-item" href="#"> 國內旅遊 </a>
14:   │         <a class="dropdown-item" href="#"> 國外旅遊 </a>
15:   │       </div>
16:   │     </li>
17:   │   </ul>
18:   └</div>
19:   </div>
20:</nav>
```

❶ 網站名稱
❷ 導覽按鈕
❸ 可摺疊的項目

✓ 01：在 <nav> 元素加上 .navbar 類別用來製作導覽列元件，其中 .navbar-light 和 .bg-light 類別用來將導覽列和背景設定為亮色，而 .navbar-expand-md 類別用來將響應式斷點設定為 768px。

✓ 03：在 <a> 元素加上 .navbar-brand 類別，用來放置網站名稱超連結。

✓ 04、05：第 04 行在 <button> 元素加上 .navbar-toggler 類別和 data-bs-toggle="collapse" 屬性，用來製作可摺疊的導覽按鈕，第 05 行在 <span> 元素加上 .navbar-toggler-icon 類別，表示導覽按鈕。

✓ 06：在 <div> 元素加上 .collapse 和 .navbar-collapse 類別，用來放置導覽列中可摺疊的項目。

✓ 07：在 <ul> 元素加上 .navbar-nav 類別，用來設定導覽列的項目。

設定導覽列的顏色

在前面的例子中，我們是將導覽列和背景設定為亮色，若要變更為其它顏色，可以在第 01 行做設定，例如將第 01 行改寫成如下，就會設定為暗色：

```
01:<nav class="navbar navbar-dark bg-dark navbar-expand-md">
```

又例如將第 01 行改寫成如下，背景就會設定為茶色：

```
01: <nav class="navbar navbar-light navbar-expand-md" style="background: tan">
```

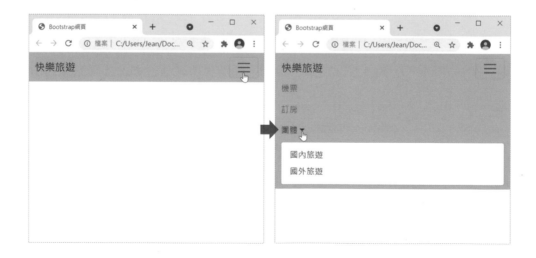

設定導覽列的響應式斷點

在前面的例子中,我們是透過第 01 行的 .navbar-expand-md 類別,將導覽列的響應式斷點設定為 768px,若要變更為其它斷點,可以改用 .navbar-expand{-sm|-md|-lg|-xl|-xxl} 等類別。

在導覽列放置圖示標題

若要在導覽列放置標題圖示,可以使用 <img> 元素,例如:

```
<nav class="navbar navbar-light bg-light">
  <div class="container-fluid">
    <a class="navbar-brand" href="#"><img src="H.png" width="30px"></a>
  </div>
</nav>
```

在導覽列放置文字

若要在導覽列放置沒有超連結的一般文字,可以使用 <span> 元素加上 .navbar-text 類別,例如:

```
<nav class="navbar navbar-light bg-light">
  <div class="container-fluid">
    <a class="navbar-brand" href="#"> 快樂旅遊 </a>
    <span class="navbar-text">四人同行一人免費!</span>
  </div>
</nav>
```

將導覽列固定顯示在畫面上方

若要將導覽列固定顯示在畫面上方，不要隨著網頁內容捲動而離開畫面，可以在 <nav> 元素加上 .fixed-top 類別，下面是一個例子。

\Ch17\navbar2.html

```
<nav class="navbar fixed-top navbar-light bg-light">
  <div class="container-fluid">
    <a class="navbar-brand" href="#"> 快樂旅遊 </a>
  </div>
</nav>
```

快樂旅遊

將導覽列固定顯示在畫面下方

若要將導覽列固定顯示在畫面下方，不要隨著網頁內容捲動而離開畫面，可以在 <nav> 元素加上 .fixed-bottom 類別，下面是一個例子。

\Ch17\navbar3.html

```
<nav class="navbar fixed-bottom navbar-light bg-light">
  <div class="container-fluid">
    <a class="navbar-brand" href="#"> 快樂旅遊 </a>
  </div>
</nav>
```

快樂旅遊

在導覽列放置表單

若要在導覽列放置表單，可以使用 <form> 元素，下面是一個例子，其中 .d-flex 類別可以讓表單的輸入欄位和按鈕排成一行。

\Ch17\navbar4.html

```html
<nav class="navbar navbar-light bg-light">
  <div class="container-fluid">
    <form class="d-flex">
      <input class="form-control me-2" type="search" placeholder=" 輸入景點 ">
      <button class="btn btn-outline-success" type="submit">Search</button>
    </form>
  </div>
</nav>
```

輸入景點	Search

我們也可以在表單前面加上網站名稱或其它導覽項目，下面是一個例子，網站名稱和表單會分別靠左對齊與靠右對齊。

\Ch17\navbar5.html

```html
<nav class="navbar navbar-light bg-light">
  <div class="container-fluid">
    <a class="navbar-brand" href="#"> 快樂旅遊 </a>
    <form class="d-flex">
      <input class="form-control me-2" type="search" placeholder=" 輸入景點 ">
      <button class="btn btn-outline-success" type="submit">Search</button>
    </form>
  </div>
</nav>
```

快樂旅遊   輸入景點   Search

17.7 卡片 (Card)

卡片 (Card) 元件是一個具有彈性與擴充性的內容容器，可以包含頁首、主體或頁尾，用來放置圖片、標題、文字等內容，下面是一個例子。

\Ch17\card1.html

```
01:<div class="container">
02:   <div class="card" style="width: 300px">
03:     <div class="card-header"> 溫馨小品 </div>
04:     <div class="card-body">
05:       <h4 class="card-title"> 美麗的花朵 </h5>
06:       <p class="card-text"> 英姿颯爽的太陽花在盛夏的艷陽下綻放…！ </p>
07:       <a href="#" class="btn btn-primary"> 詳細資料 </a>
08:     </div>
09:     <div class="card-footer">2021 年◎夏 </div>
10:   </div>
11:</div>
```

- 02：使用 <div> 元素加上 .card 類別製作卡片。
- 03：使用 <div> 元素加上 .card-header 類別製作卡片的頁首。
- 04 ~ 08：使用 <div> 元素加上 .card-body 類別製作卡片的主體，然後使用 <h4> 和 <p> 元素加上 .card-title 和 .card-text 類別製作標題與文字。
- 09：使用 <div> 元素加上 .card-footer 類別製作卡片的頁尾。

下面是另一個例子，它結合網格類別製作一個雙欄卡片，其中第 05、14 行
使用 <img> 元素加上 .card-img-top 類別在卡片上方放置圖片。

\Ch17\card2.html

```
01:<div class="container">
02:  <div class="row">
03:    <div class="col-sm-6">
04:      <div class="card">
05:        <img class="card-img-top" src="flower1.jpg">
06:        <div class="card-body">
07:          <h4 class="card-title"> 美麗的花朵（一）</h5>
08:          <p class="card-text"> 英姿颯爽的太陽花在盛夏的艷陽下綻放…！</p>
09:        </div>
10:      </div>
11:    </div>
12:    <div class="col-sm-6">
13:      <div class="card">
14:        <img class="card-img-top" src="flower2.jpg">
15:        <div class="card-body">
16:          <h4 class="card-title"> 美麗的花朵（二）</h5>
17:          <p class="card-text"> 迎風搖曳的小野花在秋天的原野中綻放…！</p>
18:        </div>
19:      </div>
20:    </div>
21:  </div>
22:</div>
```

美麗的花朵(一)

英姿颯爽的太陽花在盛夏的艷
陽下綻放，令人精神為之一
振！

美麗的花朵(二)

迎風搖曳的小野花在秋天的原
野中綻放，令人感到心曠神
怡！

17.8 工具提示 (Tooltip)

工具提示 (Tooltip) 元件用來在指標移到按鈕或超連結時顯示工具提示，下面是一個例子，當指標移到按鈕時，會在指定的方向顯示工具提示，而當指標離開按鈕時，工具提示又會消失。

\Ch17\tooltip.html

```
01:<div class="container text-center">
02:  <img src="f1.jpg" width="50%" class="img-fluid mb-5"><br>
03:  <button type="button" class="btn btn-warning" data-bs-toggle="tooltip"
       data-bs-placement="top" title=" 鬱金香 "> 在上方顯示工具提示 </button>
04:  <button type="button" class="btn btn-warning" data-bs-toggle="tooltip"
       data-bs-placement="bottom" title=" 鬱金香 "> 在下方顯示工具提示 </button>
05:  <button type="button" class="btn btn-warning" data-bs-toggle="tooltip"
       data-bs-placement="left" title=" 鬱金香 "> 在左方顯示工具提示 </button>
06:  <button type="button" class="btn btn-warning" data-bs-toggle="tooltip"
       data-bs-placement="right" title=" 鬱金香 "> 在右方顯示工具提示 </button>
07:</div>
08:
09:<script>
10:  var tooltipTriggerList =
       [].slice.call(document.querySelectorAll('[data-bs-toggle="tooltip"]'));
11:  var tooltipList = tooltipTriggerList.map(function (tooltipTriggerEl) {
12:    return new bootstrap.Tooltip(tooltipTriggerEl)
13:  });
14:</script>
```

- 03：使用 <button> 元素加上 data-bs-toggle="tooltip" 屬性啟用工具提示，data-bs-placement="top" 屬性用來設定將工具提示顯示在按鈕上方，而 title=" 鬱金香 " 屬性用來設定工具提示的文字。

- 04：使用 <button> 元素製作工具提示，data-bs-placement="bottom" 屬性用來設定將工具提示顯示在按鈕下方。

- 05：使用 <button> 元素製作工具提示，data-bs-placement="left" 屬性用來設定將工具提示顯示在按鈕左方。

✅ 06：使用 <button> 元素製作工具提示，data-bs-placement="right" 屬性用來設定將工具提示顯示在按鈕右方。

✅ 09 ~ 14：基於效能的考量，工具提示屬於選擇性功能，我們必須自行撰寫第 10 ~ 13 的 JavaScript 程式碼將工具提示加以初始化。提醒您，這段程式碼要放在載入 Bootsrtap 核心檔案以後，才能得到如下圖的瀏覽結果。

❶ 指標移到此按鈕會在上方顯示工具提示

❷ 指標移到此按鈕會在右側顯示工具提示

17.9 彈出提示 (Popover)

彈出提示 (Popover) 元件用來在按一下按鈕或超連結時顯示彈出提示，再按一下才會消失，下面是一個例子。

```
\Ch17\popover.html
01:<div class="container text-center">
02:  <img src="f1.jpg" width="50%" class="img-fluid mb-5"><br>
03:  <button type="button" class="btn btn-warning" data-bs-toggle="popover"
        data-bs-placement="bottom" data-bs-container="body"
        data-bs-content=" 鬱金香 "> 在下方顯示彈出提示 </button>
04:  <button type="button" class="btn btn-warning" data-bs-toggle="popover"
        data-bs-placement="right" title=" 美麗的花朵 "
        data-bs-content=" 鬱金香 "> 在右方顯示彈出提示 </button>
05:</div>
06:
07:<script>
08:  var popoverTriggerList =
        [].slice.call(document.querySelectorAll('[data-bs-toggle="popover"]'));
09:  var popoverList = popoverTriggerList.map(function (popoverTriggerEl) {
10:    return new bootstrap.Popover(popoverTriggerEl)
11:  });
12:</script>
```

◉ 03：使用 <button> 元素加上 data-toggle="popover" 屬性啟用彈出提示，data-bs-placement="bottom" 屬性用來設定將彈出提示顯示在按鈕下方，若要顯示在按鈕上方、左方或右方，可以設定為 "top"、"left"、"right"，data-container="body" 屬性用來設定彈出提示的主體，而 data-content=" 鬱金香 " 屬性用來設定彈出提示的文字。

◉ 04：使用 <button> 元素加上 data-toggle="popover" 屬性啟用彈出提示，data-bs-placement="right" 屬性用來設定將彈出提示顯示在按鈕右方，而 title=" 美麗的花朵 " 屬性用來設定彈出提示的標題。

✔ 07 ～ 12：基於效能的考量，彈出提示屬於選擇性功能，我們必須自行撰寫第 08 ～ 11 行的 JavaScript 程式碼將彈出提示加以初始化。

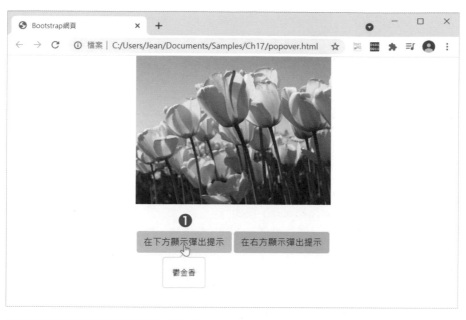

❶ 按一下此按鈕會在下方顯示彈出提示（只有主體沒有標題）

❷ 按一下此按鈕會在右側顯示彈出提示（同時有標題和主體）

17.10 摺疊 (Collapse)

摺疊 (Collapse) 元件用來顯示或隱藏內容，我們通常會使用按鈕或超連結觸發摺疊效果。下面是一個例子，一開始卡片是隱藏起來的，當您點取按鈕時，就會顯示卡片，而當您再次點取按鈕時，就會隱藏卡片。

\Ch17\collapse1.html

```
01:<div class="container">
02:  <p><button class="btn btn-primary" type="button" data-bs-toggle="collapse"
         data-bs-target="#poem"> 望月懷遠 </button></p>
03:  <div class="collapse" id="poem">
04:      <div class="card card-body">
05:          海上生明月，天涯共此時。情人怨遙夜，竟夕起相思。…。
06:      </div>
07:  </div>
08:</div>
```

- ✅ 02：使用 <button> 元素觸發摺疊效果，此時要加上 data-bs-toggle="collapse" 屬性，同時要將 data-bs-target 屬性設定為要摺疊的內容。

- ✅ 03 ~ 07：用來設定摺疊起來的內容，此例是一個卡片。

❶ 點取按鈕　　❷ 顯示卡片

下面是另一個例子，同樣的，一開始卡片是隱藏起來的，當您點取超連結時，就會顯示卡片，而當您再次點取超連結時，就會隱藏卡片。

\Ch17\collapse2.html

```
01:<div class="container">
02:    <p> <a class="btn btn-primary" data-bs-toggle="collapse" href="#poem">
          望月懷遠 </a></p>
03:    <div class="collapse" id="poem">
04:        <div class="card card-body">
05:            海上生明月，天涯共此時。情人怨遙夜，竟夕起相思。…。
06:        </div>
07:    </div>
08:</div>
```

✅ 02：使用 <a> 元素觸發摺疊效果，此時要加上 data-bs-toggle="collapse" 屬性，同時要將 href 屬性設定為要摺疊的內容。

✅ 03 ~ 07：用來設定摺疊起來的內容，此例是一個卡片。

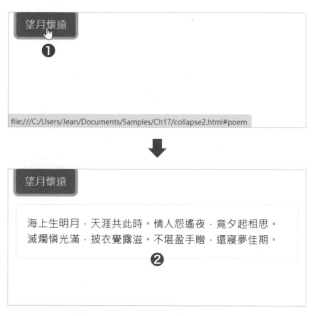

❶ 點取超連結　❷ 顯示卡片

17.11 手風琴效果 (Accordion)

手風琴效果 (Accordion) 可以用來製作垂直摺疊效果，下面是一個例子，當點取「無題」、「錦瑟」等唐詩的名稱時，就會展開其詩句，再按一下又會摺疊起來，而且一次只會展開一首唐詩的詩句。

\Ch17\accordion.html

```
01:<div class="container">
02:   <div class="accordion" id="accordionExample">
03:     <div class="accordion-item">
04:       <h2 class="accordion-header" id="head1">
05:         <button class="accordion-button" type="button" data-bs-toggle="collapse"
             data-bs-target="#collapse1"> 無題 </button>
06:       </h2>
07:       <div id="collapse1" class="accordion-collapse collapse show"
          data-bs-parent="#accordionExample">
08:         <div class="accordion-body">
09:             昨夜星辰昨夜風，畫樓西畔桂堂東。…。
10:         </div>
11:       </div>
12:     </div>
13:     <div class="accordion-item">
14:       <h2 class="accordion-header" id="head2">
15:         <button class="accordion-button collapsed" type="button"
             data-bs-toggle="collapse" data-bs-target="#collapse2"> 錦瑟 </button>
16:       </h2>
17:       <div id="collapse2" class="accordion-collapse collapse"
          data-bs-parent="#accordionExample">
18:         <div class="accordion-body">
19:             錦瑟無端五十弦，一弦一柱思華年。…。
20:         </div>
21:       </div>
22:     </div>
23:   </div>
24:</div>
```

❶ 第一個項目
❷ 第二個項目

✅ 02、23：在 <div> 元素加上 .accordion 類別，表示要在此區塊製作手風琴效果。

✅ 03 ~ 12：第 03 行在 <div> 元素加上 .accordion-item 類別，表示第一個項目；第 04 ~ 06 行是用來點按的頁首，其中第 04 行在 <h2> 元素加上 .accordion-header 類別，而第 05 行在 <button> 元素加上 .accordion-button 類別，此例是「無題」；第 07 ~ 11 行是摺疊的主體，其中第 07 行在 <div> 元素加上 .accordion-collapse 類別，而第 08 行在 <div> 元素加上 .accordion-body 類別，此例是「無題」的詩句。

✅ 13 ~ 22：第二個項目。

❶ 點取「無題」會顯示其詩句
❷ 點取「錦瑟」會顯示其詩句

17.12 輪播 (Carousel)

輪播（Carousel）元件用來在網頁上循環播放多張圖片、影片或其它類型的內容，就像幻燈片一樣。下面是一個例子，它會循環播放三張圖片。

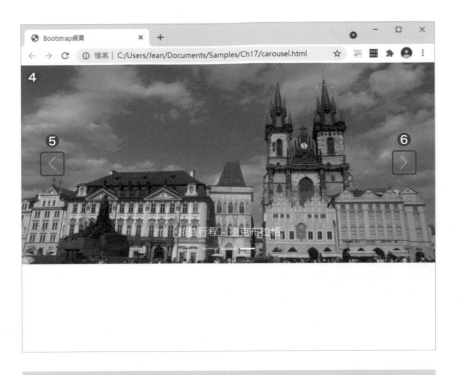

① 輪播指示（點選圖片） ④ 輪播內容（第三張圖片與標題）
② 輪播內容（第一張圖片與標題） ⑤ 輪播控制（向前切換）
③ 輪播內容（第二張圖片與標題） ⑥ 輪播控制（向後切換）

輪播元件包含下列幾個部分：

✅ 輪播指示 (carousel-indicators)：由 <ol> 和 <li> 元素所組成，用來
根據圖片的張數在圖片下方顯示橫線以供使用者點選，此例有三張圖
片，所以會顯示三個橫線。

✅ 輪播內容 (carousel-inner)：由多個層次的 <div> 元素所組成，用來
顯示內容，此例會顯示圖片與標題。

✅ 輪播控制 (carousel-control)：由兩個 <a> 元素所組成，用來顯示向
前切換連結與向後切換連結。

\Ch17\carousel.html

```
01:<div id="myCarousel" class="carousel slide" data-bs-ride="carousel">
02:    <!-- 輪播指示 -->
03:    <ol class="carousel-indicators">
04:      <li data-bs-target="#myCarousel" data-bs-slide-to="0" class="active"></li>
05:      <li data-bs-target="#myCarousel" data-bs-slide-to="1"></li>
06:      <li data-bs-target="#myCarousel" data-bs-slide-to="2"></li>
07:    </ol>
08:    <!-- 輪播內容 -->
09:    <div class="carousel-inner">
10:      <div class="carousel-item active">
11:        <img src="tour1.jpg" class="d-block w-100" alt=" 合掌村 ">
12:        <div class="carousel-caption d-none d-md-block">
13:          <h5> 超值行程－日本白川鄉合掌村 </h5>
14:        </div>
15:      </div>
16:      <div class="carousel-item">
17:        <img src="tour2.jpg" class="d-block w-100" alt=" 貝維德雷宮 ">
18:        <div class="carousel-caption d-none d-md-block">
19:          <h5> 超值行程－奧地利貝維德雷宮 </h5>
20:        </div>
21:      </div>
22:      <div class="carousel-item">
23:        <img src="tour3.jpg" class="d-block w-100" alt=" 布拉格 ">
24:        <div class="carousel-caption d-none d-md-block">
25:          <h5> 超值行程－捷克布拉格 </h5>
26:        </div>
27:      </div>
28:    </div>
29:    <!-- 輪播控制 -->
30:    <a class="carousel-control-prev" href="#myCarousel" data-bs-slide="prev">
31:      <span class="carousel-control-prev-icon"></span>
32:      <span class="visually-hidden">Previous</span></a>
33:    <a class="carousel-control-next" href="#myCarousel" data-bs-slide="next">
34:      <span class="carousel-control-next-icon"></span>
35:      <span class="visually-hidden">Next</span></a>
36:</div>
```

❶ 第一個項目　　❷ 第二個項目　　❸ 第三個項目

✅ 01、36：使用 <div> 元素加上 .carousel 和 .slide 類別定義輪播元件，並將 id 屬性設定為 "myCarousel" 以供輪播指示和輪播控制做參考。

✅ 03 ~ 07：使用 <ol> 元素加上 .carousel-indicators 類別定義輪播指示，然後使用 <li> 元素定義指示項目，其中 data-bs-target 屬性用來設定要使用的輪播元件，此例為 "#myCarousel"，data-bs-slide-to 屬性用來設定圖片的流水編號，此例有三張，所以設定為 0、1、2（從 0 開始），並在第一個指示項目加上 .active 類別，表示目前啟用的指示項目。

✅ 09 ~ 28：使用 <div> 元素加上 .carousel-inner 類別定義輪播內容，此例有下列三個項目：

●10 ~ 15：使用 <div> 元素加上 .carousel-item 類別定義第一個項目，並加上 .active 類別，表示目前啟用的項目，包含第 11 行的圖片和第 12 ~ 14 行的輪播標題，其中輪播標題是使用 <div> 元素加上 .carousel-caption 類別所定義，裡面還可以使用其它 HTML 元素，這些元素會被自動對齊並適當的格式化。

●16 ~ 21：使用 <div> 元素加上 .carousel-item 類別定義第二個項目，包含第 17 行的圖片和第 18 ~ 20 行的輪播標題。

●22 ~ 27：使用 <div> 元素加上 .carousel-item 類別定義第三個項目，包含第 23 行的圖片和第 24 ~ 26 行的輪播標題。

✅ 30 ~ 32：使用 <a> 元素加上 .carousel-control-prev 類別定義輪播控制並靠左對齊，href 屬性用來設定要使用的輪播元件，此例為 "#myCarousel"，而 data-bs-slide="prev" 屬性表示向前切換，至於第 31 行的 <span> 元素則是用來設定向前圖示。

✅ 33 ~ 35：使用 <a> 元素加上 .carousel-control-next 類別定義輪播控制並靠右對齊，href 屬性用來設定要使用的輪播元件，此例為 "#myCarousel"，而 data-bs-slide="next" 屬性表示向後切換，至於第 34 行的 <span> 元素則是用來設定向後圖示。

17.13 分頁導覽 (Pagination)

分頁導覽 (Pagination) 元件用來製作網頁上常見的分頁導覽功能，使用者只要點取頁數，就可以切換到不同的頁面。

下面是一個例子，重點在於第 02 行的 <ul> 元素加上 .pagination 類別，表示該元素用來做為分頁導覽元件，然後使用 <li> 元素加上 .page-item 類別和 <a> 元素加上 .page-link 類別製作頁數與超連結，其中第 06 行加上 .active 類別，表示目前啟用的頁數，若要設定停用的頁數，可以加上 .disabled 類別。

\Ch17\pagination.html

```
01:<nav>
02:  <ul class="pagination">
03:    <li class="page-item">
04:      <a class="page-link" href="#"><span>&laquo;</span></a>
05:    </li>
06:    <li class="page-item active"><a class="page-link" href="#">1</a></li>
07:    <li class="page-item"><a class="page-link" href="#">2</a></li>
08:    <li class="page-item"><a class="page-link" href="#">3</a></li>
09:    <li class="page-item">
10:      <a class="page-link" href="#"><span>&raquo;</span></a>
11:    </li>
12:  </ul>
13:</nav>
```

請注意，此例的分頁採取預設的大小，若要使用大尺寸或小尺寸，可以在第 02 行的 <ul> 元素加上 .pagination-lg 或 .pagination-sm 類別，瀏覽結果如下圖。

18 RWD 網頁實例

jQuery Mobile   JavaScript
ootstrap 5   CSS3
HTML 5   jQuery

18.1 「快樂旅遊」網站

在本章中，我們會運用前面介紹的 HTML、CSS 和 Bootstrap 開發一個響應式網頁－「快樂旅遊」網站，當瀏覽器的寬度 ≥ 768px 時，內容區的卡片會顯示成四欄，如下圖。

① 導覽列
② 輪播
③ 內容區－警報效果
④ 內容區－卡片（四欄）
⑤ 頁尾

相反的，當瀏覽器的寬度 <768px 且 ≥ 576px 時，內容區的卡片會顯示成兩欄，如左下圖；當瀏覽器的寬度 <576px 時，內容區的卡片會顯示成單欄，如右下圖，而且導覽列的項目會收納到一個外觀是「三條線」的導覽圖示。

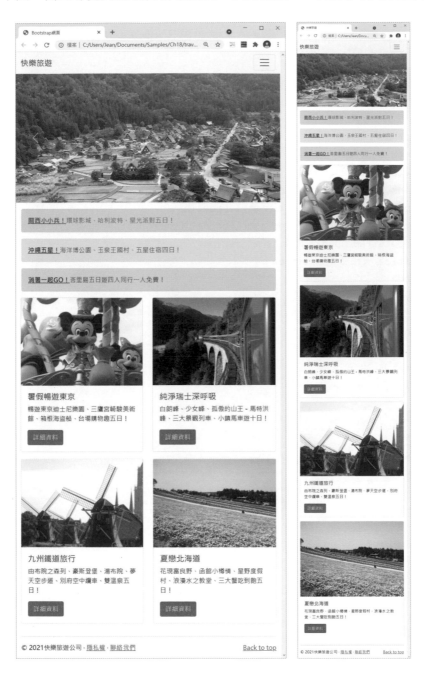

18.2 設計網頁樣板

在開始製作網頁的各個區域之前，我們可以針對這些區域設計如下的網頁樣板，包含導覽列、輪播、內容區（三個警報效果、四個卡片）與頁尾。

\Ch18\travel.html

```
<!DOCTYPE html>
<html>
  <head>
    <meta charset="utf-8">
    <meta name="viewport" content="width=device-width, initial-scale=1">
    <link href="https://cdn.jsdelivr.net/npm/bootstrap@5.0.2/dist/css/
      bootstrap.min.css" rel="stylesheet">
    <script src="https://cdn.jsdelivr.net/npm/bootstrap@5.0.2/dist/js/
      bootstrap.bundle.min.js"></script>
    <title> 快樂旅遊 </title>
  </head>
  <body>
    <!-- 導覽列 -->
    <nav></nav>

    <!-- 輪播 -->
    <div></div>

    <!-- 內容區 -->
    <div>
      <!-- 三個警報效果 -->
      <div></div>
      <div></div>
      <div></div>
      <!-- 四個卡片 -->
      <div></div>
    </div>

    <!-- 頁尾 -->
    <footer></footer>
  </body>
</html>
```

18.3 設計導覽列

在設計出網頁樣板後,我們可以先設計最上面的導覽列,當瀏覽器的寬度 ≥ 768px 時,會以水平方式顯示導覽列,如下圖。

當瀏覽器的寬度 <768px 時,會將網站名稱以外的項目收納到導覽按鈕,待使用者點取導覽按鈕才會展開,如下圖。

針對這個導覽列，我們可以撰寫如下的程式碼，由於我們在第 17.6 節使用類似的範例介紹過導覽列，此處不再重複講解。

\Ch18\travel.html

```
...
<!-- 導覽列 -->
<nav class="navbar navbar-light bg-light navbar-expand-md">
  <div class="container-fluid">
❶  <a class="navbar-brand" href="#"> 快樂旅遊 </a>
  ┌<button class="navbar-toggler" type="button" data-bs-toggle="collapse"
❷   data-bs-target="#navbar1">
  └ <span class="navbar-toggler-icon"></span></button>
    <div class="collapse navbar-collapse" id="navbar1">
    ┌<ul class="navbar-nav me-auto">
      <li class="nav-item active"><a class="nav-link" href="#">機票 </a></li>
      <li class="nav-item"><a class="nav-link" href="#">訂房 </a></li>
      <li class="nav-item dropdown">
        <a class="nav-link dropdown-toggle" href="#"
          data-bs-toggle="dropdown">團體 </a>
❸      <div class="dropdown-menu">
          <a class="dropdown-item" href="#"> 國內旅遊 </a>
          <a class="dropdown-item" href="#"> 國外旅遊 </a>
        </div>
      </li>
    └</ul>
    ┌<form class="d-flex">
      <input class="form-control me-2" type="search" placeholder=" 輸入景點 ">
❹    <button class="btn btn-outline-success" type="submit">Search</button>
    └</form>
    </div>
  </div>
</nav>
...
```

❶ 網站名稱

❷ 導覽按鈕

❸ 可摺疊的項目（包含「機票」、「訂房」和「團體」三個項目，而且「團體」是下拉式清單，裡面有「國內旅遊」和「國外旅遊」）

❹ 表單（包含輸入欄位和「Search」按鈕）

18.4 設計輪播

輪播位於導覽列的下面,共有三個輪播項目,包含圖片與標題,瀏覽結果會循環播放以下的三張圖,由於我們在第 17.12 節使用類似的範例介紹過輪播,此處不再重複講解。

\Ch18\travel.html (下頁續 1/2)

```
...
    <!-- 輪播 -->
    <div id="myCarousel" class="carousel slide" data-bs-ride="carousel">
      <!-- 輪播指示 -->
      <ol class="carousel-indicators">
        <li data-bs-target="#myCarousel" data-bs-slide-to="0" class="active"></li>
        <li data-bs-target="#myCarousel" data-bs-slide-to="1"></li>
        <li data-bs-target="#myCarousel" data-bs-slide-to="2"></li>
      </ol>
      <!-- 輪播內容 -->
      <div class="carousel-inner">
        <div class="carousel-item active">
          <img src="tour1.jpg" class="d-block w-100" alt=" 合掌村 ">
          <div class="carousel-caption d-none d-md-block">
            <h5> 超值行程－日本白川鄉合掌村 </h5>
          </div>
        </div>
        <div class="carousel-item">
          <img src="tour2.jpg" class="d-block w-100" alt=" 貝維德雷宮 ">
```

```html
            <div class="carousel-caption d-none d-md-block">
               <h5> 超值行程－奧地利貝維德雷宮 </h5>
            </div>
         </div>
         <div class="carousel-item">
            <img src="tour3.jpg" class="d-block w-100" alt=" 布拉格 ">
            <div class="carousel-caption d-none d-md-block">
               <h5> 超值行程－捷克布拉格 </h5>
            </div>
         </div>
      </div>
      <!-- 輪播控制 -->
      <a class="carousel-control-prev" href="#myCarousel" data-bs-slide="prev">
         <span class="carousel-control-prev-icon"></span>
         <span class="visually-hidden">Previous</span></a>
      <a class="carousel-control-next" href="#myCarousel" data-bs-slide="next">
         <span class="carousel-control-next-icon"></span>
         <span class="visually-hidden">Next</span></a>
   </div>

   <!-- 內容區 -->
   <div>
      <!-- 三個警報效果 -->
      <div></div>
      <div></div>
      <div></div>

      <!-- 四個卡片 -->
      <div></div>
   </div>

   <!-- 頁尾 -->
   <footer></footer>
   </body>
</html>
```

18.5 設計內容區－警報效果

內容區包含三個警報效果和四個卡片,警報效果的瀏覽結果如下圖,裡面有
超連結用來連結到旅遊行程,由於我們在第 17.2 節使用類似的範例介紹過
警報效果,此處不再重複講解。

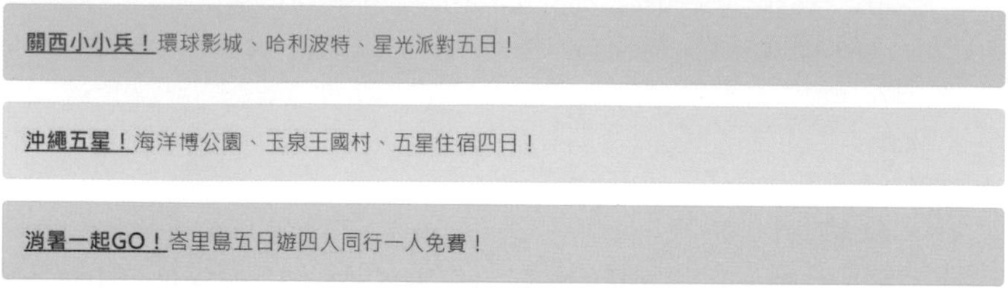

關西小小兵!環球影城、哈利波特、星光派對五日!

沖繩五星!海洋博公園、玉泉王國村、五星住宿四日!

消暑一起GO!峇里島五日遊四人同行一人免費!

\Ch18\travel.html

```
...
    <!-- 內容區 -->
    <div class="container-fluid mt-3">
    <!-- 三個警報效果 -->
    <div class="alert alert-primary" role="alert">
      <a href="#" class="alert-link"><strong>關西小小兵!</strong></a>
      環球影城、哈利波特、星光派對五日!
    </div>
    <div class="alert alert-secondary" role="alert">
      <a href="#" class="alert-link"><strong>沖繩五星!</strong></a>
      海洋博公園、玉泉王國村、五星住宿四日!
    </div>
    <div class="alert alert-danger" role="alert">
      <a href="#" class="alert-link"><strong>消暑一起 GO!</strong></a>
      峇里島五日遊四人同行一人免費!
    </div>

    <!-- 四個卡片 -->
    <div></div>
    </div>
...
```

> 為了美觀起見,將內容區
> 放在容器並設定上邊界

18.6 設計內容區—卡片

當瀏覽器的寬度 ≥ 768px 時，內容區的卡片會顯示成四欄，如圖❶；當瀏覽器的寬度 <768px 且 ≥ 576px 時，內容區的卡片會顯示成兩欄，如圖❷；當瀏覽器的寬度 <576px 時，內容區的卡片會顯示成單欄，如圖❸。

❶

署假暢遊東京

暢遊東京迪士尼樂園、三鷹宮崎駿美術館、箱根海盜船、台場購物趣五日！

詳細資料

純淨瑞士深呼吸

白朗峰、少女峰、孤傲的山王 - 馬特洪峰、三大景觀列車、小鎮馬車遊十日！

詳細資料

九州鐵道旅行

由布院之森列、豪斯登堡、湯布院、夢天空步道、別府空中纜車、雙溫泉五日！

詳細資料

夏戀北海道

花現富良野、函館小樽情、星野度假村、浪漫水之教堂、三大蟹吃到飽五日！

詳細資料

❸

署假暢遊東京

暢遊東京迪士尼樂園、三鷹宮崎駿美術館、箱根海盜船、台場購物趣五日！

詳細資料

❷

署假暢遊東京

暢遊東京迪士尼樂園、三鷹宮崎駿美術館、箱根海盜船、台場購物趣五日！

詳細資料

純淨瑞士深呼吸

白朗峰、少女峰、孤傲的山王 - 馬特洪峰、三大景觀列車、小鎮馬車遊十日！

詳細資料

純淨瑞士深呼吸

白朗峰、少女峰、孤傲的山王 - 馬特洪峰、三大景觀列車、小鎮馬車遊十日！

詳細資料

九州鐵道旅行

由布院之森列、豪斯登堡、湯布院、夢天空步道、別府空中纜車、雙溫泉五日！

詳細資料

夏戀北海道

花現富良野、函館小樽情、星野度假村、浪漫水之教堂、三大蟹吃到飽五日！

詳細資料

九州鐵道旅行

由布院之森列、豪斯登堡、湯布院、夢天空步道、別府空中纜車、雙溫泉五日！

詳細資料

夏戀北海道

花現富良野、函館小樽情、星野度假村、浪漫水之教堂、三大蟹吃到飽五日！

詳細資料

```
01: ...
02:        <!-- 四個卡片 -->
03:        <div class="row">
04:          <div class="col-sm-6 col-md-3">
05:            <div class="card mb-3">
06:              <img class="card-img-top" src="photo1.jpg">
07:              <div class="card-body">
08:                <h5 class="card-title"> 暑假暢遊東京 </h5>
09:                <p class="card-text"> 暢遊東京迪士尼樂園、三鷹宮崎駿
                      美術館、箱根海盜船、台場購物趣五日！ </p>
10:                <a href="#" class="btn btn-primary"> 詳細資料 </a>
11:              </div>
12:            </div>
13:          </div>
14:          <div class="col-sm-6 col-md-3">
15:            <div class="card mb-3">
16:              <img class="card-img-top" src="photo2.jpg">
17:              <div class="card-body">
18:                <h5 class="card-title"> 純淨瑞士深呼吸 </h5>
19:                <p class="card-text"> 白朗峰、少女峰、孤傲的山王─
                      馬特洪峰、三大景觀列車、小鎮馬車遊十日！ </p>
20:                <a href="#" class="btn btn-primary"> 詳細資料 </a>
21:              </div>
22:            </div>
23:          </div>
24:          <div class="col-sm-6 col-md-3">
25:            <div class="card mb-3">
26:              <img class="card-img-top" src="photo3.jpg">
27:              <div class="card-body">
28:                <h5 class="card-title"> 九州鐵道旅行 </h5>
29:                <p class="card-text"> 由布院之森列、豪斯登堡、湯布院、
                      夢天空步道、別府空中纜車、雙溫泉五日！ </p>
30:                <a href="#" class="btn btn-primary"> 詳細資料 </a>
31:              </div>
32:            </div>
33:          </div>
```

❶

❷

❸

```
34:        ┌─<div class="col-sm-6 col-md-3">
35:        │    <div class="card mb-3">
36:        │      <img class="card-img-top" src="photo4.jpg">
37:        │      <div class="card-body">
38:        │        <h5 class="card-title"> 夏戀北海道 </h5>
39: ❹      │        <p class="card-text"> 花現富良野、函館小樽情、星野度假村、
                       浪漫水之教堂、三大蟹吃到飽五日！ </p>
40:        │        <a href="#" class="btn btn-primary"> 詳細資料 </a>
41:        │      </div>
42:        │    </div>
43:        └─</div>
44:        </div>
45:    </div>
46:
47:    <!-- 頁尾 -->
48:    <footer></footer>
49: </body>
50:</html>
```

❶ 第一個卡片
❷ 第二個卡片
❸ 第三個卡片
❹ 第四個卡片

這段程式碼看起來好像有點複雜，不過別擔心，第 04 ~ 13 行、第 14 ~ 23 行、第 24 ~ 33 行和第 34 ~ 43 行的寫法其實是差不多的，就是各自代表一個卡片，因此，只要瞭解第 04 ~ 13 行就可以了。

✅ 04：使用 <div> 元素加上 .col-sm-6 和 .col-md-3 類別將卡片的響應式斷點設定為 576px 和 768px，當瀏覽器的寬度 ≥ 768px 時，卡片會占用 3 個 column；當瀏覽器的寬度 <768px 且 ≥ 576px 時，卡片會占用 6 個 column；當瀏覽器的寬度 <576px 時，卡片會占用 12 個 column。

✅ 05：使用 <div> 元素加上 .card 和 .mb-3 類別製作卡片並設定下邊界。

✅ 06 ~ 11：第 06 行是在卡片上方放置圖片，而第 07 ~ 11 行是設定卡片的主體，包含標題、文字和超連結按鈕。

18.7 設計頁尾

頁尾相當簡單，除了有「隱私權」和「聯絡我們」兩個超連結之外，值得注意的是右下方有個「Back to top」超連結用來返回網頁的頂端。

❶ 頁尾　　❷ 此超連結用來返回網頁的頂端

`\Ch18\travel.html`

```
...
  <!-- 頁尾 -->
  <footer class="container-fluid">
    <hr>
    <p class="float-end"><a href="#">Back to top</a></p>
    <p>&copy; 2021 快樂旅遊公司 &middot; <a href="#"> 隱私權 </a>
      &middot; <a href="#"> 聯絡我們 </a></p>
  </footer>
  </body>
</html>
```

HTML5、CSS3、JavaScript、Bootstrap5、jQuery、jQuery Mobile 跨裝置網頁設計(第五版)

作　　者：陳惠貞
企劃編輯：江佳慧
文字編輯：詹祐甯
設計裝幀：張寶莉
發 行 人：廖文良

發 行 所：碁峰資訊股份有限公司
地　　址：台北市南港區三重路 66 號 7 樓之 6
電　　話：(02)2788-2408
傳　　真：(02)8192-4433
網　　站：www.gotop.com.tw
書　　號：ACL063500
版　　次：2021 年 11 月五版
　　　　　2023 年 07 月五版二刷
建議售價：NT$540

國家圖書館出版品預行編目資料

HTML5、CSS3、JavaScript、Bootstrap5、jQuery、jQuery Mobile 跨裝置網頁設計 / 陳惠貞著. -- 五版. -- 臺北市：碁峰資訊, 2021.11
面； 公分
ISBN 978-626-324-018-6(平裝)
1.HTML(文件標記語言) 2.CSS(電腦程式語言) 3.Java Script (電腦程式語言) 4.網頁設計 5.行動資訊
312.1695　　110018450

讀者服務

- 感謝您購買碁峰圖書，如果您對本書的內容或表達上有不清楚的地方或其他建議，請至碁峰網站:「聯絡我們」\「圖書問題」留下您所購買之書籍及問題。(請註明購買書籍之書號及書名，以及問題頁數，以便能儘快為您處理)
http://www.gotop.com.tw
- 售後服務僅限書籍本身內容，若是軟、硬體問題，請您直接與軟體廠商聯絡。
- 若於購買書籍後發現有破損、缺頁、裝訂錯誤之問題，請直接將書寄回更換，並註明您的姓名、連絡電話及地址，將有專人與您連絡補寄商品。